装配式建筑技术与
绿色建筑设计研究

高　华　李雪军　房明英　主编

吉林科学技术出版社

图书在版编目（CIP）数据

装配式建筑技术与绿色建筑设计研究 / 高华，李雪军，房明英主编 . -- 长春：吉林科学技术出版社，2022.8
ISBN 978-7-5578-9681-2

Ⅰ . ①装… Ⅱ . ①高… ②李… ③房… Ⅲ . ①装配式混凝土结构－建筑工程－工程施工－研究②生态建筑－建筑设计－研究 Ⅳ . ① TU37 ② TU201.5

中国版本图书馆 CIP 数据核字（2022）第 177801 号

装配式建筑技术与绿色建筑设计研究

主　　编　高 华　李雪军　房明英
出 版 人　宛　霞
责任编辑　郝沛龙
封面设计　树人教育
制　　版　树人教育
幅面尺寸　185mm×260mm
字　　数　300 千字
印　　张　13.5
印　　数　1-1500 册
版　　次　2022年8月第1版
印　　次　2023年3月第1次印刷

出　　版　吉林科学技术出版社
发　　行　吉林科学技术出版社
地　　址　长春市福祉大路5788号
邮　　编　130118
发行部电话/传真　0431-81629529 81629530 81629531
　　　　　　　　　81629532 81629533 81629534
储运部电话　0431-86059116
编辑部电话　0431-81629518
印　　刷　三河市嵩川印刷有限公司

书　　号　ISBN 978-7-5578-9681-2
定　　价　95.00元

前　言

随着人类的发展，科学技术越来越发达，产生巨大的生产力，促进了社会繁荣、经济增长，但是却助长了人类部分无休止膨胀的欲望，自然资源被肆意滥用，生存环境日益恶化。面对人口剧增、土地严重沙化、自然灾害频发、温室效应、自然资源的日渐枯竭等人类生存危机，人类不得不明白"我们只有一个地球"。于是，在创造人类舒适生活的同时，"绿色建筑"这个名词逐渐走入我们的生活。

装配式建筑是用预制部品部件在工地装配而成的建筑。发展装配式建筑不仅是推进供给侧结构性改革和新型城镇化发展及智慧城市的重要举措，也是建造方式的重大变革。根据目前湖南省装配式建筑整体的发展水平，将其与绿色建筑相结合，提出绿色装配式建筑概念，有利于节能环保、提高生产力水平，有利于促进建筑业与信息化工业化深度融合、培育新产业新动能，符合创新、协调、绿色、开放、共享的发展理念，同时促进建筑产业转型升级。

在当前的社会发展中，城市化进程的推进要求人们对于建筑的需求也越来越多，不仅需要建筑具有更多的功能，还要更注重绿色节能环保。装配式建筑更是顺应了新时代绿色、低碳、环保理念发展的重要产物，基于预制构件和装配的建筑方式不仅能有效降低能源的损耗和建筑成本的浪费，还能减少建筑垃圾的产生，绿色低碳节能建筑材料的使用进一步实现了对环境的保护。同时，装配式建筑的施工方式还能有效提高整个工程的工作效率，减轻工作人员的负担。因此，在我国目前的建筑行业中，应该进一步发展装配式建筑技术，加强有关装配式建筑技术的研究，在提倡绿色生态可持续发展的理念中积极推广装配式建筑的应用，促进我国建筑工程行业向绿色低碳环保的方向发展。

本书是一本关于装配式建筑的专著，主要讲述的是装配式建筑以及绿色建筑，本书首先对装配式建筑展开讲述，接着对 BIM 下的装配式建筑展开讲述，最后对绿色建筑展开讲述。通过本书的讲解，希望能够给读者提供一定的借鉴意义。

目　录

第一章　绪论

第一节　装配式建筑的基本知识

装配式建筑是指建筑的部分或全部构件在构件预制工厂生产完成，然后通过相应的运输方式运到施工现场，采用可靠的安装方式和安装机械将构件组装起来，并具备使用功能的建筑。装配式建筑有两个主要特征：构成建筑的主要构件特别是结构构件是预制的；预制构件的连接方式是可靠的。

一、国家标准定义

按照装配式混凝土建筑、装配式钢结构建筑和装配式木结构建筑的国家标准关于装配式建筑的定义，装配式建筑是指"结构系统、外围护系统、内装系统、设备与管线系统的主要部分采用预制部品部件集成的建筑"。

这个定义强调装配式建筑4个系统（而不仅仅是结构系统）的主要部分是采用预制部品部件集成的。

雅典帕特农神庙是著名的古典装配式建筑，悉尼歌剧院是著名的现代装配式建筑，日本大阪北派公寓是当代最高的装配式混凝土建筑。但按照国家标准的定义，它们都不能算作装配式建筑。帕特农神庙的结构系统是石材部件装配而成的，但它的外围护系统和内装系统却不是部品部件的集成；悉尼歌剧院的结构系统和外围护系统是预制混凝土部件集成的，但它的内装系统和设备管线系统却不是预制部件集成；日本大阪北派公寓的结构系统和外围护系统是预制混凝土部件集成的，但它的内装系统和设备系统的主要部分却不是预制部件集成的。

现在世界上许许多多或者说绝大多数装配式建筑都没有实现4个系统主要部分由预制部品部件集成。严格意义上说，国家标准定义了一个目前基本不存在的装配式建筑。

二、对国家标准定义的理解

国家标准关于装配式建筑的定义既有现实意义，又有长远意义。这个定义基于以下国情。

1. 近十几年来我国建筑特别是住宅建筑的规模是人类建筑史上前所未有的，如此大的规模适于建筑产业全面（而不仅仅是结构部件）实现工业化与现代化。

2. 目前我国还普遍存在建筑标准低，适宜性、舒适度和耐久性差，交付毛坯房，管线埋设在混凝土中，天棚无吊顶、地面不架空、排水不同层等。强调 4 个系统集成，有助于建筑标准的全面提升。

3. 我国建筑业施工工艺落后，与发达国家比较有较大的差距。

4. 由于建筑标准低和施工工艺落后，材料、能源消耗高，所以节能减排是一个非常重要的战场。

通过推广以 4 个系统集成为主要特征的装配式建筑，可以以此为契机，全面提升建筑现代化水平，提高环境效益、社会效益和经济效益。

三、装配式建筑的类型

（一）按主体结构材料分类

现代装配式建筑按主体结构材料分类，有装配式混凝土建筑、装配式钢结构建筑、装配式木结构建筑和装配式组合结构建筑。

（二）按建筑高度分类

现代装配式建筑按高度分类，有低层装配式建筑、多层装配式建筑、高层装配式建筑和超高层装配式建筑。

（三）按结构体系分类

现代装配式建筑按结构体系分类，有框架结构、框架—剪力墙结构、简体结构、剪力墙结构、无梁板结构、空间薄壁结构、悬索结构、预制钢筋混凝土柱单层厂房结构等。

（四）按预制率分类

现代装配式混凝土建筑按预制率分类，小于 5% 为局部使用预制构件，5%~20% 为低预制率，20%~50% 为普通预制率，50%~70% 为高预制率，70% 以上为超高预制率。

四、装配式建筑的历史

（一）装配式建筑的源头

建筑的源头可以追溯到很远很远。一些比灵长类更早的动物，也就是说早于 6000 万年前出现的动物，是各种建筑的始祖。有些动物是天生的建筑师，它们不用进建筑系不用掌握结构知识也不用学施工技术，就能建造出非常棒的现浇"建筑"、装配式"建筑"和窑洞类"建筑"。

现浇建筑的始祖是蜜蜂、沙漠白蚁和金丝燕。蜜蜂用分泌出来的蜂蜡建造蜂巢。有一种沙漠石蜂用唾液和小沙粒混合成"蜂造混凝土"建造蜂巢。胡蜂和大黄蜂则用嘴嚼木质纤维，使纤维与唾液黏合，犹如造纸工艺一样制作纸浆纤维材料建造蜂巢。

澳大利亚有一种沙漠白蚁，用粪便和沙粒混合成"蚁造混凝土"，能建造 3m 高的蚁巢。相对于体长，这么高的蚁巢相当于人类上千米的摩天大厦，比世界最高建筑 828m 高的迪拜哈利法塔还要高。

金丝燕用唾液、湿泥和绒状羽毛建造名贵的燕窝，这些"鸟造混凝土"的原理与钢筋混凝土一样，树枝或羽毛承担拉应力，湿泥和唾液干燥后形成的胶凝体承受压应力。南美洲有一种鸟叫灶鸟，用软泥建造鸟巢的过程就像 3D 打印一样。

窑洞类建筑的鼻祖是蚯蚓、蛇和鼠类等，蚯蚓、蛇都有打洞的本能。一些鼠、獾类动物在土中掘出洞口，或在老树上咬出树洞。北极熊则会利用冰块中的冰洞或修整出的冰洞，在洞内栖身。

装配式建筑的鼻祖是红蚂蚁、园丁鸟和乌鸦。红蚂蚁用松针、小树枝、树皮、树叶、秸秆等建造很大的蚁巢，是带有屋顶的下凹式"建筑"。南美洲有一种园丁鸟，会用树枝盖带庭院的房子。乌鸦在树上用树枝搭建窝巢，大家已经司空见惯了。

（二）"前建筑时期"装配式建筑

所从某种意义上来说，装配式建筑并不是新概念新事物，就连鸟类都会搭建"装配式建筑"。对人类而言，早在采集—狩猎时期，即农业出现前，就有了装配式居所。人类从开始直立到现在已经有几百万年的历史，而定居的历史，也就是有固定居所的历史，只有 1 万多年。1 万年前农业出现后，人类才从游动的居无定所的生活方式变为定居方式。

农业革命发生前，人类是采集狩猎者。由于一个地域的野生植物和动物无法长期提供充足的食物，采集狩猎者不得不到处游动。吃"光"了一个地方，再迁徙到另一个地方。正常把农业出现以前采集狩猎者居无定所的时期称作"前建筑时期"。

（三）古代装配式建筑

古代装配式建筑是指人类进入农业时代开始定居到19世纪现代建筑问世这段时间的装配式建筑。人类进入农业时代定居下来后，石头、木材、泥砖和茅草建造的真正的建筑开始出现了。

古代时期人类不仅建造居住的房子，也建造神庙、宫殿、坟墓等大型建筑。住宅有砖石（早期主要是泥砖）砌筑建筑和木结构建筑，许多木结构住宅是装配式建筑。

庙宇、宫殿大都是装配式建筑，包括石材装配式建筑和木材装配式建筑。如古埃及、古希腊和美洲特奥蒂瓦坎的石头结构柱式建筑，中世纪用石头和彩色玻璃建造的哥特式教堂，中国和日本的木结构庙宇、宫殿等，都是在加工场地把石头构件凿好，或把木头柱、梁、斗拱等构件制作好，再运到现场，以可靠的方式连接安装。古埃及和美索美洲的金字塔其实也是装配式建造物。

（四）现代装配式建筑

现代建筑是工业革命和科技革命的产物，运用现代建筑技术、材料与工艺建造。世界上第一座大型现代建筑是1851年伦敦博览会主展览馆水晶宫，就是装配式建筑。美国著名建筑师、芝加哥学派代表人物沙利文设计了圣路易斯温赖特大厦，这是一座铁骨架结构加上石材、玻璃表皮的装配式建筑，这座装配式高层建筑是美国摩天大楼的里程碑。

著名建筑师贝聿铭设计的费城社会岭公寓于1964年建成，由3座装配式混凝土高层建筑组成。由于采用了装配式，质量好，非常精致，还大幅度降低了成本。这个项目是利用装配式低成本高效率的优势解决城市人口居住问题的代表作之一。

20世纪最伟大的建筑之一悉尼歌剧院也是装配式建筑，其曲面薄壳采用装配式叠合板，外围护墙体采用装饰一体化外挂墙板。

五、各国装配式建筑

（一）美国装配式建筑

美国在20世纪70年代能源危机期间开始实施配件化施工和机械化生产。美国城市发展部出台了一系列严格的行业标准规范，一直沿用至今，并与后来的美国建筑体系逐步融合。美国城市住宅结构基本上以工厂化、混凝土装配式和钢结构装配式为主，降低了建设成本，提高了工厂通用性，增加了施工的可操作性。总部位于美国的预制与预应力混凝土协会PCI编制的《PCI设计手册》，其中就包括了装配式结构相关的部分。该手册不但在美国，而且国际上也是具有非常广泛的影响力。PCI手册与IBC2006、ACI318-05、ASCE7-05等标准协调。除了PCI手册外，PCI还编制了一系列的技术文件，包括设计方法、施工技术和施工质量控制等方面。

（二）欧洲装配式建筑

法国是世界上推行装配式建筑最早的国家之一。法国装配式建筑的特点是以预制装配式混凝土结构为主，钢结构、木结构为辅。法国的装配式住宅多采用框架或者板柱体系，焊接、螺栓连接等均采用干法作业，结构构件与设备、装修工程分开，减少预埋，生产和施工质量高。法国主要采用的预应力混凝土装配式框架结构体系，装配率可达80%。

德国的装配式住宅主要采取叠合板、混凝土、剪力墙结构体系，采用构件装配式与混凝土结构，耐久性较好。德国是世界上建筑能耗降低幅度最快的国家，更是提出发展零能耗的被动式建筑。从大幅度的节能到被动式建筑，德国都采取了装配式住宅来实施，装配式住宅与节能标准相互之间充分融合。英国政府积极引导装配式建筑发展，明确提出英国建筑生产领域需要通过新产品开发、集约化组织、工业化生产以实现"成本降低10%，时间缩短10%，缺陷率降低20%，事故发生率降低20%，劳动生产率提高10%，最终实现产值利润率提高10%"的具体目标。同时，政府出台了一系列鼓励政策和措施，大力推行绿色节能建筑，以对建筑品质、性能的严格要求来促进行业向新型建造模式转变。

（三）日本装配式建筑

日本采用部件化、工厂化生产方式，高生产效率，住宅内部结构可变，适应多样化的需求。而且日本有一个非常鲜明的特点，从一开始就追求中高层住宅的配件化生产体系。这种生产体系能满足日本的人口比较密集的住宅市场的需求。更重要的是，日本通过立法来保证混凝土构件的质量，在装配式住宅方面制定了一系列的方针政策和标准，同时也形成了统一的模数标准，解决了标准化、大批量生产和多样化需求这三者之间的矛盾。

日本是世界上装配式混凝土建筑运用得最为成熟的国家，高层超高层钢筋混凝土结构建筑很多是装配式。多层建筑较少采用装配式，因为模具周转次数少，搞装配式造价太高。

日本装配式混凝土建筑多为框架结构、框—剪结构和筒体结构，预制率比较高。日本许多钢结构建筑也用混凝土叠合楼板、预制楼梯和外挂墙板。日本装配式混凝土建筑的质量非常高，但绝大多数构件都不是在流水线上生产的，因为梁、柱和外挂墙板不适宜流水线生产。日本的标准包括建筑标准法、建筑标准法实施令、国土交通省告示及通令、协会（学会）标准、企业标准等，涵盖了设计、施工等内容，其中由日本建筑学会AIJ制定。

日本预制建筑协会在推进日本预制技术的发展方面做出了巨大贡献，该协会先后建立 PC 工法焊接技术资格认证制度、预制装配住宅装潢设计师资格认证制度、PC 构件质量认证制度、PC 结构审查制度等，编写了《预制建筑技术集成》丛书，包括剪力墙预制混凝土（W-PC）、剪力墙式框架预制钢筋混凝土（WR-PC）及现浇同等型框架预制钢筋混凝土（R-PC）等。

（四）新加坡装配式建筑

新加坡是世界上公认的住宅问题解决较好的国家，其住宅多采用建筑工业化技术加以建造。其中，住宅政策及装配式住宅发展理念是促使其工业化建造方式得到广泛推广。

新加坡开发出 15 层到 30 层的单元化的装配式住宅，占全国总住宅数量的 80% 以上。通过平面的布局、部件尺寸和安装节点的重复性来实现标准化，以设计为核心设计和施工过程的工业化，相互之间配套融合，装配率达到 70%。

（五）装配式建筑的优势

日本东京大宫有一个高层建筑工地，由于通往工地的道路狭窄，无法运输大型预制构件，施工企业宁可在工地建一个露天的临时工厂预制构件，也不直接现浇混凝土。因为装配式建筑质量好、效率高、成本低，所以日本有的超高层住宅的售楼书还特别强调该建筑是装配式建筑，可见其质量是得到公众普遍认可的。

1. 提高建筑质量

装配式并不是单纯的工艺改变，而是建筑体系与运作方式的变革，对建筑质量提升有推动作用。

（1）装配式混凝土建筑要求设计必须精细化、协同化。如果设计不精细，构件制作好了才发现问题，就会造成很大的损失。装配式倒逼设计更深入、细化、协同，由此会提高设计质量和建筑品质。

（2）装配式可以提高建筑精度。现浇混凝土结构的施工误差往往以厘米计，而预制构件的误差以毫米计，误差大了就无法装配。预制构件在工厂模台上和精致的模具中生产，实现和控制品质比现场容易。预制构件的高精度会"逼迫"现场现浇混凝土精度的提高。在日本看到表皮是预制墙板反打瓷砖的建筑，100 多米高的外墙面，瓷砖砖缝笔直整齐，误差不到 2mm，现场贴砖作业是很难达到如此精度的。

（3）装配式可以提高混凝土浇筑、振捣和养护环节的质量。现场浇筑混凝土，模具组装不易做到严丝合缝，容易漏浆；墙、柱等立式构件不易做到很好的振捣；现场也很难做到符合要求的养护。工厂制作构件时，模具组装可以严丝合缝，混凝土不会漏浆；墙、柱等立式构件大都"躺着"浇筑，振捣方便；板式构件在振捣台上振捣，效果更好；一般采用蒸汽养护方式，养护质量大大提高。

（4）装配式是实现建筑自动化和智能化的前提。自动化和智能化减少了对人，对责任心等不确定因素的依赖。由此可以最大化避免人为错误，提高产品质量。

（5）工厂作业环境比工地现场更适合全面细致地进行质量检查和控制。

2. 其他结构的优势

（1）钢结构、木结构装配式和集成化内装修的优势是显而易见的，工厂制作的部品部件由于、加工和拼装设备的精度高，有些设备还实现了自动化数控化，产品质量大幅度提高。

（2）从生产组织体系上来看，装配式将建筑业传统的层层竖向转包变为扁平化分包。层层转包最终将建筑质量的责任系于流动性非常强的农民工身上；而扁平化分包，建筑质量的责任由专业化制造工厂分担。工厂有厂房、有设备，质量责任容易追溯。

3. 提高效率

对钢结构、木结构和全装配式（也就是用螺栓或焊接连接的）混凝土结构而言，装配式能够提高效率是毋庸置疑的。对于装配整体式混凝土建筑，高层超高层建筑最多的日本给出的结论也是装配式会提高效率。装配式使那些高处和高空作业转移到车间进行，即使不搞自动化，生产效率也会提高。工厂作业环境比现场优越，工厂化生产不受气象条件制约，刮风下雨不影响构件制作。

4. 节约材料

对钢结构、木结构和全装配式混凝土结构而言，装配式能够节约材料。实行室内装修和集成化也会大幅度节约材料。

对于装配整体式混凝土结构而言，结构连接会增加套筒、灌浆材料和加密箍筋等材料；规范规定的结构计算提高系数或构造加强也会增加配筋。可以减少的材料包括内墙抹灰、现场模具和脚手架消耗，以及商品混凝土运输车挂在罐壁上的浆料等。

5. 节能减排环保

装配式建筑可以节约材料，可以大幅度减少建筑垃圾，因为工厂制作环节可以将边角余料充分利用，自然有助于节能减排环保。

6. 节省劳动力并改善劳动条件

（1）节省劳动力。工厂化生产与现场作业比较，可以较多地利用设备和工具，包括自动化设备，可以节省劳动力。

（2）改变从业者的结构构成。装配式可以大量减少工地劳动力，使建筑业农民工向产业工人转化。由于设计精细化和拆分设计、产品设计、模具设计的需要，还由于精细化生产与施工管理的需要，白领人员比例会有所增加。由此，建筑业从业人员的构成将发生变化，知识化程度得以提高。

（3）改善工作环境。装配式把很多现场作业转移到工厂进行，高处或高空作业转移到平地进行，把室外作业转移到车间里进行，从而工作环境大大改善。

（4）降低劳动强度。装配式可以较多地使用设备和工具，大大降低工人的劳动强度。

7. 缩短工期

装配式建筑特别是装配式整体式混凝土建筑，缩短工期的空间主要在主体结构施工之后的环节。尤其是内装环节，因为装配式建筑湿作业少，外围护系统与主体结构施工可以同步，内装施工可以尾随结构施工进行，相隔 2~3 层楼即可。当主体结构施工结束时，其他环节的施工也接近尾声。

8. 有利于安全

装配式建筑工地作业人员减少，高处、高空和脚手架上的作业也大幅度减少，这样就减少了危险点提高了安全性。

9. 冬期施工

装配式混凝土建筑的构件制作在冬期不会受到大的影响。工地冬期施工，可以对构件连接处做局部围护保温，也可以搭设折叠式临时暖棚。冬期施工成本比现浇建筑低很多。

（六）装配式建筑的缺点

1. 装配整体式混凝土结构的缺点

（1）连接点的"娇贵"。现浇混凝土建筑一个构件内钢筋在同一截面连接接头的数量不能超过 50%，而装配整体式混凝土结构，一层楼所有构件的所有钢筋都在同一截面连接。连接构造制作和施工比较复杂，精度要求高，对管理的要求高，连接作业要求监理和质量管理人员旁站监督。这些连接点出现结构安全隐患的概率大。

（2）对误差和遗漏的宽容度低。构件连接误差大了几毫米就无法安装，预制构件内的预埋件和预埋物一旦遗漏也很难补救。要么重新制作构件造成损失和工期延误，要么偷偷采取不合规的补救措施，容易留下质量与结构安全隐患。

（3）对后浇混凝土依赖。装配整体式对后浇混凝土依赖，导致构件制作出筋多，现场作业环节复杂。

（4）适用高度降低。装配整体式混凝土结构的适用建筑高度与现浇混凝土结构比较有所降低，是否降低和降低幅度与结构体系、连接方式有关，一般降低 10~20 m，最多降低 30 m。

2. 全装配式混凝土结构的缺点

整体性差，抗侧向力的能力差，不适宜高层建筑和抗震烈度高的地区。

3. 装配式钢结构建筑的缺点

装配式钢结构建筑的缺点也就是钢结构建筑的缺点。钢结构建筑的缺点主要包括以下几点。

（1）多层和高层住宅的适宜性还需要进一步探索。

（2）防火代价较高。

（3）确保耐久性的代价较高。

4.装配式木结构建筑的缺点

装配式木结构建筑的缺点主要有以下几个。

（1）集成化程度低。

（2）适用范围窄。

（3）成本方面优势不大。

第二节　装配式建筑评价标准

一、《标准》介绍

（一）《标准》的特点

1.采用一个指标综合反映建筑的装配化程度，以装配率对装配式建筑的装配化程度进行评价，使评价工作更加简洁明确和易于操作。

2.两种评价，即认定评价与等级评价方式，对装配式建筑设置了相对合理可行的"准入门槛"。达到最低要求时，才能认定为装配式建筑，再根据分值进行等级评价。

3.计算装配率主要有主体结构、围护墙和内隔墙、装修和设备管线等装配比例。

4.以控制性指标明确了最低准入门槛，以整向构件、水平构件、围护墙和分隔墙、全装修等指标，分析建筑单体的装配化程度，发挥《标准》的正向引导作用。

5.本《标准》包含混凝土、钢、木、组合，混合结构的装配式建筑评价。

6.在装配式建筑的两种评价方式间存在一定差值，在项目成为装配式建筑与具有评价等级存在一定空间，为地方政府制定奖励政策提供弹性范围。

（二）《标准》的适用范围

《标准》适用于评价民用建筑的装配化程度民用建筑，包括居住建筑和公共建筑，工业建筑符合本标准的规定时，可参照执行。

（三）《标准》的评价指标

《标准》采用装配率评价建筑的装配化程度。明确了装配率是对单体建筑装配化程度的综合评价结果，装配率具体定义为：单体建筑室外地坪以上的主体结构、围护墙和内隔墙、装修和设备管线等采用预制部品部件的综合比例。

（四）计算单元

《标准》要求将主楼与裙房分开评价，因为裙房建筑面积较大，而且裙房建筑使用功能或主体结构形式与主楼存在较大差异。装配率计算和装配式建筑等级评价应以单体建筑作为计算和评价单元，并应符合下列规定。

1. 单体建筑应按项目规划批准文件的建筑编号确认。

2. 建筑由主楼和裙房组成时，主楼和裙房可按不同的单体建筑进行计算和评价。

3. 单体建筑的层楼不大于 3 层，且地上建筑面积不超过 500 m^2 时，可由多个单体建筑组成建筑组团作为计算和评价单元。

（五）评价标准

1. 认定评价标准。装配式建筑应同时满足下列要求。

（1）主体结构部分的评价分值不低于 20 分。

（2）围护墙和内隔墙部分的评价分值不低于 10 分。

（3）采用全装修。

（4）装配率不低于 50%。

以上四项是装配式建筑的控制项，即准入门槛，缺一不可！满足了以上四项要求，应评价为装配式建筑。

本条明确了目前装配式建筑引导的重点是非砌筑的新型建筑墙体和全装修，装配式混凝土建筑主体结构构件的装配比例是本《标准》编制过程中争论的焦点。经过了一年多深入的调研和讨论最终采用了主体结构构件自主选择的方式，即可选择做好水平构件装配，也可选择水平＋竖向构件装配，体现了立足当前实际的编制原则，满足了各地区发展的不均衡性和实际发展的需求。

2. 等级评价。当评价项目满足认定评价标准，且主体结构竖向构件中预制部品部件的应用比例不低于 35% 时，可进行装配式建筑等级评价。装配式建筑评价等级应划分为 A 级、AA 级、AAA 级，并应符合下列规定。（1）装配率为 60%~75% 时，评价为 A 级装配式建筑。（2）装配率为 76%~90% 时，评价为 AA 级装配式建筑。（3）装配率为 91% 及以上时，评价为 AAA 级装配式建筑。

根据 60 个项目的评价结果给出如下评价等级分值划分：将 A 级装配式建筑的评价分值确定为 60 分；在装配式结构、功能性部品部件或装配化装修等某一个方面做到较完整时，评价分值可以达到 75 分以上，评价为 AA 级装配式建筑；将装配式结构、功能性部品部件和装配化装修等均做到体系化综合运用，并完成较好的项目，评价分值可以达到 90 分以上，评价为 AAA 级装配式建筑。

二、装配式建筑评价案例

本项目位于北京市某安置房项目，项目绿地率为 30%，容积率为 3.0，总建筑面积 31685m^2，地上建筑面积 20055m^2（包含住宅建筑面积 18655m^2，配套公建面积 1

400m²)，1#、2#、3#、4# 楼分别为地上 9 层、12 层、16 层、9 层。本项目柱网均采用标准柱网 6.6m×6.6m，符合装配式钢结构建筑模数化、标准化的要求；根据标准化的模块，再进一步进行标准化的部品设计，形成标准化的预计 PC 外墙、预计蒸压砂加气条板内隔墙，减少了构件的数量，为规模化生产提供了基础，显著提高了构配件的生产效率。本项目结构设计使用年限 50 年，建筑结构安全等级为二级，抗震设防烈度为 8 度（0.20g），结构体系采用钢框架—延性墙板。柱采用口 400、350 钢管混凝土柱，梁采用 H350*150 焊接 H 型钢梁，2#、3# 楼抗侧力构件采用钢板剪力墙。屋面采用预制叠合楼板或钢筋行架投承板，无底横、免支撑，大大提高了横屋面板的施工效率。1#、4# 楼采用钢框架—墙板式减震阻尼器结构，既提高了结构的安全性，又避免了对住宅户型的影响，建筑空间可以灵活分割；既有效地解决了结构的抗侧力问题，提高结构延性和抗震性能的同时也降低了结构用钢量。

1. 装配率计算

（1）主体结构竖向构件采用混凝土预制部品部件的应用比例。根据《标准》条文说明，装配式钢结构建筑主体结构竖向构件评价项得分可为 30 分。

（2）梁、板、楼梯、阳台、空调板等构件中预制部品部件的应用比例。本项目中梁均为钢梁；横板采用两种做法：预制叠合楼板和钢筋桁架楼承板，根据《标准》条文说明压型钢板、钢筋桁架楼承板等在施工现场免支模的楼（屋）盖体系，可认定为装配式楼板、屋面板、楼梯、阳台、空调板等构件均为工厂预制，因此本项目梁、板、楼梯、阳台、空调板等构件中预制部品部件的应用比例为 100%，得分为 20 分。综上，该项目在主体结构指标项中评价得分为 50 分，满足装配式建筑评价基本要求。

（3）非承重围护墙中非砌筑墙体的应用比例。本项目建筑围护墙采用了两种做法：PC 外挂墙板，加气混凝土条板＋外挂保温复合一体板。非承重围护墙非砌筑比例为 100%，本项评价分值为 5 分。

（4）围护墙采用墙体，保温、隔热、装饰一体化的应用比例。本项目围护墙采用了两种做法：PC 外挂墙板，加气混凝土条板＋外挂保温复合一体板。一体化应用比例为 100%，则该部分评价分值为 5 分。

（5）内隔墙中非砌筑墙体的应用比例。本项目内隔墙采用砂加气条板、轻钢龙骨石膏板内墙，非砌筑墙体应用比例为 100%，本项评价分值为 5 分。

（6）内隔墙采用墙体、管线、装修一体化的应用比例。本项目内隔墙做法均未实现墙体、管线、装修一体化，本项评价分值为 0 分。

综上，本项目在围护墙和内隔墙指标项中评价得分 15 分，满足装配式建筑评价基本要求。

（7）全装修。本项目全部采用全装修，本项评价分值为 6 分。

（8）干式工法楼面、地面的应用比例。本项目楼面均采用模块式快装采暖地面＋

线槽，为干式工法，本项评价分值为 6 分。

（9）集成厨房应用比例。本项目所有厨房均按整体厨房装修，标准化橱柜结合电器集成设计，墙面地面架空，采用装配式集成吊顶，干式工法作业，本项评价分值为 6 分。

（10）集成卫生间应用比例。本项目卫生间全部采用整体卫生间，洁具柜体等均在工厂预制，现场安装，地面顶面全部架空，干式工法作业，故本项评价分值为 6 分。

（11）管线分离比例，本项目给排水、采暖管线与墙体和楼板结构分开，管线布置在地面架空层、吊顶和墙体表面管线空腔中，电管线水平段未实现分离，管线分离比例为 53%，本项评价分值为 4 分。

综上，本项目在装修和设备管线指标项中评价得分 28 分。

2. 项目技术点评

（1）结构系统设计特点

本工程采用装配化全钢结构，所有钢柱、钢梁及钢筋架楼承板均为工厂化生产，结构形式采用钢框架钢板剪力墙及阻尼器形式。

（2）外围护系统设计特点

本项目围护墙采用外挂保温装饰一体板（PC 外墙挂板＋保温＋内涂装板），施工图设计和构件深化设计时，充分尊重初步设计立面效果，结合当前成熟的 PC 板防水的节点做法，在 PC 外墙的周边加 60 mm 的外皮墙体，实现了格构式立面和防水企口的有效结合，为"三道防水"（材料防水、构造防水、结构自防水）创造了条件。

（3）装修系统设计特点

本项目采用装配式装修一体化设计，地面采用架空体系实现管线分离体系施工，为电气、给排水、暖通、燃气各点位提供精准定位，保证装修质量，避免二次装修对材料的浪费，最大限度地节约材料。

（4）设备管线设计特点

采用 BIM 软件将建筑、结构、水暖电、装饰等专业通过信息化技术的应用，将水暖电定位与主体装配式结构、装饰装修实现集成一体化的设计，并预先解决各专业在设计、生产、装配施工过程中的协同问题。

第二章 装配式建筑的全生命周期管理

建筑工程全生命周期是以建筑工程的规划、设计、建设、运营维护拆除和生态复原——一个工程"从生到死"的过程为对象，即从建筑工程或工程系统的萌芽到拆除、处理、再利用及生态复原的整个过程。装配式建筑工程全生命周期主要包括 6 个阶段：前期策划阶段、设计阶段、工厂生产阶段、构件的储放和运输阶段、安装阶段、运营维护阶段等。

第一节 前期策划阶段

在前期策划阶段，要从总体上考虑问题，提出总目标、总功能要求。这个阶段从工程构思到批准立项，其工作内容包括：工作构思目标设计、可行性研究和工程立项。

工程建设项目的立项是一个极其复杂同时又是十分重要的过程。这个阶段主要是从上层系统，即从全局和战略的角度出发研究和分析问题的，主要是上层管理者的工作，其中也有许多项目管理工作的内容。要取得项目的成功，必须从这个阶段开始就进行严格的项目管理。当然，谈及项目的前期策划工作，许多人一定会想到项目的可行性研究，这是有道理的，但不完全。因为，还有如下问题存在：

1. 可行性研究意图的产生。

2. 可行性研究需要很大的资金投入。在国际工程建设项目中，可行性研究的费用常常要花几十万、几百万甚至上千万美元，它本身就是一个很大的项目。所以，在它之前就应该有严格的研究和决策，不能有一个项目构思就做一个可行性研究。

3. 可行性研究的尺度的确定。可行性研究是对方案完成目标程度的论证，因此在可行性研究之前就必须确定项目的目标，并以它作为衡量的尺度，同时确定一些总体方案作为研究对象。项目前期策划工作的主要任务是寻找项目机会、确立项目目标和定义项目，并对项目进行详细的技术经济论证，使整个项目建立在可靠的、坚实的和优化的基础之上。

一、工程建设项目前期策划的过程和主要工作

工程建设项目的立项必须按照系统方法有步骤地进行。

1. 工程建设项目构思的产生和选择任何工程建设项目都起源于项目的构思。项目的构思是对项目机会的寻求，它产生于为了解决上层系统（如国家、地区、企业和部门）的问题，或为了满足上层系统的需要，或为了实现上层系统的战略目标和计划等。在一个具体的社会环境中，上层系统的问题和需要很多，这种项目构思可能是丰富多彩的，人们可以通过许多途径和方法（即项目或非项目手段）达到目的。所以对于那些明显不现实或没有实用价值的构思必须淘汰，在它们中间选择少数几个有价值和可能性的构思，并经上层组织批准，进行更深入的研究。

2. 项目的目标设计和项目定义

这一阶段主要是通过对上层系统的情况和存在的问题进行进一步研究，提出项目的目标因素，进而构成项目目标系统，通过对目标的书面说明形成项目定义。这个阶段包括以下工作：

（1）情况的分析和问题的研究。即对上层系统状况、环境状况、市场状况和组织状况进行调查，对其中的问题进行全面罗列、分析和研究，确定问题的原因，为正确的项目目标设计和决策提供依据。情况的分析不仅要分析过去的统计资料、现实状况，而且要按照历史资料和现实状况预测未来的发展趋势，这对工程建设项目更为重要。

（2）项目的目标设计。针对情况和问题提出目标因素，对目标因素进行优化，建立目标系统，确定工程建设项目要达到的预期总目标。针对上层系统的情况和存在的问题、上层组织的战略，以及环境条件，提出通过工程建设所要达到的主要指标。工程建设项目采用目标管理方法，在项目的早期就必须确定总目标，并将它贯彻在工程建设项目的整个实施过程中，以指导总体方案的策划、可行性研究、设计和计划以及施工过程，并作为工程建设项目后评价的依据。

（3）项目的定义和总体方案策划。项目的定义是指确定项目的目标系统的构成和范围界限，对项目的各个目标指标作出说明，并根据项目总目标，对项目的总体实施方案进行策划。

（4）项目的审查。这里的审查主要是对项目构思、情况和问题的调查和分析、目标设计的过程和结果的审查。

（5）提出项目建议书。项目建议书是对项目总体目标、情况和问题、环境条件、项目定义和总体方案的说明和细化，同时提出在可行性研究中所研究的各个细节和指标，作为后继的可行性研究、技术设计和计划的依据。它已将项目目标转变成具体实在的项目任务。

3. 可行性研究

可行性研究即对实施方案进行全面的技术经济论证，看能否实现目标，它的结果作为项目决策的依据。可行性研究的范围包括产品的市场研究和销售预测、项目产品的生产计划、生产工艺和设备选择、厂址选择、工程的建设计划、工程的运行计划、项目全过程的资金计划和融资计划等。

4. 工程建设项目的评价和决策

在可行性研究的基础上，对工程建设项目进行财务评价、国民经济评价和环境影响评价。根据可行性研究和评价的结果，由上层组织对项目的立项作出最后决策。在我国，可行性研究报告经过批准后项目即立项，并作为项目初步设计的依据。经批准的可行性研究报告就作为工程建设项目的任务书。

5. 其他相关工作

这部分工作主要分为：

（1）在整个过程中必须不断地进行环境调查，并对环境发展趋势进行合理的预测。环境是确定项目目标、进行项目定义和分析可行性的最重要的影响因素，是进行正确决策的基础。

（2）在整个过程中有一个多重反馈的过程，要不断地进行调整、修改和优化，甚至放弃原定的构思、目标或方案。

（3）在项目前期策划过程中阶段决策是非常重要的。在整个过程中必须设置几个决策点，对阶段工作结果进行分析、评价和选择。

二、项目前期策划工作的重要作用

项目的前期策划工作主要是产生项目的构思，确立目标，并对目标进行论证，为项目的批准提供依据。这是确定项目方向的过程，是项目的孕育过程。它不仅对项目全过程、对项目的实施和管理起着决定性作用，而且对工程全寿命期和项目的整个上层系统都有极其重要的影响。

1. 项目前期策划是为了确立项目方向

方向错误必然会导致整个项目的失败，而且这种失败常常是无法弥补的。项目的前期费用投入较少，项目的主要投入在施工阶段；但项目前期策划对项目全过程的影响最大，稍有失误就会导致项目的失败，产生不可挽回的损失，而施工阶段的工作对项目全过程的影响很小。过去人们常常认为前期工作对投资的影响最大。而实质上工程建设项目是由目标决定任务，由任务决定工程的技术方案和实施方案或措施，再由工程技术方案产生工程活动，进而形成一个完整的项目系统和项目管理系统。所以，项目目标规定着项目和项目管理的各个阶段和各个方面，形成一条贯穿始终的主线。

如果目标设计出错，常常会产生以下后果：工程建成后无法进行正常运行，达不到使用效果；虽然可以正常运行，但其产品或服务没有市场，不能为社会所接受；工程运行费用高，没有效益，没有竞争力；工程建设项目目标在工程建设过程中不断变动，造成超投资、超工期等问题。

2. 影响全局

工程建设项目必须符合上层系统的需要，解决上层系统存在的问题。如果启动一个项目，其结果不能解决上层系统的问题，或不能为上层系统所接受，便会成为上层系统的包袱，给上层系统带来历史性的影响。一个工程建设项目的失败常常会导致经济损失、社会问题和环境的破坏。例如，一个企业决定开发一个新产品，投入一笔资金，其来源是企业许多年以前的利润积余和借贷。倘若这个项目是失败的，如产品开发不成功，或市场上已有其他同类新产品，开发的产品没有市场，没有产生效益，则不仅企业多年的辛劳（包括前期积蓄以及项目期间人力、物力、精力和资金投入）白费，而且使企业背上了一个沉重的包袱，必须在以后许多年中偿还贷款，厂房、生产设备和土地虽都有账面价值，但不产生任何效用，则企业的竞争力下降，发展受阻。

第二节　设计阶段

在对预制装配式住宅进行设计的时候需要依据 BIM 技术对实际工程中所需要的各种构件建立信息库，这种做法不仅能够提升构件厂、设计单位及施工企业的可视化协同能力，同时还可以明确设计重点，减少建材的损坏及浪费；同时还可以简化流程，提升生产效率。另外，需要注意的是，在进行设计的时候，还可以对施工环节所需要的劳动力进行有效分析，通过引入物资劳动力和场地的概念，减少劳务选择风险，最终在保证质量的同时有效缩短工期。在装配式建筑设计过程中，可将设计工作环节细分为以下 6 个阶段：技术策划阶段、方案设计阶段、初步设计阶段、施工图设计阶段、构件加工图设计及生产阶段和施工阶段。

本书在此详细描述其中的 4 个阶段，即技术策划阶段、初步设计阶段、施工图设计阶段和构件加工图设计及生产阶段。

技术策划阶段：前期技术策划对装配式建筑的实施起到十分重要的作用，设计单位应在充分了解项目定位、建设规模、产业化目标、成本限额、外部条件等影响因素的情况下，制定合理的技术路线提高预制构件的标准化程度，并与建设单位共同确定技术实施方案，为后续的设计工作提供设计依据。

初步设计阶段：在此阶段应联合各专业的技术要点进行协同设计，结合规范确定建筑底部现浇加强区的层数，优化预制构件种类充分考虑设备专业管线预留预埋情况，进行专项的经济性评估分析影响成本的因素，制定合理的技术措施。

施工图设计阶段：在此阶段，按照初步设计阶段制定的技术措施进行施工图设计。各专业（建筑、结构、水电等）根据预制构件、内装部品、设备设施等生产企业提供的设计参数，在施工图中充分考虑各专业预留预埋要求。建筑设计专业应考虑连接节点处的防水、防火、隔声等设计问题。

构件加工图设计及生产阶段：构件加工图纸可由设计单位与预制构件加工厂配合设计完成，建筑专业可根据需要提供预制构件的尺寸控制图。除对预制构件中的门窗洞口、机电管线精确定位外，还要考虑生产运输和现场安装时的吊钩、临时固定设施安装孔的预留预埋问题。

第三节　工厂生产阶段

装配式建筑的主要特点是工厂化。随着国家大力推进装配式建筑，我国通过引进和自主创新建设了多种具有机械化、自动化混凝土预制构件生产线和成套设备的大型混凝土预制构件生产厂，加快了我国建筑工业化和建筑住宅现代产业化的步伐。

一、预制混凝土构件工厂化生产线

（一）平模生产线

生产工位以水平向为主的生产线为平模生产线。平模生产线有国外进口生产线及国内生产线之分。进口生产线自动化程度高，主要表现在模具的程序控制机械手自动出库和自动摆放，稳定和准确的程序也是进口生产线的一大优势，但仍旧需要核实混凝土的配合比、坍落度。对于国内的一些平模生产线，各构件生产企业因实际需要对生产线的工位流程根据我国构件生产尺寸、生产人工等因素做了相应的调整。目前，国内大部分装配式构件生产厂以平模生产线为主，主要生产钢筋桁架叠合板和内、外墙板。流程及具体操作注意事项：

1. 模台、模具清理：将模台、模具表面及安装配件等清理干净，清理时注意不要伤到模具接缝中的填充物。

2. 粘贴双面胶条：将模具所有钢对钢的可能漏浆的接触面贴上双面胶，双面胶要与模具边缘留有 1~2mm 空隙，双面胶条处一旦出现漏浆或损坏必须进行更换，双面胶完成 3 次生产后也必须更换。

3. 脱模剂用刷子刷上后需用抹布或海绵拖把擦匀（水性脱模剂不能用抹布或海绵拖把擦匀）。

4. 放置钢筋笼：将已经绑扎好的钢筋笼吊运到模具内，并放置垫块。再进行控制保护层厚度、绑扎附加筋和固定立吊的钢筋等工作。

5. 拼装模具：将模具拼接固定好严格控制尺寸，在会漏浆处的螺丝处加橡胶垫片。

6. 安装预埋件：完成所有预埋件的安装固定工作，做好防漏浆措施，预留孔洞埋件（剑鞘）要在放置钢筋笼后就放入（以便在碰到钢筋时可以调整钢筋位置），所有立吊吊点必须插入钢筋。

7. 浇筑混凝土：大型构件或转角构件混凝土需分两次浇筑，每次浇筑完成后需充分振捣，排除气泡；同时，要控制振捣时间，避免过振。

8. 找平抹面：针对构件表面混凝土进行找平抹面，混凝土初凝后进行初次找平。混凝土终凝前再次找平，进行如此精细的找平抹面工作是为了愈合出现的表面裂纹。

9. 覆盖养护：构件覆盖蒸汽养护，蒸汽温度不能过高（防止混凝土表面起壳），蒸养时间要控制好（6小时左右）。

10. 拆除模具：将所有拼装模具的螺丝、定位螺栓和固定预埋件的螺丝松开，严禁暴力拆卸模具。

11. 脱模、转运、存放：拆模后蒸养30分钟再进行构件脱模，将构件吊起至离地面3cm左右后敲打模具上表面进行脱模（吊出前必须确定所有螺丝和连接件已拆除完毕构件吊出时的强度应达到要求，慢慢吊出以防止磕碰）。脱模后将构件转运到堆场放置，要整齐排列。

12. 修补打磨：对构件产品进行修补之前需用水湿润破损处，修补砂浆需严格按比例调配；打磨时应使混凝土表面平整。

13. 成品保护：要对在堆场的构件进行洒水养护，构件脱模后马上进行覆盖养护。

14. 运输出厂：通过运输工具（车、船）将构件运输出厂。平模生产最大的优越性在于夹心保温层的施工和水电线管、盒在布设钢筋时一并布设。外墙板夹心保温层的直接预埋，完全省去了外墙外保温和薄抹灰这些既繁重又不安全的体力工作和外脚手架等设施，同时解决了外墙防火隐患；水电线盒在墙板中的预埋，清除了传统做法水电线盒安装必须砸墙、开槽、开洞的弊端，而且极大地减少了建筑垃圾。成熟的构件生产企业都在生产线的末端增加了露集料粗糙的冲洗工位。

（二）预制混凝土构件生产线

预制混凝土构件生产线主要包括抵抗裂缝能力强的预制混凝土叠合板、带筋混凝土预应力叠合板生产线，还有生产预制混凝土空心板和双T板。

（三）立模生产线

立模生产线主要由成组立模和配套设备组成，生产各种以轻质混凝土、纤维混凝土、石膏等为原料，用于室内填充墙、隔断墙的实心和空心的定形墙板。目前，我国也存在相当一部分数量的具有成组立模生产线的生产各种定形墙板的专用厂家。

立模生产线和平模生产线相比，具有占用车间面积小、使用模具量少及板的两面都平整的优点。但是，也存在定形墙板无法预埋电气线管、盒的弊端。

二、预制混凝土构件模具生产

在预制混凝土构件生产过程中需要根据预制构件的特定尺寸、规格定制混凝土成品模具，例如，固定台模、边模、柱模、梁模、楼梯模等。

三、5G 技术在现代建筑中的应用

与传统的现浇建筑相比，装配式建筑有许多优点，如劳动力成本较低、施工进度较快，可提高施工精度和质量，降低施工难度；节能环保、减少污染。但其仍有一些弊端，如装配式建筑对施工技术有一定要求，增加了施工的复杂性，对工人和技术人员要求更高。但随着科技发展，利用 5G 技术结合云端技术、大数据技术，通过新模式的信息收集和分析，把复杂问题数据化，实现在大数据时代下的技术改革。

1. 设计信息的扩大

设计前期可行性研究和设计期间，各个地区的地质水文条件、勘探研究报告、环境与竞争情况、招投标信息等，在传统模式下会消耗很大的人力物力、财力，同时产生一些不可避免的错误，设计阶段也不能高效、全面地收集信息，导致二次返工或严重事故。

在 5G 时代，大数据技术与云端技术的结合使更多的信息交互数据分析成为可能。设计单位、建设单位等在数据上可实现高效收集，并通过云平台加以分析。新一代设计观念也不再是统一设计，以前的建筑使人们产生审美疲劳，建筑设计应向个性化设计方向发展。5G 时代的大数据分析是以前 4G 时代不能比拟的，它把更多新的设计理念或最前沿的设计方向传递到设计单位，并结合当地人文、历史、环境、经济、竞争情况等因素，采集一系列服务个体的重要性信息（人口、收入、消费），选取相对应的数据流，分析可靠的产业定位。在清楚市场需求的情况下，确定产品的目标人群，有计划地制订个性化设计方案，让建筑产品更贴近生活，从而刺激消费购买，创造更多个性化设计的可能性。

2. BIM 技术的统一

BIM 技术已成为当代建筑业不可缺少的一部分，越来越多的公司、单位都在吸收新型 BIM 技术人才，但是 BIM 技术同样存在缺陷。首先是没有统一标准，国家或龙头企业尚未制定相关规范标准，使 BIM 技术中的软件相互间的交互不能有效实施。同时，与其他设计软件的信息脱节，使 BIM 技术成为孤岛技术，难以实现更多的技术应用。

在 BIM 技术的发展中出现与各专业信息相互结合的趋势，利用数字模型中的信息对商业过程进行组织和控制。因此，在 5G 数据云平台上收集信息并分析，BIM 技术优点也将有效放大。

BIM 技术能将传统的二维设计增加到三维、四维甚至五维，提高信息传递速度，具有信息化、立体化、直观化及可视化特点。同时可把预制构件标准化、参数化，提高施工速度、减少后期变更、降低成本投人。在 5G 和云端技术的支持下，结合前期的 VR 设备等，BIM 技术可将更多信息、技术以更快的方式传递给各个方面，实现该过程的模拟运算与流程预演。

3. 预制生产的突破

我国构件生产主要以预制叠合板、内墙板、外墙板、预制楼梯等为主，其他较复杂和精密的构件往往不能生产。其原因是预制生产厂的构件生产还未达到这种精密程度，或其生产造价远高于预估成本。所以，预制装配式建筑在我国的应用并不像西方发达国家一样成熟。

我国的构件生产过程通常是预制构件生产厂接到设计单位的设计图，然后构件生产厂将图纸交给设计部门和钢筋部门。设计部门对建设项目部件进行分类拆分，钢筋部门通过设计部门提供的拆分构件进行钢筋翻样。其大部分时间花在钢筋翻样上。而运用 5G 大数据分析，可将市场上最常用的模板作为工业化生产的板材，不仅能提高效率，还能更好地管控生产，对于设计和施工都带来了新的便利。

4. 供应链信息的全面性、共享性

传统建筑工程项目的供应管理模式往往存在很强的经验主义色彩，采购和供应均在小范围内选择，导致错过更优的选择对象，造成采购效率低、成本高、流程不规范等缺陷。传统工程造价中，个人专业基础和经验积累在业务开展中占主导地位，无论是采购管理还是造价控制的成果，可对比和可共享性均较差。良好的建筑行业的供应链采购信息收集、分析和管理，是建筑企业降低工程项目成本、优化内部管理模式、提高企业利润和竞争优势的有效方法，需要更多更全面更高效的信息抓取和分析，其中包含物流信息产品数据、财务状况数据、信誉数据、风险事件数据等一系列重要信息。而 5G 大数据技术和云端技术的发展为解决其中的问题提供了新方法。

5. 现场施工的高效管理

2020 年，武汉雷神山、火神山医院的建成离不开万千劳动人民和政府的资源调配，也离不开现代建筑的一体式工业化装配技术和高效的施工管理。5G 时代，华为让万千网民成为云监工，同时也酝酿出新的施工管理模式。不仅有现场施工管理，也有云端管理，包含建筑施工技术交底、建筑施工难点管控和施工安全预防。5G 与 BIM 技术、云端数据技术结合，更有效地模拟施工现场，包含现场施工的一系列环境、气候、土质、水文施工团队技术、材料信息、设备信息等，能够精确地指出问题所在，解决了装配式建筑构件的大量性和特殊性，以及装配工人需要在规定的工期内准确无误地装配所有预制构件的技术难题。

第四节 构件的储放和运输阶段

一、混凝土预制构件的储放

（一）堆放场地

1. 预制构件的存放场地应为钢筋混凝土地坪，并有排水措施。

2. 预制构件的堆放要符合吊装位置的要求，要事先规划好不同区位的构件的堆放地点。在此过程中，要尽量放置在能吊装的区域内避免吊车移位，从而造成工期的延误。

3. 堆放构件的场地应保持排水良好，若雨天的积水不能及时排泄，将导致预制构件浸泡在水中，污染预制构件。

4. 堆放构件的场地应平整坚实，地面不能呈现凹凸不平。

5. 规划储存场地时要根据不同预制构件堆垛层数和构件的重量核算地基承载力。

6. 按照文明施工的要求，现场裸露的土体（含脚手架区域）场地需进行场地硬化。

（二）存放方式

预制构件存放方式有平放和竖放两种，原则上墙板采用竖放方式，楼面板、屋顶板和柱构件可采用平放或竖放方式，梁构件采用平放方式。

1. 平放时的注意事项

（1）在水平地基上并列放置 2 根木材或钢材制作的垫木放上构件后可在上面放置同样的垫木，再放置上层构件，一般构件放置不宜超过 6 层。

（2）上下层垫木必须放置在同一条线上，垫木上下位置之间如果存在错位，构件除了承受垂直荷载，还要承受弯矩和剪力，有可能造成构件损坏。

2. 竖放时的注意事项

（1）要将地面压实并浇筑混凝土等，铺设路面要整修为粗糙面，防止脚手架滑动。

（2）使用脚手架搭台存放预制构件时，要固定预制构件两端。

（3）要保持构件的垂直或一定角度，并且使其保持平衡状态。

（4）柱和梁等立体构件要根据各自的形状和配筋选择合适的存放方式。

（三）存放注意事项

预制构件存放的注意事项如下：

1. 养护时不要进行急剧干燥，以防止混凝土强度的减弱。

2. 采取保护措施保证构件不会发生变形。

3. 做好成品保护工作，防止构件被污染及外观受损。

4. 成品应按合格、待修和不合格分类堆放，并标识工程名称、构件符号、生产日期、检查合格标志等。

5. 堆放构件时应使构件与地面之间留有空隙须放置在木头或软性材料上（如塑料垫片），堆放构件的支垫应坚实。堆垛之间宜设置通道。必要时应设置防止构件倾覆的支撑架。

6. 连接止水条高低口、墙体转角等薄弱部位，应采用定形保护垫块或专用式套件做加强保护。

7. 预制外墙板宜采用插放或靠放，堆放架应有足够的刚度，并应支垫稳固；对采用靠放架立放的构件，宜对称靠放，与地面倾斜角度宜大于 80 度；宜将相邻堆放架连成整体。

8. 预制构件的堆放应注意将预埋吊件向上，标志向外；垫木或垫块在构件下的位置宜与脱模吊装时的起吊位置一致。

9. 应根据构件自身荷载、地坪、垫木或垫块的承载能力及堆垛的稳定性确定堆垛层数。

10. 长时间储存时要对金属配件和钢筋等进行防锈处理。

二、混凝土预制构件的装卸运输

（一）场内驳运

预制构件的场内运输应符合下列规定：

1. 应根据构件尺寸及重量选择运输车辆，装卸及运输过程应考虑车体平衡。

2. 运输过程应采取防止构件移动或倾覆的可靠固定措施。

3. 运输竖向薄壁构件时宜设置临时支架。

4. 构件边角部及构件与捆绑、支撑接触处宜采用柔性垫衬加以保护。

5. 对于预制柱、梁、叠合楼板、阳台板、楼梯空调板等构件宜采用平放运输，预制墙板宜采用竖直立放运输。

6. 现场运输道路应平整，并应满足承载力要求。预制构件场内的竖放驳运与平放驳运可根据构件形式和运输状况选用。各种构件的运输，可根据运输车辆和构件类型的尺寸，采用合理、最佳组合运输方法，提高运输效率和节约运输成本。

（二）运输准备

预制混凝土构件如果在存储运输吊装等环节发生损坏将会很难修补，既延误工时又造成经济损失。因此，大型预制混凝土构件的存储与物流组织非常重要。构件运输的准备工作主要包括：制订运输方案、设计并制作运输架、验算构件强度、清查构件和查看运输路线。

1. 制订运输方案：此环节需要根据运输构件的实际情况、装卸车现场及运输道路的情况，施工单位或当地的起重机器和运输车辆的供应条件以及经济效益等因素综合考虑，最终选定运输方法，选择起重机械（装卸构件用）、运输车辆和运输路线。运输线路应按照客户指定的地点及货物的规格和重量制定，以确保运输条件与实际情况相符。

2. 设计并制作运输架：根据构件的重量和外形尺寸设计制作运输架，且尽量考虑运输架的通用性。

3. 验算构件强度：对钢筋混凝土屋架和钢筋混凝土柱子等构件，根据运输方案所确定的条件，验算构件在最不利截面处的抗裂度避免在运输中出现裂缝。如存在出现裂缝的可能，应对构件进行加固处理。

4. 清查构件：清查构件的型号、质量和数量，有无加盖合格印和出厂合格证书等。

5. 查看运输路线：在运输前再次对沿途可能经过的桥梁、桥洞、电缆。车道的承载能力、通行高度、宽度、弯度和坡度，沿途上空有无障碍物等进行实地考察并记载制定出最佳的路线。这需要对实地现场的考察，如果凭经验和询问很有可能发生意料之外的事情，有时甚至需要交通部门的配合等，因此这点不容忽视。在制定方案时根据勘察的情况注明需要注意的地方。如不能满足车辆顺利通行，应及时采取措施。此外，应注意沿途如果有横穿铁道，应掌握火车通过道口的时间，以免发生交通事故。运输路线的选择需要考虑以下几点：

（1）运输车辆的进入及退出路线。

（2）运输车辆须停放在指定地点必须按指定路线行驶。

（3）运输应根据运输内容确定运输路线，事先得到各有关部门的许可。

（4）运输应遵守有关交通法规及以下内容：

1）出发前对车辆及箱体进行检查；

2）驾照、送货单、安全帽的配备符合要求；

3）严禁超速、避免急刹车；

4）在工地周边停车必须停放在指定地点；

5）工地及指定地点内车辆要熄火、刹车、固定以防止溜车；

6）遵守交通法规及工厂内其他规定。

（三）运输方式

1. 立式运输方案：在底盘平板车上放置专用运输架，墙板对称靠放或者插放在运输架上。对于内、外墙板和PCF板等竖向构件多采用立式运输方案。

2. 平层叠放运输方式：将预制构件平放在运输车上，向上叠放在一起运输。叠合板、阳台板、楼梯、装饰板等水平构件多采用平层叠放运输方式。

3. 对于一些小型构件和异型构件，多采用散装方式进行运输。

（四）装卸设备与运输车辆

1. 构件装卸设备

预制构件有大小之分，过大、过宽、过重的构件，可采用多点起吊方式但存在选用横吊梁可以分解、均衡吊车两点起吊问题。单件构件吊具吊点设置在构件重心位置，可保证吊钩竖直受力和构件平稳。吊具应根据计算选用，取最大单体构件重量即取最不利状况的荷载取值以便确保预埋件与吊具的安全使用。构件预埋吊点形式多样，有吊钩、吊环、可拆卸埋置式的及型钢等，吊点可按构件具体状况选用。

2. 构件运输车辆

重型、中型载货汽车，半挂车载物高度从地面起不得超过4m，载运集装箱的车辆不得超过4.2m。构件竖放运输时选用低平板车，可使构件上限高度低于限高高度。为了防止运输时构件发生裂缝、破损和变形等，选择运输车辆和运输台架时要注意以下事项：

（1）选择适合构件运输的运输车辆和运输台架；

（2）装货和卸货时要小心谨慎；

（3）运输台架和车斗之间要放置缓冲材料，长距离运输时，需对构件进行包框处理，防止边角的缺损；

（4）运输过程中为了防止构件发生摇晃或移动，要用铜丝或夹具对构件进行充分固定。

3. 构件装车方式

横向装车时，要采取措施防止构件中途散落。竖向装车时，要事先确认所经路径的高度限制，确认不会出现问题。另外还要采取措施防止运输过程中构件倒塌。具体注意事项如下：

（1）柱构件与储存时相同，采用横向装车方式或竖向装车方式。

（2）梁构件通常采用横向装车方式，还要采取措施防止运输过程中构件散落。要根据构件配筋决定垫木的放置位置防止构件在运输过程中产生裂缝。

（3）在运输墙板和楼面板构件时，一般采用竖向装车方式或横向装车方式。当采用横向装车方式时，要注意垫木的位置，还要采取措施防止构件出现裂缝破损等现象。

（4）其他构件（楼梯、阳台和各种半预制构件等），因形状和配筋各不相同，所以要分别用不同的装车方式。运输时，要根据构件断面和配筋方式采取不同的措施防止出现裂缝等现象，并考虑搬运到现场之后的施工性能等。

第五节　安装阶段

一、预制构件吊具的选择

装配式剪力墙由于其特殊性需要大量的吊装工作，吊具在其中扮演着重要的角色。任何吊具在选定前，都需要根据构件的特性、对吊具本身的受力、吊点的受力进行验算分析，以保证构件在吊装过程中不断裂、不弯曲、不发生变形。

（一）预制叠合板吊具的选择

由于预制叠合板一般厚度较薄，为保证其在吊装过程中不发生断裂，需要提前进行吊点的受力平衡计算，并将吊环提前预埋在叠合板上。通过统计不同叠合板吊点的位置。要选择可调节、刚度好并且能适用于所有叠合板构件的水平吊梁。

（二）预制墙体吊具的选择

由于墙体吊点的埋设难免出现误差，使用普通吊具容易导致预制墙体在起吊后出现一边高一边低的情况，这就给预埋钢筋插入套筒造成了直接的困难。为此可在较短绳的一端或两端使用倒链（手动葫芦），这样可以随时调整墙体的平衡。

二、预制叠合板安装要点

预制叠合板的安装要利用独立钢支撑控制安装标高，使用板缝支模保证现浇节点的整体性。本阶段的预留预埋工作，是预制叠合板安装阶段的研究重点。

（一）独立钢支撑地布置

顶板支撑体系采用组装方便的独立支撑体系。独立支撑由铝合金工字枋、早拆柱头、独立钢支柱和稳定三脚架组成，施工前应对其布置进行深化设计，保证在足够承受荷载的前提下节省材料。安装叠合板前要利用独立钢支撑上端的可调节顶托，将铝合金工字枋直接调至板底设计标高位置处。铝合金工字枋的布置应垂直于预制板的桁架。

铝梁上皮标高即叠合板的下皮标高吊装前应仔细抄测；独立钢支撑的间距应根据叠合板的厚度与布置、现浇层的厚度与板缝的宽度等诸多因素进行深化设计，保证各支撑点受力均匀且满足荷载要求。

（二）叠合板间板缝支模

在对叠合板校正完成后，对墙体与顶板的缝隙采取吊帮支模，由水泥钉固定或用支顶方式加固。要保证模板接缝严密，防止漏浆。叠合板的板带接缝部位使用独立钢支撑支设模板。板带部位模板应向内入 2~3 毫米，以保证顶板接缝处的混凝土美观。

（三）叠合板安装过程中的预留、预埋

1. 地脚螺栓预埋

地脚螺栓的作用是固定墙体的斜支撑。在叠合板就位后预埋地脚螺栓，主要是为了避免线管和钢筋遭到破坏。其做法如下：

（1）预制楼板上放线确定各个地脚位置；

（2）将焊接有螺栓的预埋就位；

（3）在螺栓外露的部分上采用保护措施，避免在浇筑混凝土时污染螺栓。

2. 利用定位钢板精调纵向钢筋位置

为了确保预制墙板安装快捷、迅速，在顶板混凝土浇筑前应使用钢筋定位控制钢板调整纵向钢筋的位置。

钢筋定位控制钢板根据墙板灌浆套筒的位置加工，所开孔洞比钢筋直径大 2 毫米，以确保定位钢筋位置准确；为使混凝土浇筑时方便灌入和振捣，以及电气专业的管线预留，各专业应配合确定定位控制钢板 100 毫米的灌入振捣口的位置。在浇筑混凝土前将纵向钢筋露出部分包裹胶带，避免浇筑混凝土时污染钢筋接头。在预制墙板吊装前去除插筋露出部分的保护胶带，并使用钢筋定位控制钢板对插筋位置及垂直度进行再次校核，保证预制墙板吊装一次完成。

三、预制墙板安装要点

预制墙板安装期间要重点解决灌浆灰饼的布置、加快墙体吊装速度及连接套筒灌浆等问题。

（一）灌浆灰饼的布置

预制墙板之间利用纵向钢筋与灌浆套筒连接，吊装之前在预制墙板和现浇墙板之间留置灌浆区。灌浆时，由于需灌浆面积较大，灌浆量较多，灌浆所需操作时间较长，而灌浆料初凝时间较短，无法保证灌浆饱满充实，故需对一个较大的灌浆结构进行人为的分区操作，保证灌浆操作的可行性。

（二）利用快速定位构件解决吊装速度问题

1. 快速定位构件的设计思路

快速定位构件利用槽钢和钢板焊接而成，吊装时将拧在墙板上两侧斜支撑的螺栓插入快速定位措施件豁口中，墙板缓慢随豁口槽下落就位，就位后确保预留钢筋插入吊装墙板的灌浆套筒中。设计快速定位措施件豁口时，根据墙板斜支撑的螺检栓杆直

径，要求豁口成 V 形，确保豁口的最下端与螺栓栓杆直径同宽。

2.优化快速定位构件与墙体斜支撑的联系

墙体斜支撑是用来连接预制墙板和现浇板上的连接件，通过调整斜支撑螺栓，保证墙板的水平垂直度。由于要尽量减少在叠合板安装阶段的地脚螺栓预埋数量，将快速定位构件的螺栓和短杆斜支撑的螺栓合并为一体。在预制墙板初步就位后，利用固定可调节斜支撑螺栓杆进行临时固定。待长杆斜支撑固定完毕后立即将快速定位措施件更换成短杆斜支撑，方便后续墙板精确校正。

3.预制墙板精调

墙板安装精度利用长短斜支撑调节杆调节，在垂直于墙板方向、平行于墙板方向及墙板水平线位置进行校正调节，要求按照预先控制线缓慢调节，具体调节校正措施如下：

（1）平行墙板方向水平位置校正措施：通过在楼板面上弹出墙板控制线进行墙板位置校正，墙板按照位置线就位后若水平位置有偏差需要调节时，则可利用小型千斤顶在墙板侧面进行微调。

（2）垂直墙板方向水平位置校正措施：利用短斜支撑调节杆进行微调，来控制墙板的水平位置。

（3）墙板垂直度校正措施：待墙板水平就位调节完毕后，利用长斜支撑调节杆，对墙板顶部的垂直度进行微调。

（三）连接套筒灌浆

连接套筒是利用高标号的灌浆料将上下两层的纵向钢筋连接成整体，从而将整个装配式结构连接成整体的节点。作为竖向构件主要连接节点，连接套筒的灌浆工作无疑是装配式剪力墙结构施工中极其重要的一环。

1.灌浆料的拌和

（1）灌浆材料与水拌和，以重量计，加水量与干料量为标准配比，拌合水应经称量后加入（注：拌合用水采用饮用水，水温控制在 20 摄氏度以下，尽可能现取现用）。为使灌浆料的拌合比例准确，并且在现场施工时能够便捷地进行灌浆操作，现场应使用量筒作为计量容器，根据灌浆料使用说明书加入拌合水。

（2）搅拌机、搅拌桶就位后，将灌浆料倒入搅浆桶内加水搅拌，加至约 80% 水量搅拌 3~4 分钟后，再加上所剩的约 20% 的水搅拌均匀后静置稍许排气，然后进行灌浆作业。灌浆料通常可在 5~40 摄氏度之间使用，初凝时间约为 15min。为避开夏季一天内的温度过高时间和冬季一天内的温度过低时间，保证灌浆料现场操作时所需流动性延长灌浆的有效操作时间，夏季池浆操作时要求灌浆班组在上午 10 点之前、下午 3 点之后进行工作，并且保证灌浆料及灌浆器具不受太阳光直射；灌浆操作前，可将与灌浆接触的构件通过洒水降温改善构件表面温度过高、构件过于干燥的问题，并保证以最快时间完成灌浆工作；冬季工人进行灌浆料操作时，要求室外温度高于5摄氏度时才可进行。

2. 套筒灌装的操作

（1）灌浆操作时间：在预制墙板校正后、预制墙板两侧现浇部分合模前进行灌浆操作。

（2）预制墙板就位后经过校正微调方可开始灌浆操作，灌浆时需提前对灌浆面洒水湿润且不得有明显积水。灌浆应分区分段同时从灌浆孔处灌入。待灌浆料从溢流孔中冒出，表示预制墙板底的20毫米灌浆缝已灌满。

（3）预制墙板灌浆套筒灌浆：从灌浆套筒底部PVC灌浆孔依次灌入，待其对应的上部PVC溢流孔冒出灌浆料时表示灌浆筒已灌满，灌满后利用软木塞将灌浆孔和溢流孔封堵严实。

四、装配式建筑施工流程

装配式建筑是用预制的构件在工地装配而成的建筑，这种建筑的优点是将构件由工厂加工生产好直接运送至工地进行拼装，建造速度快受气候条件制约小，节约了劳动力并可提高建筑质量。

（一）构件运输

根据现场施工进度计划及吊装顺序，将相应构件运输到现场存放到塔吊起吊区域内，施工现场因运输车辆较多须做好车辆调度。

（二）弹线定位

采用内控法与外控法相结合，将内控点引至相应楼层，针对外墙板弹出内壁控制线及端面控制线，针对内墙板弹出两侧控制线及端面控制线。

（三）标高测量

使用水准仪通过普通厚度的硬塑垫块对标高进行找平，每个构件地垫块为2组。

（四）吊装外墙板

根据构件编号、吊装顺序，将外墙板吊装就位。吊装外墙板时需根据外墙板吊点数量合理选用钢丝绳或者钢梁，保证每个吊点受力均匀。

（五）构件垂直度校核

通过斜支撑和靠尺对构件垂直度进行校核，2个斜支撑需同时转动，且方向一致，直至垂直线与刻度线一致。

（六）吊装叠合梁

将叠合梁底标高及梁端控制线弹注在外墙板上，叠合梁就位前先将顶支撑调节至梁底标高，叠合梁就位后用不少于 2 个的夹具进行临时固定。

（七）吊装内墙板

按构件编号及地面控制线对构件进行就位，用斜支撑校核构件垂直度，构件落位时需注意其正反面。

（八）剪力墙、柱钢筋绑扎

剪力墙、柱竖向钢筋相邻钢筋搭接接头不得在同一平面。应相互错开剪力墙，柱的钢筋间距、直径、锚固长度需严格按照设计图纸的相关规范要求进行施工。

（九）现浇部位支模

先将对拉杆对穿，然后将对拉杆进行加固，剪力墙支模与传统支模方法一致。

（十）搭设叠合板顶支撑

先在墙面上弹好标高控制线，支模架一般采用独立支撑。木工字梁布置方向与叠合板板缝垂直，木工字梁需贯通整个房间。

（十一）吊装叠合板

进行叠合板吊装前要先核对叠合板编号及安装方向，起吊时合理选用钢丝绳及吊点数量，确保各吊点受力均匀。叠合板短边支撑与叠合梁搭接长度为 15 毫米，叠合板与叠合板底部倒角拼缝为 20 毫米。

（十二）吊装楼梯

吊装楼梯时需计算上下吊点钢丝绳长度。

（十三）楼面线管预埋、叠合楼板钢筋铺设

根据设计图纸将管线预埋到位，确保叠合楼板钢筋的直径、长度、间距、规格与设计图纸一致，随后先铺设与叠合板桁架方向一致的板面钢筋，再铺设与桁架相垂直的板面钢筋。

（十四）板面养护

浇筑板面 12 小时内需浇水养护。浇筑时室外温度不得低于 5℃，遇到高温天气还需覆盖薄膜养护。

第六节　运营维护阶段

一、运营维护

通过合理运用 BIM 及 RFID（ Radio Frequency Identification，射频识别 ）技术，对信息管理平台进行合理的搭建，从而完善装配式住宅中预制构件及设备的运营维护系统。比如，在进行资料管理或应急管理的时候使用 BIM 技术极为重要。如果发生火灾，相关人员可以利用 BIM 信息管理系统中的内容准确掌握火灾发生的位置，进而采取有效措施进行灭火。除此之外，在对装配式住宅或其附属设备进行维修的时候还可以从 BIM 模型中得到预制构件或其附属设备的相关信息，比如型号、参数等，为接下来的维修工作提供了便利。

二、装配式建筑的成本效益分析

（一）装配式建筑工程成本控制

装配整体式结构的土建造价主要由直接费（含预制构件生产费、运输费、安装费、措施费）、间接费、利润、规费、税金组成。与传统方式一样，间接费和利润由施工企业掌握，规费和税金是固定费率，构件费用、运输费、安装费的高低对工程造价起决定性作用。

其中构件生产费包含材料费生产费（人工和水电消耗）、模具费、工厂摊销费、预制构件厂利润、税金组成；运输费主要是预制构件从工厂运输至工地的运费和施工场地内的二次搬运费；安装费主要是构件垂直运输费、安装人工费、专用工具摊销等费用（含部分现场现浇施工的材料、人工、机械费用);措施费主要是脚手架、模板费用，如果预制率很高，可以大量节省措施费。从以上可以看出，由于生产方式不同，直接费的构成内容有很大的差异，两种方式的直接费高低直接决定了造价成本的高低。如果要使装配整体式结构的建设成本低于传统现浇结构，就必须降低预制构件的生产、运输和安装成本，使其低于传统现浇方式的直接费，这就必须研究装配整体式结构的结构形式、生产工艺、运输方式和安装方法，从优化工艺、集成技术、节材降耗、提高效率着手，综合降低装配整体式工法的建设成本。

1. 主体工程成本控制

影响装配式建筑造价成本的因素很多，有原材料成本、人工成本、物流成本、施工技术水平等。控制装配式建筑主体工程的造价，主要可以从控制构件成本和运输成本、提高施工现场管理水平、减少施工现场材料浪费等方面着手。

（1）主体构件成本控制

装配整体式混凝土结构是由预制混凝土构件通过可靠的方式进行连接并与现场后浇混凝土、水泥基灌浆料形成整体的装配式混凝土结构，即 PC 与现浇共存的结构。PC 构件种类主要有：外墙板、内墙板、叠合板、阳台、空调板、楼梯预制梁、预制柱。可以从以下几方面控制装配式建筑的构件成本：

1）优化设计，提高预制率和构件重复率

预制率是指装配式混凝土建筑室外地坪以上主体结构和围护结构中预制构件部分的材料用量占对应构件材料总用量的体积比。预制率是单体建筑的预制指标，如某栋房子预制率 15%，是指预制构件体积 150 m³ 占总混凝土量 1000 m³ 的比率。我国目前装配式建筑预制率较为低下，因而构件场内和现场施工成本均居高。因此，欲控制装配式建筑造价，关键是要提高预制率，发挥吊车使用效率，最大限度避免水平构件现浇，减少满堂模板和脚手架的使用。

另外，由于装配式建筑在我国发展时间不长，装配式建筑应用并不普及，导致了装配式建筑的模板重复利用率低。所以，应在满足建筑使用功能的前提下，通过 PC 构件标准化、模数化，设计和生产标准化构配件使它能在装配建筑上通用，只有这样才能降低构件成本。设计优化的措施主要有：

①装配式结构采用高强混凝土高强钢筋。

②采用主体结构、装修和设备管线的装配化集成技术。设备管线应进行综合设计减少平面交叉，采用同层排水设计；厨房和卫生间的平面尺寸满足标准化整体橱柜及整体卫浴的要求。

③建筑的围护结构以及楼梯、阳台、隔墙、空调板、管道井等配套构件；室内装修材料采用工业化、标准化产品；门窗采用标准化部件。

④外墙饰面采用耐久不易污染的材料，采用反向一次成型的外墙饰面材料；外墙保温改成内保温，喷涂发泡胶。

⑤适当提高构件重复率。通过技术改进，提高构件重复率，尽量减少模具种类，提高周转次数，从而大幅度降低成本。

2）降低构件的运输成本

装配式建筑的物流成本是影响工程造价的重要因素，减低物流成本的方法有：就近生产、就近运输，缩短从产地到工地的距离；化整为零，大批量采购。

（2）施工与施工管理成本控制

装配式建筑工程采用预制装配式柱、剪力墙及楼板底模，减少了现场混凝土浇筑量、砌筑量和部分抹灰。因此，在桩与地基基础工程、砌筑工程、现浇钢筋混凝土（含模板工程）、屋面及防水工程、保温隔热工程、楼地面工程、建筑物超高人工、机械降效、措施费及塔吊基础等分项工程及其他等方面投入的成本明显减少。在施工阶段的成本控制措施主要有：

1）改进 PC 构件制造工艺，降低工厂措施摊销费用。

2）改进安装施工工艺，降低机械人工消耗。

3）室内装修减少施工现场的湿作业。

4）提高连接的技术和效率。

连接是装配式建筑施工的难点和重点：一是预制构件之间的连接；二是预制构件与新浇筑混凝土之间的连接。解决了连接的技术难题和效率问题，装配式的应用瓶颈等问题就迎刃而解了。

2. 给排水工程成本控制

装配式建筑的给排水工程造价控制是指建筑企业对在给排水工程中发生的各项直接支出和间接支出费用的控制，包括对直接工资、直接材料、材料进价以及其他直接支出，直接计入成本。装配式建筑的给排水工程造价控制的工作，贯穿着给排水项目建设的全过程，必须重视和加强对给排水施工项目的设计、施工准备、工程施工、竣工验收等各个阶段的成本控制，强化全过程控制。

（1）给排水工程材料成本控制

装配式建筑的给排水工程中材料费所占的比重达到了 70%，而且有较大的节约潜力。因此，能否节约材料的成本成为降低工程成本的关键。材料节约要严格控制给排水材料消耗量，即执行限额领料制度。首先，相关部门需要根据工程的进度严格执行限额领料制度，控制给排水材料的消耗量。超过定额用量并核实为施工队未按时完工造成的，就需要在工程结算时从各种材料的余料进行回收，将材料的损耗率降低到最低水平；最后，要密切关注材料市场的行情，根据材料价格的变动合理确定材料采购时间，尽可能避免因价格上涨而造成项目成本的增加。

（2）给排水工程施工与施工管理成本控制

装配式建筑的给排水工程在施工阶段分为施工前和施工两个阶段。因此在这两个阶段，进行造价控制与管理是最为关键的。施工前，必须编制施工计划、划分施工任务、会审施工图纸、编制质量计划、编制施工组织设计来保证工程的顺利开展。对于施工阶段的造价控制，比较有效的方法是将工程造价的控制节点前移，对施工承发包的行为进行控制，避免施工过程留下隐患或者产生造价失控的现象。

3. 电气与设备工程成本控制

电气与设备工程成本控制与其他成本控制不同，其安装种类繁多、过程复杂，具有自己独有的特点。只有明白了设备安装工程成本控制的特点，才能为下一步成本控制做好准备。

根据相关数据调查显示，当前设备安装控制成本降低措施中设计影响能够达到

75%，所以电气与设备设计阶段的控制能够有效地实现设备安装成本降低。电气与设备工程材料品种多、数量大，所以招标控制是电气与设备安装工程成本控制的主要环节。在实际招标过程中，一方面要将设备价格、安装技术作为成本控制的重点来对待；另一方面还要将电气与设备安装之后的维修作为成本控制的重中之重。电气与设备安装工程中的供应方式也是成本管理的一个重要环节，所以应该加强材料供应方与安装方的协调工作。根据相关规定，由建设方提供设备价款的不用缴纳营业税，所以说，由于设备供应价通常较高，营业税的免除也成了电气与设备安装工程成本控制中不可忽略的存在。

（1）电气工程成本控制

随着科技进步，建筑的信息化、自动化程度也越来越高，对装配式建筑安装施工技术提出了严峻的挑战，大大提高了建筑电气安装造价。装配式建筑电气工程安装造价的控制管理是装配式建筑施工项目中的一个重要环节。电气工程的成本控制是决定电气安装企业市场竞争力的关键，是工程项目管理的中心内容，需要把握好以下几个方面：

1）建立起一套科学、合理、规范的安装造价控制体系，并在规范化的体系中运行。在做好建筑安装造价控制的基础上做好质量控制，抓质量监督与检测，提高建筑质量。

2）提高电气安装施工管理人员的素质，做好培训工作。从管理能力与技术两方面出发，做好电气安装工程造价管理。

3）做好施工工艺、施工方案的组织审核工作。严把施工方案的科学合理关，避免施工方案、施工工艺不合理导致返工所带来的成本增加；在安装过程中，对施工工艺及施工方案采用合理化建议，让高层建筑的电气安装能够以合理的施工工艺或方案施行。优化施工过程，降低成本，提高利润率。

（2）设备工程成本控制

目前国内机电设备安装工程项目的竞争日益激烈，对安装企业管理的要求也越来越高，完善合理的成本控制制度是保证成本费用的前提，是完成成本控制目标的根本保证。控制规律要求的控制目标实际值和控制目标值之间出现偏差时，必须采取相应的控制手段来减小这种偏差，采取的控制措施主要依据就是各种控制制度。只有构建了合理的控制制度，在成本控制工作中才能够把成本控制与技术管理、经营管理等各方面有机结合起来，出现成本偏差时才能找出项目成本发生偏差的原因所在，做出有效合理的控制决策和纠正措施来减小偏差。而且依靠制度的规范，才能够在发现问题并解决问题的基础上，总结成本控制过程中的各种经验和教训。在这样的情况下，就要通过构建完善的成本控制分析制度、成本评价制度、预算制度以及超预算审批制度，完善保障成本控制目标的制度。

4.装饰工程成本控制

装配式建筑装饰工程成本由抹灰工程、楼地面工程和油漆、涂料工程、门窗工程组成。因装配式建筑构件已包含部分抹灰，导致抹灰量减少，已计入土建工程，故装饰工程不再计算。所以，装配式建筑工程的装饰成本比现浇要低。

（1）装饰工程材料成本控制

项目成本控制，指在项目成本的形成过程中，对生产经营所消耗的人力资源、物质资源和费用开支，进行指导、监督、调节和限制，把各项生产费用控制在计划成本的范围之内，保证成本目标的实现。在装配式建筑的装饰工程实施阶段的材料成本控制是装饰企业材料成本控制管理工作的关键，对整个工程成本的控制有着举足轻重的影响。目前，施工现场材料管理比较薄弱，主要表现在以下几个方面：

第一，在对材料工作的认识上普遍存在着"重供应、轻管理"的观念，只管完成任务，单纯抓进度、质量产量，不重视材料的合理使用和经济实效，而且对现场材料管理人员配备力量较弱，现场还处于粗放式管理水平。

第二，在施工现场普遍存在着现场材料堆放混乱、管理不力，余料不能得到充分利用；材料计量不齐不准，造成用料上的不合理；材料质量上不稳定，无法按材料原有功能使用；技术操作水平差，施工管理不善，造成返工浪费严重。

第三，在基层材料人员队伍建设上，普遍存在着队伍不稳定、文化水平偏低、懂生产技术和材料管理的人员偏少的状况，造成现场材料管理水平比较薄弱。

为了提高现场材料管理水平，强化现场管理的科学性，达到节约材料的目的，针对以上现状，主要应加强以下几方面的管理。

1）材料的计划管理

首先，应加强材料的计划性与准确性。材料计划的准确与否，将直接影响工程成本控制的好坏。材料消耗量估算之前，现场技术人员应通过仔细研读投标报价书、施工图、排版图，依据企业的材料消耗定额，准确计算出相应材料的需用量，形成材料需用计划或加工计划。估算是否准确合理，可以运用材料ABC分类法进行材料消耗量估算审核。根据装饰工程材料的特点，对需用量大、占用资金多、专用材料或备料难度大的A类材料，必须严格按照设计施工图或排版图，逐项进行认真仔细的审核，做到规格型号、数量完全准确。对资金占用少、需用量小、比较次要的C类材料，可采用较为简便的系数调整办法加以控制。对处于中间状态的常用主材、资金占用属中等的辅材等B类材料，材料消耗量估算审核时，一般按企业日常管理中积累的材料消耗定额确定，从而将材料损耗控制在可能的最低限，以降低工程成本。

其次，项目部物资部门要依据施工技术部门提供的所承担工程项目各种物资用量计划，在核减库存的基础上，即时编制物资采购计划，并经项目部主管和上级物资部门审批后，组织市场采购。当一项工程确定后，应立即组织技术、材料人员编制用料计划。采购计划的制订要非常准确，该进的料不按时进会造成停工待料；太早采购又会囤积物料，造成资金的积压、场地的浪费、物料的变质，所以有效地制订采购计划是十分必要的。正确及时地编制物资采购计划，可以有效地保证物资采购的计划性，杜绝盲目采购，避免物资的超出和积压，减低采购成本。

2）材料的采购管理

材料采购的管理科学的采购方式、合理的采购分工、健全的采购管理制度是降低采购成本的根本保障。因此，采取必要措施，加强材料采购管理是非常重要，也是非常必要的。首先，实行归口管理和采购分工是材料采购的基本原则。装饰企业尽管有点多、线长，不便管理的特点，但归口管理的原则必须坚持。材料采购只有归口材料部门，才能为实现集中批量采购打下基础。反之，不实行归口管理，造成多头采购，必然形成管理混乱、成本失控的局面。

又由于装饰企业消耗的物资品种繁多，消耗量差别很大。如何根据消耗物资的数量规模和对工程质量的影响程度，科学划分采购管理分工，非常必要。因此，科学的采购分工是实现批量采购降低成本的基础。

其次，集中批量采购是市场经济发展的必然趋势，是实现降低采购价格的前提。材料部门对施工生产起着基础保障作用，这个作用是通过控制大宗、主要材料的采购供应来实现的。要实现控制，首先就要集中采购，只有集中才可能形成批量，才可能在市场采购中处于有利的位置，才可能争取到生产企业优先、优惠的服务。实行集中批量采购，企业内部与流通环节接触的人少，便于管理。所以，实行归口管理、集中批量采购是物资采购管理的基本原则和关键所在，是企业发展的需要，是降低采购成本的前提。再次，要考虑资金的时间价值，减少资金占用，合理确定进货批量与批次，对部分材料实时采购，实现零库存，降低材料储存成本，从而降低材料费支出。

3）材料的使用过程管理

在材料使用过程中，在做好技术质量交底的同时做好用料交底，执行限额领料。由于工程建设的性质用途不同，对于施工项目的技术质量要求、材料的使用也有所区别。因此，施工技术管理人员除了熟读施工图纸、吃透设计理念并按规程规范向施工作业班组进行技术质量交底外，还必须将自己的材料消耗量估算意图灌输给班组，以排版图的形式做好用料交底，防止班组下料时长料短用、整料零用、优料"劣"用，做到物尽其用，杜绝浪费，减少边角料，把材料消耗降到最低限度。同时，要严格执行限额领料。在下达施工任务书中，附上完成该项施工任务的限额领料单，作为发料部门的控制依据，防止错发、滥发等无计划用料，从源头上做到材料的"有的放矢"。

（2）装饰工程施工与施工管理成本控制

装配式建筑的装饰工程施工管理是以项目经理负责制为基础，以实现责任目标为目的，以项目责任制为核心，以合同管理为主要手段，对工程项目进行有效的组织、计划、协调和控制，并组织高效益的施工，合理配置，保证施工生产的均衡性，利用科学的管理技术和手段，以高效益地实现项目目标和使企业获得良好的综合效益。

1）工程施工管理

施工项目管理是为使项目实现所要求的质量、所规定的时限、所批准的费用预算所进行的全过程、全方位的规划、组织、控制与协调。项目管理的目标就是项目的目标，项目的目标界定了项目管理的主要内容是"三控制二管理一协调"，即进度控制、质量控制、费用控制、合同管理、信息管理和组织协调。

2）施工项目成本控制

①成本控制原则

施工项目成本控制原则是企业成本管理的基础和核心，施工项目经理部在对项目施工过程进行成本控制时，必须遵循以下基本原则。施工前必须进行全面的工程量核算，必须进行全面的市场价格询价，详细编制现场经费计划，要求计划有详细的量化指标，并有分析说明；所有措施费的投入都应有详细的施工方案并有经济合理性分析报告；材料采购必须凭采购计划进行，材料计划必须首先经商务经理确认价格后经项目经理最终确认方可实施；每月进行物资消耗盘点，进行成本分析；除零星材料可以直接采购外，主要材料采购必须进行货比三家才购买；人员本地化的原则，除重要岗位外，应尽量从当地招聘员工，方可降低成本。

②施工项目成本控制措施

降低施工项目成本的途径，应该是既开源又节流，或者说既增收又节支。只开源不节流，或者只节流不开源，都不可能达到降低成本的目的。项目经理是项目成本管理的第一责任人，全面组织项目部的成本管理工作，应及时掌握和分析盈亏状况，并迅速采取有效措施；工程技术部应在保证质量、按期完成任务的前提下尽可能采取先进技术，以降低工程成本；经济部应注重加强合同预算管理，增创工程预算收入；财务部主管工程项目的财务工作，应随时分析项目的财务收支情况，合理调度资金。

制订先进的经济合理的施工方案，以达到缩短工期、提高质量、降低成本的目的；严把质量关杜绝返工现象，缩短验收时间，节省费用开支；控制人工费、材料费、机械费及其他间接费。随着建筑市场竞争的加剧，工程的单价越来越低，现场管理费越来越高。这就要求项目管理人员用更科学、更严谨的管理方法管理工程。作为管理部门也要合理地分析地区经济差别，防止在投入上一刀切。

综上分析，施工项目管理与项目成本控制是相辅相成的，只有加强施工项目管理，才能控制项目成本；也只有达到项目成本控制的目的，加强施工项目管理才有意义。施工项目成本控制体现了施工项目管理的本质特征，并代表着施工项目管理的核心内容。

（二）装配式建筑的成本分析

装配式建筑是将各类通用预制构件经专有连接技术提升为工厂化生产、现场机械化装配为主的专用建筑技术体系，是实现节能、减排、低碳和环保，构建"两型社会"的有力保障，是建筑产业走向可持续发展道路的一种新型建设模式。装配式建筑的成本体系与普通现浇体系有很大的不同。在假定设计标准和质量要求相同的前提下，重点对比和研究建筑工程的土建主体成本，不包含机电安装工程的成本差异。本书所探讨的装配式建筑的成本针对建筑设计和施工阶段，从设计、生产、物流、安装四个方面分析装配式建筑成本与传统建筑成本之间的差异。

1.设计成本

目前装配式建筑设计技术尚不成熟，图纸量大，除了普通的建筑与结构设计之外，还需要将构件分解进行深化设计，并根据工厂模具尺寸设计模具详图。在模具详图中要综合多个专业内容，例如在一个构件图上需要反映构件的模板、配筋以及埋件、门窗、保温构造、装饰面层、留洞、水电管线和元件、吊具等内容，包括每个构件的三维视图和剖切图，必要时还要做出构件的三维立体图、整浇连接构造节点大样等图纸。

相较于传统建筑设计，构件深化设计增加了设计人员的工作量，也增加了设计成本。目前常见的深化设计是设计单位做出预制构件设计方案后交由构件厂深化设计人员，再由项目各参与方将需求传递给深化设计人员，深化设计人员再结合构件自身的生产工艺需求完成深化设计任务。

设计单位提供的服务包括设计基本服务和设计其他服务。设计基本服务是指设计人根据发包人的委托，按国家法律、技术规范和设计深度要求向发包人提供编制方案设计、初步设计（含初步设计概算）、施工图设计（不含编制工程量清单及施工图预算）文件服务，并相应提供设计技术交底、解决施工中的设计技术问题、参加竣工验收服务，其服务计费为设计基本计费。设计其他服务是指发包人要求设计人另行提供且发包人应当单独支付费用的服务，包括：总体设计、主体设计协调（包括设计总包服务）、采用绿色建筑设计、应用BIM技术、采用被动式节能建筑设计、采用预制装配式建筑设计、编制施工招标技术文件、编制工程量清单、编制施工图预算、建设过程技术顾问咨询、编制竣工图、驻场服务；提供概念性规划方案设计、概念性建筑方案设计、建筑总平面布置或者小区规划方案设计、绿色建筑设计标识评价咨询服务；提供室内装修设计、建筑智能化系统设计、幕墙深化设计、特殊照明设计、钢结构深化设计、金属屋面设计、风景园林景观设计、特殊声学设计、室外工程设计、地（水）源热泵设计等服务，其服务计费为设计其他服务计费。

当然，装配式建筑在设计过程中，如何合理拆分和设计预制构件是装配式建筑项目实施的关键。构件拆分决定了构件的数量、构件的重量、构件标准化程度、构件安装难易程度等。所以在拆分设计时应尽量标准化设计，使构件种类最少、重复数量最多。这样构件厂生产所需的周转模具少、生产效率高，才能最大限度地降低构件生产的成本。

2. 生产成本

（1）产品生产成本

根据公布的《大中型工业企业产品制造成本构成》，产品生产成本是指企业在生产工业产品和提供劳务过程中实际消耗的直接材料、直接人工、其他直接费用和制造费用。

1）直接材料消耗

直接材料消耗是指企业在生产工业产品和提供劳务过程中实际消耗的、直接用于产品生产、构成产品实体的原材料、燃料、动力、包装物、外购半成品（外购件）、修理用备件（备品配件）、其他直接材料。注意直接材料消耗必须是外购的产品，不包括生产过程中回收的废料以及自制品的价值。

外购直接材料消耗是指企业在进行工业产值核算范围内的生产活动过程中对外购直接材料的消耗。外购直接材料消耗的价值量按不含进项税额的购进价格计算，具体包括以下几项：买价、运杂费（包括运输费、装卸费、保险费、包装费、仓储费等，不包括按规定根据运输费的一定比例计算的可抵扣的增值税额）、运输途中的合理损耗、入库前的整理挑选费用（包括整理挑选中发生工费支出和必要的损耗，并扣除回收的下脚废料价值）、购入材料负担的税金（指进项税以外的其他应负担的税金）、外汇价差和其他费用。

2）直接人工

直接人工是指企业直接从事产品生产人员的工资、奖金、津贴和补贴，以及按生产人员工资总额和规定的比例提取的职工福利费。

3）其他直接费用

其他直接费用是指企业发生的除直接材料消耗和直接人工以外的，与生产产品或提供劳务有直接关系的费用。

4）制造费用

制造费用是指企业各个生产单位（分厂、车间）为组织和管理生产所发生的各项费用，包括工资和福利费、折旧费、修理费、办公费、水电费、机物料消耗、劳动保护费等，但不包括企业行政管理部门为组织生产和管理生产经营活动而发生的管理费用。制造费用包括以下内容：

①间接用于产品生产的费用，例如机物料消耗、车间房屋及建筑物折旧费、修理费、经营租赁费和保险费，车间生产用的照明费、取暖费、运输费和劳动保护费等。

②直接用于产品生产，但管理上不要求或者核算上不便于单独核算，因而没有专设成本项目的费用，例如机器设备的折旧费、修理费、经营租赁费、生产工具摊销、设计制图费和试验费。生产工艺所用动力如果没有专设成本项目，也包括在制造费用中。

③车间用于组织和管理生产的费用，包括车间人员工资及福利费、车间管理用房和设备的折旧费、修理费、经营租赁费和保险费、车间管理用具摊销，车间管理用照

明费、水费、取暖费、差旅费和办公费等。如果企业的组织机构分为车间、分公司和总公司等若干层次，则分公司也与车间相似，也是企业的生产单位，因而分公司用于组织和管理生产的费用，也作为制造费用核算。

3. 物流成本

（1）企业物流成本

根据现行国家标准，企业物流成本是指企业物流活动中所消耗的物化劳动和活劳动的货币表现，包括货物在运输、存储、包装、装卸搬运、流通加工、物流信息、物流管理等过程中所耗费的人力、物力和财力的总和，以及与存货有关的流动资金占用成本、存货风险成本和存货保险成本。

按成本项目划分，物流成本由物流功能成本和存货相关成本构成。其中物流功能成本包括物流活动过程中所发生的运输成本、仓储成本、包装成本、装卸搬运成本、流通加工成本、物流信息成本和物流管理成本。存货相关成本包括企业在物流活动过程中所发生的与存货有关的资金占用成本、物品损耗成本、保险和税收成本。

（2）装配式建筑物流成本

1）装配式建筑物流成本定义。在装配式建筑项目建设中，需要业主单位或者施工单位采购工程物资后运至施工现场或者其他指定的放置地点，以便使用和保管。在这一过程中，产生工程物料的运输、仓储、包装、装卸搬运、流通加工等行为形成的项目物流成本和存货相关成本共同构成装配式建筑物流成本，即广义上的物流成本。而狭义上的项目物流是指项目建设物流，即围绕项目建设，由物流企业提供某一环节或全过程的服务，目的是通过物流的专业技术服务，给予投资方最安全的保障和最大的便利，即物流功能成本。它包括项目建设所需的工程设备及建设材料的采购、包装、搬运、装箱、固定、物流、拆箱、拆卸、安装、调试、废弃或者回收的全过程。无论是从广义还是狭义方面来讲，它们在理论体系和方法上是基本一致的。

2）装配式建筑物流特点。同一般的项目物流活动一样，装配式建筑物流也是现代物流的重要组成部分。但和一般的物流活动相比，又具有自身独有的特性。

①一次性。

在实际项目中，每一个项目都有自己的特点，虽然施工流程相同，但也因项目的不同而导致具体的实施方案不同，因此项目物流方案也很少有完全一样的情况，再好的物流方案可能也只能使用一次。一个项目的经验对其他项目而言只能是参考，组织者需要根据其他项目的经验制定符合自己项目的物流实施方案。

②整体的关联性。

每个项目的物流活动都是由多个环节或多个部分组成，这些环节或部分之间是相互联系的。一个环节或者组成内容发生改变，那么与之相关的环节或者组成内容都要随之产生相应的变动。

③工序的不确定性。

影响项目施工进度的因素有很多，施工进度计划往往会因为一些外界因素而发生改变，比如相关政策的变化、自然灾害等。因此对于物流活动的服务商而言，他们在提供项目物流服务前，通常需要设立多种服务方案，以应对施工进度发生变化而带来的变动。

④技术的复杂性。

由于项目技术的复杂性，因此项目的物流作业活动一般都没有标准化可言，这就要求组织者要有丰富的项目物流作业组织经验，同时还有可能会用到各种专用的设备，对物流环境的要求比较特殊，技术含量相对较高。

⑤过程的风险性。

项目物流往往投资较大，服务对象也不尽相同，随时随地都有可能发生不可预见的情况，因而是一项很有风险的作业活动。所以，在项目物流的管理中，要认真开展各种风险的评估和管理工作，最大限度地降低风险和因风险可能造成的损失。

3）装配式建筑物流成本内容。装配式建筑的物流成本是根据项目建设中的物流过程来决定的，主要包括三个方面：一是物流供应成本，即将使用的施工材料从供应地运送到施工现场或仓库的费用；二是生产物流成本，包括场内运输加工、施工材料从储存仓库到施工现场的二次搬运等费用；三是回收物流成本。

对于物料供应商来说，物流成本的管理主要侧重于降低产品的生产成本和产品生产出来以后在仓库的存储成本、装卸及搬运等成本。如果在物料采购合同中供应商有产品运输责任，则还需考虑车辆调度安排问题，而运输成本的高低也会直接影响到供应商的物流成本。通过合理控制运输费用、选择合适的运输路线和运输方式等途径，都可以达到降低成本的目的。

4.安装成本

（1）建筑安装成本

建筑安装工程成本简称"建安成本"或"工程成本"，是指建筑安装工程在施工过程中耗费的各项生产费用。建筑安装工程成本按其是否直接用于工程的施工过程，分为直接费和间接费。其中直接费包括直接工程费和措施费，间接费包括规费和企业管理费。直接费由直接工程费和措施费组成。

1）直接工程费：是指施工过程中耗费的构成工程实体的各项费用，包括人工费、材料费、施工机械使用费。

①人工费：是指直接从事建筑安装工程施工的生产工人开支的各项费用。

②材料费：是指施工过程中耗费的构成工程实体的原材料、辅助材料、构配件、零件、半成品的费用，装配式建筑的主要构件的制造、物流、损耗、保管等费用，在生产制造成本和物流成本中已经算入，在此不再赘述。

③施工机械使用费：是措施工机械作业所发生的机械使用费以及机械安拆费和场

外运费。在装配式建筑安装中，构件吊装需要用到大量的机械设备。

2）措施费：是指为完成工程项目施工，发生于该工程施工前和施工过程中非工程实体项目的费用。包括以下内容：

①环境保护费：是指施工现场为达到环保部门要求所需要的各项费用。

②文明施工费：是指施工现场文明施工所需要的各项费用。

③安全施工费：是指施工现场安全施工所需要的各项费用。

④临时设施费：是指施工企业为进行建筑工程施工所必须搭设的生活和生产用的临时建筑物、构筑物和其他临时设施费用等。

⑤夜间施工费：是指因夜间施工所发生的夜班补助费、夜间施工降效、夜间施工照明设备摊销及照明用电等费用。

⑥二次搬运费：是指因施工场地狭小等特殊情况而发生的二次搬运费用。

⑦大型机械设备进出场及安拆费：是指机械整体或分体自停放场地运至施工现场或由一个施工地点运至另一个施工地点，所发生的机械进出场物流及转移费用及机械在施工现场进行安装、拆卸所需的人工费、材料费、机械费、试运转费和安装所需的辅助设施的费用。

⑧混凝土、钢筋混凝土模板及支架费：是指混凝土施工过程中需要的各种钢模板、木模板、支架等的支、拆、物流费用及模板、支架的摊销（或租赁）费用。

⑨脚手架费：是指施工需要的各种脚手架搭、拆、物流费用及脚手架的摊销（或租赁）费用。

⑩已完工程及设备保护费：是指竣工验收前，对已完工程及设备进行保护所需费用。

（2）装配式建筑安装成本

装配式建筑的安装成本是指工程建设中安装装配式构件及其辅助工作所产生的费用，是工程建设施工图设计阶段安装价值的货币表现。在装配式建筑中，除了现浇部分在现场施工产生的费用外，在安装预制构件的过程中，会产生以下费用：构件安装人工费、安装构件需要使用的连接件、后置预埋件等材料费、构件安装机械费、构件垂直运输费等，其中构件安装人工费和构件安装机械费分别计入人工费和机械费中，为安装构件使用的连接件、预埋件等材料计入材料费中，构件垂直运输费计入措施项目费中。

目前装配式混凝土建筑构件种类主要有：柱、梁、楼板、墙、楼梯、阳台及其他。以装配式混凝土建筑外墙板为例，安装施工工艺流程为柱和剪力墙钢筋绑扎、外墙板吊装、墙柱模板安装、墙板模板支筑、梁板钢筋绑扎、水电预埋、梁板混凝土浇筑等工序。

（三）装配式建筑的效益分析

传统建筑的现浇结构成本与装配式建筑成本随着时间的推移，呈现出不同方向的变化趋势。受人工、材料价格持续上涨的趋势影响，现浇结构成本呈上升趋势，在一定时间内从可接受成本变成不可接受成本。受工业化程度的不断提高，装配式建筑成本呈下降趋势，在一定的时间内从不可接受成本转变为可接受成本。

从装配式建筑较传统建筑来说，其增量成本主要体现在以下三大块：

一是工艺成本。装配式建筑技术难度更高，前期设计、生产投入都比较大，转嫁到构件成本上也就更高，只有在体量足够大（如 10 万 m^2），构件产量达到较大规模后才能摊薄成本，价格才会基本与传统方式持平。

二是物流成本。只有从工厂到施工地点的距离在 100km 左右，物流成本才相对合适。若工厂离得太远就不划算了，而目前可供选择的生产厂家较少。

三是管理成本。从整条产业链来看，装配式建筑从规划、设计、生产、运输、施工，各个环节的衔接尚不是很顺畅，也平添不少成本。为了降低成本，支持装配式建筑的发展，政府出台了奖励和补贴措施，但只能覆盖小部分增量成本。

1. 时间效益

（1）施工周期缩短

采用传统现浇方式，主体结构大概 3 天到 5 天可以完成一层，但由于各专业与主体是分开施工的，实际需要的工期大约是 7 天一层，各层次间的施工由下往上逻辑串联式进行。而装配式建筑的构件可以在工厂进行生产，并且每层构件生产方式采用的是并联式生产，可以综合运用多专业的技术生产统一构件，只有吊装和拼接各部件是需要在现场完成的工作。装配式安装施工时间较短，大约一层需要一天，实际需要的工期大约一层三到五天。采用装配式建筑，高层建造工期缩短 30% 左右，多层和低层可以缩短 50% 以上。

（2）现场人工减少

建筑构件运到现场后，使用吊装设备装配，施工现场建筑工人的角色单一化。较传统模式，装配式住宅的建筑工人将减少 50% 左右。建造同等规模的工程，传统方式高峰期一般需要劳动工人约 240 人，而采用装配式生产方式只需要工人 70 人左右。另外，采用装配式工法，极大提高施工机械化程度，可以降低在劳动力方面的资金投入，降低劳动强度，提高建筑工人的整体素质和生产的劳动效率。以一个 8 层的小型住宅楼为例，采用装配式生产方式，可以提高劳动生产效率 40%~50%，现场施工人员最多可减少 89% 左右。

2. 质量效益

装配式生产方式可极大提升建筑产品的质量和性能。传统住宅由于建筑材料要求低、操作人员水平有限、施工现场环境复杂、管理混乱以及质量控制不到位等因素，使得现场施工质量难以达到标准要求，导致建筑产品的质量无法得到切实保证，工程项目渗漏、开裂、空鼓等质量通病频繁出现。而产生这些质量问题的主要原因在于施工材料种类众多但质量存在缺陷；现场环境较差，混凝土振捣、养护等操作质量不满足要求；现场抹灰、涂刷等作业不到位；基层处理不彻底等。而装配式建筑通过将建筑分解为不同种类的部品，对各种部品进行工厂制造、在现场组装成为建筑实体的生产方式，能够有效避免上述原因对建筑质量产生的影响，满足用户对建筑产品高质量的要求。

装配式建筑使用的部品均在预制构件厂内进行制造，可控的工厂生产环境能够保证混凝土的养护效果，从而保证建筑结构构件的质量达到标准要求；建筑部品采用工业化的生产方式，构配件生产对材料的要求较高，由此保证了构件的生产质量；标准化制造有利于新材料、新技术、新工艺的应用，而材料性能及技术、工艺水平的提升是改善建筑质量最有效的途径；厂内流水线式的生产模式，机器制造代替了手工作业，彻底消除了人员操作水平对住宅质量的影响，并且大大提高了施工速度；工厂式的生产环境便于对构件进行全面的质量检验，确保出厂构件的质量达到规范要求，从而确保建筑整体的质量。

装配式建筑除了能够有效地保证建筑质量外，还有利于提升建筑的各种使用性能，弥补传统建筑的性能缺陷。如 CSI（China Skeleton Infill）住宅体系能够在不损伤主体结构的情况下，方便地对住宅设备和管线进行维修和更换，因此更加符合延长住宅寿命的"百年住宅"理念；整体厨卫的设计提高了住宅灵活性和舒适性；采用的夹心保温板和轻质复合墙板等材料，能够有效地提升建筑的保温和耐火性能；采用底盘一次性模压成型的方式可以解决建筑漏水情况。因此，装配式建筑中的新材料、新技术、新工业的高效应用切实提高了建筑保温、防水、抗震等多方面性能，为解决目前建筑性能低下的问题提供了可行方案。

3. 环境效益

装配式建筑落实了国家"四节一环保"的政策，具有显著的环境效益。

（1）节水效益

建筑业用水在全社会的用水量中所占比重很大，并且一直居高不下，装配式建筑的发展能够在一定程度上改善这种状况。建筑业用水主要包括两个方面：一是施工用水，二是生活用水。由于装配式建筑采用的是预先在工厂生产的预制构件，减少了混凝土构件的养护用水以及设备的冲洗用水，同时减少了湿作业的工作量，从而大量减少了施工用水量。此外，装配式建筑在施工现场采用机械安装，工人数量减少，便于现场管理，减少了施工现场用水浪费现象的发生，同时也减少了施工人员的各种生活用水。

（2）节材效益

装配式建筑使用的各个构件都是预先由工厂进行标准化生产，其质量和材料的使用得到了有效控制，能够在最大限度上减少材料损耗。同时，生产构件的工人以及吊装工人都是经过培训取得合格证书的产业化员工，技术水平高、责任心强，能够严格按照图纸进行生产和吊装，减少材料的损耗，提高构件的成品率以及吊装成功率。装配式生产中，制作构件所用的钢模具、钢模板均可多次循环使用 200 次左右，报废后均可回炉；而现场制作模具的木模板可循环使用频率极低，仅 2~3 次。

（3）节地效益

目前，我国建设用地比较紧张，各大城市的建设用地都在日益减少，故建设用地的高效利用就显得尤为重要，装配式建筑是缓解建设用地严重不足的有效手段。装配式建筑使用的大都是高强度的轻质材料，在一定程度上可以通过增加建筑层数来增加建筑面积，从而充分利用建设用地。建筑的使用寿命也是影响建筑用地的关键因素，装配式建筑的结构耐久性从寿命的维度上大大减少了建筑用地的占用。

（4）节能效益

节能是装配式建筑与传统建筑相比所具备的一个重要优势，主要体现在施工过程中节约的用电量以及在使用阶段节约的能耗。装配式建筑在建造过程中采用了各种保温节能的材料，能大量减少能量的损失。采用装配式建造方式，施工现场减少用电量40% 以上。此外，减少了工地噪声、粉尘污染、物料抛洒等长期困扰市民的问题，同时减少了施工过程中产生的建筑垃圾。

（5）碳排放的效益

目前，建筑物的碳排放是引起温室效应的重要因素，是温室气体排放的一个重要渠道。建筑物在其全生命周期的各个阶段都会产生碳排放，故发展低碳建筑对于环境保护而言显得尤为紧迫。发展低碳建筑是实现建筑和环境协调可持续发展的重要手段，降低 CO_2 的排放量对于节能减排也具有十分重要的意义。

4. 综合效益

从综合效益来看，装配式建筑较传统建造方式的优势非常明显。一是为建筑产业带来了生产和管理方式的转变。传统的生产方式其技术水平较低，以手工生产为主，机械化程度和劳动生产率都相对较低。而装配式建筑的出现使得建筑的生产方式发生了巨大变革，由现场手工操作向自动化生产转变，由劳动密集型向科技密集型转变，由单件定制向大规模生产转变，由资源粗放型向环境集约型转变。装配式建筑将建筑业向现代化、集约化、生态化推进，同时对建筑产业的管理方式产生巨大影响，使建筑生产管理由粗放式管理向集约化管理转变，政府管理由鼓励竞争向鼓励合作转变，项目管理由现场管理向工厂现场协同管理转变。二是提升了施工安全性。高发的施工安全事故严重地威胁着施工现场从业人员的人身安全，制约着建筑业的健康发展。我国 80% 以上的施工事故是由于人的不安全行为引起的，而装配式建筑的建造模式能够减少现场人员 50% 左右，则安全事故发生的概率也会相应减少 50%，进而提高现场安全性能约 40%。除此之外，生产工艺的转变也能提高现场的安全性，由生产工艺的转变至少可以提升施工安全性 20%。综合人员以及生产工艺两种重要因素的改变情况，装配式建筑至少可以整体提升施工安全性的 60%，从而带动了相关产业的发展。建筑业对我国的经济增长具有敏感性、超前性和关联性。建筑业的发展将关联性地带动房地产、建材、设备、机械、冶金等 30 多个行业上万种产品，还可以带动金融保险和中介服务等第三产业的发展。在建筑产业的整个链条中，主要包括房地产企业、施工单位、材料与设备供应商以及部品生产商等。企业之间通过获取土地设计规划、工程施工、建材生产、构件销售、物业管理 5 个具体环节联系在一起，从而完成建筑的开发、建设到使用的整个过程。现阶段，装配式建筑的产业链已经基本形成，各个环节依存度逐渐增强，但是产业化程度较低。随着建筑工业化的发展，整个产业链将进一步整合，提升行业集中度；各环节分工将愈加明细，专业化程度将进一步提高。装配式建筑的发展将有利于实现建筑产业上下游企业之间的联合，使建筑业上下游企业间的合作越来越紧密。但在目前，由于建筑工业化初期规模的限制，装配式建筑建造成本偏高，设备（机械）占 10%、材料占 60%、人工占 30%，此外还包括固定资产。

在未形成规模效应前，装配式建造的成本要高于传统方式是不争的事实。但是工业化方式能否被市场接受，关键要看工业化住宅的性能、价格是否具有优势。结合价值工程原理和成本收益理论可以看出装配式建筑的优势分为三个阶段。

第一阶段：性能优势阶段。这个阶段是工业化住宅产品开始研发和生产初期，它的性能优于传统住宅，但是由于前期投入和刚投入市场价格较高，所以性价比低、价值低，主要是面向一些高端的有支付能力的用户。

第二阶段：性价比优势阶段。随着技术的成熟工业化住宅产品的性能逐渐提高，此时价格也会相对下降，但是仍略高于现有住宅产品。此时性价比已超过现有住宅，工业化住宅开始慢慢被更多的用户所接受。

第三阶段：性能、价格双优阶段。随着时间推移，工业化住宅产品在市场上大量出现，已形成一定规模，此时工业化住宅不仅性能上超过现有住宅，而且价格也低于现有住宅价格，性价比越来越大，价值大幅提升。普通消费者也能购买得起工业化住宅，工业化住宅大面积推广时机已经到来。同时现有住宅的性能和价格方面均将失去优势而逐渐被市场所淘汰。

我国目前装配式建筑还处在第一阶段，性能占优势阶段，价格较高。成本较高的重要原因是尚未形成规模化，当建筑工业化形成规模效应，建筑成本和购买成本都会大大降低。

第三章 装配式建筑的施工与施工组织管理

当前，建筑工程项目体量变得越来越大，建设过程也变得越来越复杂，随之而来的是工程施工技术、人员、设备、材料等方面的巨大差异。对塔高自身的组织管理具有重要的影响。基于此本章对施工与施工组织管理展开讲述。

第一节 装配式建筑施工

一、装配式建筑施工

装配式建筑施工是将建筑物预制构件加工完毕后，运输至施工现场，结合构件安装知识、进行装配。与传统现浇建筑相比，装配式建筑施工具有以下的优越性和局限性。

1. 装配式建筑施工的优越性

（1）构件可在工厂内进行产业化生产，施工现场可直接安装方便快捷，可缩短施工工期。

（2）构件在工厂采用机械化生产，产品质量更易得到有效控制。

（3）周转料具投入量减少、料具租赁费用降低。

（4）减少施工现场湿作业量，有利于环保。

（5）因施工现场作业量减少，可在一定程度上降低材料浪费。

（6）构件机械化程度高，可较大减少现场施工人员配备。

2. 装配式建筑施工的局限性

（1）因目前国内相关设计、验收规范等滞后施工技术的发展需要，装配式建筑在建筑物总高度及层高上均有较大的限制。

（2）建筑物内预埋件、螺栓等使用量有较大增加。

（3）构件工厂化生产因模具限制及运输（水平、垂直）限制，构件尺寸不能过大。

（4）对现场垂直运输机械要求较高，需使用较大型的吊装机械。

（5）构件采用工厂预制，预制厂距离施工现场不能过远。

二、集装箱式结构施工

集装箱式装配式建筑也称盒式建筑，是指用工厂化生产的集装箱式构件组合而成的全装配式建筑。所有的集装箱式构件均应在工厂预制，且每个集装箱式构件应该既是一个结构单元又是一个空间单元。结构单元意味着每一个集装箱式构件都有自身的结构，可以不依赖于外部而独立支撑；空间单元意味着根据不同的功能要求，集装箱式构件内部被划分成不同的空间并根据要求装配上不同的设施。这种集装箱式构件内一切设备、管线、装修、固定家具均已做好，外立面装修也可以完成。将这些集装箱式构件运至施工现场就像"搭建积木"一样拼装在一起，或与其他预制构件及现制构件相结合建成房屋。形象地说，在集装箱式结构建筑中一个"集装箱"类似于传统建筑中的砌块，在工厂预制以后，运抵现场进行垒砌施工，只不过这种"集装箱"不仅是一种建筑材料，也是一种空间构件。这种构件是由顶板底板和四面墙板组成，是六面体形（也有的做成五面和四面体的），外形与集装箱相似。这种集装箱式构件，只需要在工厂成批生产一些六面、五面或四面的型体，以一个房间大小为空间标准，在现场将其交错迭砌组合起来，再统一连接水、暖、电等管线，就能建成单层、多层或高层房屋建筑。

1.集装箱式结构的优缺点

（1）优点

1）施工速度快：以一栋 3000 m^2 的住宅楼为例，从基础开挖到交付使用，一般不超过 4 个月，最快的仅为 2~3 个月，而其主体结构在 1 个星期就可以摆起来。不仅加快了施工速度，也大大缩短了建设周期和资金周转时间，节约了常规建设成本。

2）装配化程度高：装配程度可达 85% 以上，修建的大部分工作，包括水、暖、电、卫等设施安装和房屋装修都移到工厂完成，施工现场只余下构件吊装、节点处理，接通管线就能使用。

3）自重较轻：箱型构件是一种空间薄壁结构，与传统砖混建筑相比，可减轻结构自重 30% 以上。

4）工程质量容易控制：由于房屋构件是在预制构件厂内采用工业化生产的方式制作，材料品质稳定，操作工人的素质对成品质量的影响较小。因此，从构件出厂到安装施工的质量易于全程控制，更不易出现意外的结构质量事故。

5）建筑造价低：建筑造价与砖混结构住宅的建筑造价相当或略低，普通多层砖混结构住宅建筑造价约 800 元 /m^2，而多层集装箱式结构住宅一般不超过 800 元 /m^2。

5）使用面积大：集装箱式结构房屋完全不同于人们常见的"活动板房"，其规格、模数及建筑面积可与普通砖混住宅的房间相同。但在其相同建筑面积的条件之下，初级集装箱式结构实际使用面积可以增加 5% 以上。

7）建筑节能效果明显：集装箱式钢筋混凝土房屋构件的外墙和建筑物山墙，皆可采用导热系数很低的聚苯乙烯泡沫板做保温隔热处理。据测算，若推广使用 10 万 m² 的集装箱式结构建筑物代替砖混结构，可节约烧制黏土砖的土地 125 亩（1 亩 =666.67 m²），标准煤 43 7521 吨。节约了能源和土地，减少了大气污染，有助于实现中国政府节能减排的目标。

8）绿色文明施工：施工现场产生的建筑垃圾、粉尘、噪声等环境危害大大下降，有利于现场绿色建筑施工环保要求的具体实施，大幅减少施工引起的扰民等环境危害。施工现场占地减少、用料少、湿作业少，明显减少施工车辆和机械的噪声等不利于现场文明的因素，对施工现场周围的环境干扰极小。

9）主体结构施工安装不受气候限制；整体房屋项目建造过程中 80% 的施工阶段，可无须考虑气候条件的影响。

10）方便拆迁：有建筑物拆迁需要时，无论是永久性的还是临时性的集装箱式结构建筑，都可以化整为零，拆迁搬家易地重建，以适应城市规划建设的需要。被拆迁集装箱式构件基本完好的可二次或重复利用，可以大大降低拆迁成本、二次建造施工成本和大幅度降低因此而带来的建筑垃圾粉尘、噪声等系列污染或毁田等环境问题。

（2）缺点

1）预制工厂投资大；

2）运输、安装需要大型设备。

2.集装箱式结构施工

（1）集装箱式构件类型

集装箱式构件根据受力方式不同，分为无骨架体系和骨架体系。

1）无骨架体系：一般由钢筋混凝土制作，目前常用采整体浇筑成型的方法，使其形成薄壳结构，适合低层、多层和 ≤18 层的高层建筑。钢筋混凝土集装箱式构件的制造工艺现多采用钟罩式（顶板带四面墙）、卧杯式（顶板、底板带三面墙），也有从房间宽度中间对开侧转成型为两个钟罩然后拼成构件的。个别的采用杯式（底板及四面墙）成型法，或先预制成几块板或环，然后拼装成为构件的。钟罩式的底板、卧杯式的外墙、杯式中的顶板都是预制平板，用螺栓或焊件与构件连接。

2）骨架体系：通常用钢、铝、木材、钢筋混凝土作为骨架，用轻型板材围合形成集装箱式构件，这种构件质量很轻，仅 100~140 kg/m²。

（2）集装箱式构件生产

集装箱式构件在预制工厂生产，经过结构构件连接，防水层、保温隔热层铺装、管道安装、门窗安装、地砖铺贴、装饰面板铺贴等工序，一个个集装箱式构件就生产出来了。预制生产时需注意：

1）所用材料需符合各项有关规定。

2）构件尺寸需符合设计要求，偏差不能超过允许范围。若偏差过大，将严重影响现场构件拼装。

3）构件整体强度和刚度不仅要满足使用阶段要求，还要满足吊装运输要求，防止构件在运输吊装过程中出现严重变形和损坏。

4）各部件需安装牢固，防止在运输和吊装过程中出现变形和掉落。

生产好的集装箱式构件经检验合格后按品种、规格分区分类存放，并设置标牌。

（3）集装箱式构件运输

集装箱式构件的运输应符合下列规定：

1）应根据构件尺寸及重量要求选择运输车辆，装卸及运输过程应考虑车体平衡。

2）运输过程应采取防止构件移动或倾覆的可靠固定措施。

3）构件边角部及构件与捆绑、支撑接触处宜采用柔性垫衬加以保护。

4）运输道路应平整并应满足承载力要求。

（4）集装箱式结构装配

集装箱式装配式建筑的装配大体有以下几种方式：

1）上下集装箱式构件重叠装配。

2）集装箱式构件相互交错叠置。

3）集装箱式构件与预制板材进行装配。

4）集装箱式构件与框架结构进行装配。

5）集装箱式构件与筒体结构进行装配。

应根据建筑物的功能、层数、结构体系等因素合理选择装配方案。对于单层或层数较少的建筑，通常采用上下集装箱式构件重叠装配或集装箱式构件相互交错叠置；对于层数较多的建筑，通常采用集装箱式构件与预制板材进行装配、集装箱式构件与框架结构进行装配或集装箱式构件与筒体结构进行装配。

装配前应完成建筑物基础部分的施工，预埋件应安装就位，装配时应注意：

1）临时支撑和拉结应具有足够的承载力和刚度。

2）吊装起重设备的吊具及吊索规格应经验算确定。

3）构件起吊前应对吊具和吊索进行检查，确认合格后方可使用。

4）应按构件装配施工工艺和作业要求配备操作工具及辅助材料。

三、PC 结构施工

1.PC 结构

PC（Precast Concrete）结构是预制装配式混凝土结构的简称，是以混凝土预制构件为主要构件，经装配、连接以及部分现浇而成的混凝土结构。PC 构件种类主要有：预制柱、预制梁、预制叠合楼板、预制内墙板、预制外墙板、预制楼梯预制空调板。

（1）PC 结构的优点

PC 结构与传统现浇混凝土结构相比具有以下优点：

1）品质均一：由于工厂严格管理和长期生产，可以得到品质均一且稳定的构件产品。

2）量化生产：根据构件的标准化规格化，使生产工业化成为可能，实现批量生产。

3）缩短工期：住宅类建筑，主要构件均可以在工厂生产到现场装配，比传统工期缩短 1/3。

4）施工精度：设备、配管、窗框、外装等均可与构件一体生产，可得到很高的施工精度。

5）降低成本：因建筑工业化的量产，施工简易化减少劳动力，两方面均能降低建设费用。

6）安全保障：根据大量试验论证，在抗震、耐火、耐风、耐久性各方面性能优越。

7）解决技工不足：随着多元经济发展，人口红利渐失，建筑工人短缺问题严重，PC 结构正好可以解决这些问题。

（2）PC 结构施工方法分类

从建筑物结构形式及施工方法上 PC 结构施工方法大致可分为 4 种：

1）剪力墙结构预制装配式混凝土工法，简称 WPC 工法。

2）框架结构预制装配式混凝土工法，简称 RPC 工法。

3）框架剪力墙结构预制装配式混凝土工法，简称 WRPC 工法。

4）预制装配式铁骨混凝土工法，简称 SRPC 工法。

① WPC 工法

WPC 工法即剪力墙结构预制混凝土工法。用预制钢筋混凝土墙板来代替结构中的柱、梁，能承担各类荷载引起的内力，并能有效控制结构的水平力，局部狭小处现场填充一定强度的混凝土。它是用钢筋混凝土墙板来承受竖向和水平力的结构，因此需要每一层完全结束后才能进行下一层的工序，现场吊车会出现怠工状态，适用于 2 栋以上的建筑才能够有效利用施工设备。

② RPC 工法

RPC 工法即框架结构预制装配式混凝土工法，是指预制梁和柱在施工现场以刚接或者铰接相连接而成构成承重体系的结构工法。由预制梁和柱组成框架共同抵抗使用过程中出现的水平荷载和竖向荷载，墙体不承重，仅起到围护和分隔作用。此种工法要求技术及成本都比较高，故多与现场浇筑相结合。比如梁、楼板均做成叠合式，预留钢筋，现场浇筑成整体，并提高刚性。多用于高层集合住宅或写字楼，可实现外周无脚手架，大大缩短工期。

③ WRPC 工法

WRPC 工法即框架剪力墙结构预制装配式混凝土工法，是框架结构和剪力墙结构两种体系的结合，吸取了各自的长处，既能为建筑平面布置提供较大的使用空间，又具有良好的抗侧力性能。适用于平面或竖向布置繁杂、水平荷载大的高层建筑。

④ SRPC 工法

SRPC 工法即预制装配式钢骨混凝土工法，是将钢骨混凝土结构的构件预制化。与 RPC 工法的区别是，通过高强螺栓将构件现场连接。通常是每 3 层作为一节来装配，骨架架设好之后才能进行楼板及墙壁的安装。此工法适用于高层且每层户数较多的住宅。

2.PC 结构施工要点

PC 结构装配式建筑一般仍采用现浇钢筋混凝土基础，以保证预制构件接合部位的插筋、预埋件等准确定位。PC 构件装配的首要环节是现场吊装，在进行吊装时首先应确保起重机械选择的正确性，避免因机械选择不当导致的无法吊装到位甚至倾覆等严重问题。PC 构件吊装过程中，应结合具体预理构件的实际情况选择起吊点，保证吊装过程中 PC 构件的水平度与平稳性。在吊装过程中应充分规划施工空间区域，轻起轻放，避免因用力不均造成的歪斜或磕碰问题。在吊装的过程中，应不断进行精度调整，在定位初期应使用相应的测量仪器进行控制。当前主要的 PC 构件吊装定位仪器为三向式调节设备，能够确保吊装定位的准确性。

作为 PC 构件装配过程中的关键部分，连接点施工是极易出现质量问题的环节，同时也是预制装配式高层住宅建筑施工的重点。现阶段，此部分连接施工主要分为干式连接和湿式连接两种形式。其中，干式连接仅通过 PC 构件的拼接与紧固，借助连接固件完成结构成型，节省了施工现场节点处混凝土浇筑施工步骤。与此相对应，湿式连接指的是在吊装定位与拼接紧固完成后，施工人员在节点位置进行混凝土浇筑，通过混凝土材料的成型聚合完成建筑结构体系成型。在实际施工环节中，上述两种方式应有针对性地选择应用。

标准层施工时，每层 PC 构件按预制柱→预制梁→预制叠合楼板→预制楼梯→预制阳台→预制外墙板的顺序进行吊装和构件装配，装配完毕后需按设计要求进行预制叠合楼板面层混凝土浇筑和节点混凝土浇筑。

由于在工厂预制 PC 构件时已经将门、窗、空调板、保温材料、外墙面砖等功能性和装饰性的组件安装在 PC 构件上了，所以与传统现浇钢筋混凝土建筑相比，PC 结构装配式建筑装配完毕后只需要少许工序便能完成整个建筑的施工，节省了施工时间，同时也降低了建筑施工成本。

值得注意的是，采用预制 PC 构件装配时，为了保证节点的可靠性，以及建筑的整体性能，在节点处和叠合楼板面层通常会采用现浇混凝土的方式。这种部分采用现浇混凝土以增强结构整体性能的方式，除了用于节点和叠合楼板外，还能用于剪力墙叠合墙板的施工。以下实例中的上海青浦新城某商品房项目采用的就是这种方法。

3.PC 结构应用实例

上海青浦新城某商品房项目总用地面积 27938.2 m²，包括 8 栋 16~18 层装配式住宅、一座地下车库、一座垃圾房和一座变电站，总建筑面积 83 218.35 m²，其中地上建筑面积 56917.49m²，地下建筑面积为 26300.86m²。项目建筑面积 100% 实施装配式建筑，单体预制混凝土装配率 ≥30%。

小区住宅楼层数主要为 16~18 层，标准层层高 2.95 m。户型以一梯四户和一梯两户为主，每单元设 2 台电梯和 1 部疏散楼梯，地下一层为机动车与非机动车库及设备用房。

住宅房型设计以标准化模块化为基础，以可变房型为设计原则。住宅 3 层以下竖向构件采用现浇，顶层屋面采用现浇，其余楼层采用预制。立面造型风格简洁明快，具有工业化建筑的特点。

项目设计围绕基于工业化建筑的标准模数系列，形成标准化的功能模块，设计了标准的房间开间模数、标准的门窗模数、标准的门窗洞口尺寸、标准的交通核模块、标准的厨卫布置模块，并将这些标准化的建筑功能模块组合成标准的住宅单元。

根据标准化的模块，再进一步拆分标准化的结构构件，形成标准化的楼梯构件、标准化的空调板构件、标准化的阳台构件，大大减少了结构构件数量，为建筑规模化生产提供了基础，并显著提高构配件的生产效率，有效地减少了材料浪费，节约资源、节能降耗。

该地块所有住宅单体皆采用装配式剪力墙结构体系，主要预制构件包含叠合墙板、全预制剪力墙、叠合楼板、叠合梁、预制阳台、预制空调板、预制楼梯，单体预制率皆大于 30%。

该项目结构体系由叠合墙板和叠合楼板为主，辅以必要的现浇混凝土剪力墙、边缘构件、梁、板，共同形成剪力墙结构。

叠合墙板，由内外叶两层预制墙板与桁架钢筋制作而成。现场安装就位后，在节点连接区域采取规定的构造措施，并在内外叶墙板中间空腔内浇注混凝土；预制叠合墙板与边缘构件通过现浇段连接形成整体，共同承受竖向荷载与水平力作用。

叠合楼板，由底部预制层和桁架钢筋组合制作而成，运输至现场辅以配套的支撑进行安装，并在预制层上设置与竖向构件的连接钢筋、必要的受力钢筋以及构造钢筋，以其为模板浇筑混凝土叠合层，与预制层形成整体共同受力。

叠合墙板、叠合楼板充当现场模板，省去了现场支模拆模的繁琐工序，预制构件在制作过程中采用全自动流水线进行生产，工业化程度较高，是发展住宅工业化行之有效的方式。

需要注意的是，如果 PC 构件较大，会增大工厂预制、道路运输和现场装配的难度；但是如果 PC 构件较小，那么同一个建筑所需的 PC 构件数目就会大大增加，同样会增加工厂预制和现场装配难度。因此，合理的构件拆分就显得尤为重要。该项目中，通过内梅切克的 Allplan 工程软件进行构件的深化设计，得到最合理的构件拆分方案。

此外，为了进一步提高装配式混凝土结构的经济性，考虑到现浇部分的结构边缘构件标准化，所有一字形构件尺寸均为 200mm×400mm，L 形构件尺寸均为 500mm×500mm，丁字形构件尺寸均为 400 mm ×400 mm，节约了铝模板的品种和数量，有效地减少了装配式建筑的造价。

四、钢结构施工

1. 钢结构建筑的应用

装配式钢结构建筑又分为全钢（型钢）结构和轻钢结构，这里所说的钢结构指的是全钢（型钢）结构。结构主要由型钢和钢板等制成的钢梁、钢柱、钢桁架等构件组成，各构件或部件之间通常采用焊缝、螺栓或铆钉连接。

钢结构的应用有着悠久的历史，大家所熟知的法国巴黎埃菲尔铁塔和美国纽约帝国大厦，主体结构都是全钢结构。

埃菲尔铁塔高 324 m，由很多分散的钢铁构件组成，钢铁构件有 18038 个，重达 10000 t，施工时共钻孔 700 万个，使用铆钉 259 万个。除了 4 个脚是用钢筋水泥之外，全身都用钢铁构成，塔身总质量 7000t。埃菲尔铁塔工程于 1887 年 1 月 28 日正式破土动工，基座建造花了一年半时间，铁塔安装花了 8 个月多一点时间，整个工程于 1889 年 3 月 31 日竣工。

帝国大厦楼高 381 m，总层数为 102 层，1951 年增添了高 62 m 的天线后，总高度为 443.7 m，使用钢材 33 万 t。项目于 1930 年 1 月 22 日开始动工，1931 年 4 月 11 日完工，比计划提前了 12 天。其主体结构施工创造了每星期建 4 层半的建设速度，在当时的技术水平下是惊人的。

2. 钢结构的优缺点

与传统混凝土结构相比，钢结构具有以下优缺点：

（1）优点

1）材料强度高，自身重量轻：钢材强度较高，弹性模量也高。与混凝土和木材相比，其密度与屈服强度的比值相对较低，因而在同样受力条件下钢结构的构件截面小、自重轻，便于运输和安装，适于跨度大、高度高、承载重的结构。

2）施工速度快：工期比传统混凝土结构体系至少缩短 1/3，一栋 1 000 m² 的住宅建筑只需 5 个工人 20 天即可完工。

3）抗震性、抗冲击性好：钢结构建筑可充分发挥钢材延性好、塑性变形能力强的特点，具有优良的抗震抗风性能，大大提高了住宅的安全可靠性。尤其在遭遇地震、台风灾害的情况下，钢结构能够避免建筑物的倒塌性破坏。

4）工业化程度高：钢结构适宜工厂大批量生产，工业化程度高，并且能将节能、防水、隔热、门窗等先进成品集合于一体，成套应用，将设计、生产、施工一体化，提高建设产业的水平。

5）室内空间大：钢结构建筑比传统建筑能更好地满足建筑上大开间灵活分隔的要求，并可通过减少柱的截面面积和使用轻质墙板，提高面积使用率，户内有效使用面积提高约 6%。

6）环保效果好：钢结构施工时大大减少了沙、石、灰的用量，所用的材料主要是绿色、100% 回收或降解的材料。在建筑物拆除时，大部分材料可以再用或降解，不会造成过多的建筑垃圾。

7）文明施工：钢结构施工现场以装配式施工为主，建造过程大幅减少废水排放及粉尘污染，同时降低现场噪声。

（2）缺点

1）耐腐蚀性差：钢结构必须注意防腐蚀，因此，处于较强腐蚀性介质内的建筑物不宜采用钢结构。钢结构在涂油漆前应彻底除锈，油漆质量和涂层厚度均应符合相关规范要求。在设计中应避免使结构受潮、漏雨，构造上应尽量避免存在有检查、维修的死角。新建造的钢结构一般间隔一定时间都要重新刷涂料，维护费用较高。

2）耐火性差：温度超过 250℃时，钢材材质就会发生较大变化，不仅强度逐步降低，还会发生蓝脆和徐变现象；温度达 600℃时，钢材进入塑性状态不能继续承载。在有特殊防火需求的建筑中，钢结构必须采用耐火材料加以保护以提高耐火等级。

3）施工技术要求高：由于我国现代建筑都是以混凝土结构为主，从事建筑施工的管理人员和技术人员对钢结构的制作和施工技术相对比较生疏。以民工为主的具体施工人员更不懂钢结构工程的科学施工方法，导致施工过程中的事故时常发生。

4）钢材较贵：采用钢结构后结构造价会略有增加，这往往会影响业主的选择。其实上部结构造价占工程总投资的比例很小，总投资增加幅度约为 10%。而以高层建筑为例，总投资增加幅度不到 2%。显然，结构造价单一因素不应作为决定采用何种材料的依据。如果综合考虑各种因素，尤其是工期优势，则钢结构将日益受到重视。

3. 钢结构施工

装配前应按结构平面形式分区段绘制吊装图，吊装分区先后次序为：先安装整体框架梁柱结构后楼板结构，平面从中央向四周扩展，先柱后梁、先主梁后次梁吊装，使每日完成的工作量可形成一个空间构架，以保证其刚度，提高抗风稳定性和安全性。

对于多高层建筑，在垂直方向上钢结构构件每节（以三层一节为例）装配顺序为：钢柱安装→下层框架梁→中层框架梁→上层框架梁→测量校正→螺栓初拧、测量校正、高强螺栓终拧→铺上层楼板→铺下、中层楼板→下、中、上层钢梯平台安装。钢结构一节装配完成后，土建单位立即将此节每一楼层的楼板吊运到位，并把最上面一层的楼板铺好，从而使上部的钢结构吊装和下部的楼板铺设和土建施工过程有效隔离。

楼板装配有两种方式：一种是在钢梁上铺设预制好的混凝土楼板；另一种是在钢梁上铺设压型钢板，再在压型钢板上铺设钢筋浇筑混凝土，使压型钢板和现浇混凝土形成一个整体，也叫组合楼板。

钢结构构件装配，主要包括钢柱、钢梁、楼梯的吊装连接、测量校正、压型钢板的铺设等工序。但是在钢结构装配的同时需要穿插土建、机电甚至外墙安装等部分的施工项目，所以在钢结构构件装配时必须要与土建等其他施工位进行密切配合，做到统筹兼顾，从而高效、高质地完成施工任务。

五、轻钢结构施工

1. 轻钢结构建筑的应用

轻钢结构建筑一般采用冷弯薄壁型钢或轻钢龙骨作为骨架形成框架结构，并布置柱间支撑保证其稳定性。楼层采用主次梁体系及组合楼盖，不上人屋面则采用檩条和压型钢板。内墙为轻质隔断墙，外墙则采用轻质保温板。由于冷弯薄壁型钢和轻钢龙骨截面面积小且较薄，因此承载力较小，一般用来装配多层建筑或别墅建筑。

轻钢结构低层住宅的建造技术是在北美木结构建造技术的基础上演变而来的，经过百年以上的发展，已形成了物理性能优异、空间和形体灵活、易于建造、形式多样的成熟建造体系。在世界上被誉为人居环境最好的北美大陆，有95%以上的低层民用建筑，包括住宅、商场学校、办公楼等均使用木结构或轻钢结构建造。

目前，发达国家的轻钢结构住宅产业化进一步升级，工业化程度很高，工地已不是建设工程的主战场。以瑞典为例，它是当今世界上最大的轻型钢结构住宅制造国，其轻型钢结构住宅的预制构件达95%。欧洲各国都到瑞典去定制住宅，通过集装箱发运回去安装。同时在日本、韩国以及澳大利亚，轻钢结构也被大量采用。

中国钢铁工业的产量已居于世界前列，但钢材在建筑业的使用比例还远低于发达国家的水平。随着我国钢产量的快速增长及新型建材的发展和应用，轻钢结构低层住宅体系正逐步发展起来并引起了广泛的关注，同时轻钢结构低层民用住宅建筑技术也符合国家对建筑业的产业导向。

2. 轻钢结构的优缺点

（1）优点

1）采用轻质薄壁型材，自重轻、强度高、结构性能好，抗震性能佳；且轻质高强材料占用面积小，建筑总重量较轻，可以降低基础处理的费用，降低建造成本。

2）构件之间采用螺栓连接，安装简便，搬运重量小，仅需小型起重设备，现场施工快捷，一座 200 m^2 房屋的施工周期在 1 个月之内。

3）轻钢结构的生产工厂化和机械化程度高、商品化程度高。建房所需的主材都是在工厂生产的，原材料用机械设备加工而成，效率高、成本低，质量也有很好的保障。这些设备多半引进国外先进技术，很多大企业的新型房屋产品具有国际品质。

4）住宅建筑风格灵活，外观多姿多彩，大开间人性化设计，满足了不同用户的个性化要求。

5）现场基本没有湿作业，不会产生粉尘、污水等污染。

6）轻钢结构具有可移动性，如果遇到拆迁，轻钢房屋可以拆分为很多部件，运输到新地点后重新安装即可。因为这些部件都是通过螺丝和连接件连接到一起的，安装、拆卸非常简单。

7）轻钢结构 80% 的材料可以回收再利用。从主材来看，钢材不会随着时间的流逝生虫或者变为朽木，若干年拆除后可以回收再利用，非常环保，也非常经济。

8）轻钢结构适应性非常强，无论是在寒冷的东北，还是炎热的海南，都非常适用，只不过建筑的构造有所不同而已。

（2）缺点

1）技术人员缺乏，轻钢结构是近几年在国内刚发展起来的新型结构，相应的技术规范、规程的编制工作相对滞后；多数设计人员钢结构知识陈旧，缺乏相关培训，对轻钢结构设计理论和计算方法不熟悉。

2）严重依赖产业配套，比如预制墙板、屋面板、墙体内填保温材料、防火材料。国内现在流行的混凝土、砌体结构形式，墙体基本为现场湿法砌筑，而轻钢结构需要干法预制墙板。

3）需要内装修材料装置方法的配套，比如把热水器、空调、画框安装到预制墙板上的方法和现在安装在砌体墙上的方法还是有很大差别的，再比如压型钢板楼面的防水做法、隔音做法等。

4）需要定期检修维护，因为钢材的耐久性还是不如混凝土。

5）跟传统混凝土建筑比，造价略贵。

3.轻钢结构施工

盖房子首先要设计户型图纸，轻钢房屋也不例外。厂家将做好的 CAD 建筑设计图导入轻钢骨架生成软件中，软件自动将图纸生成轻钢骨架结构模型，解析成结构图。在结构图中每一根轻钢骨架的尺寸形状、开洞位置与大小都有详细的说明。

然后在工厂预制轻钢龙骨，并分块组合。

轻钢构件在工厂预制的同时，施工现场可以进行平整场地、基础施工、防水处理、管道铺设等工序。轻钢结构装配式建筑自重较轻，特别是轻钢别墅的自重很轻，不到砖混结构房屋重量的 1/4，因此和砖混结构房屋的地基有所不同，可以不用挖很深做基础。

待现浇混凝土基础达到一定强度后方可进行主体结构装配，装配顺序一般为：一层墙体装配→楼梯装配→二层楼面装配→二层墙体装配→屋架装配→屋面板材装配→墙体板材装配。如果建筑层数较多，在进行较高楼层墙体装配的同时还能进行较低楼层的墙体板材装配，缩短施工工期，节省造价。

第二节　装配式建筑施工组织管理

施工组织管理是根据工程的施工特点和施工设计图纸，按照工程项目的客观规律及项目所在地的具体施工条件和工期要求，综合考虑施工活动中人材机、资金和施工方法等要素，对工程的施工工艺施工进度和相应的资源消耗等做出合理的安排，为施工生产活动的连续性、协调性和经济性提供最优方案，以最少的资源消耗取得最大的经济效益。它包括施工准备工作、全面布置施工活动、控制施工进度、进行劳动力和机械调配等内容。施工组织管理者需要熟悉装配式工程建设的特点、规律和工作强度，掌握施工生产要素及其优化配置与动态控制的原理和方法，还要应用组织理论选择组织管理模式，实施管理目标的控制。

装配式建筑的施工特点是现场施工以构件装配为主，实现在保证质量的前提下快速施工，缩短工期，节省成本，节能环保。工程进度、质量、安全、建造成本等是工程组织管理的控制目标，它们之间是相互联系、相互作用的，是不可分割的整体，缺一不可。

一、集装箱式与 PC 结构施工组织管理

集装箱式与 PC 结构装配式建筑施工主要包括构件预制、构件运输和构件装配三部分。在施工进度安排上，构件预制和构件装配准备工作（如场地平整、基础施工等

工序）可以同时进行，构件运输应与构件装配相协调。

集装箱式与 PC 结构施工各阶段组织管理要点有：

1. 集装箱式与 PC 结构构件预制阶段

（1）集装箱式与 PC 结构构件需严格按照设计要求预制，原材料应经检验合格后方可使用。

（2）生产车间高度应充分考虑生产预制构件高度、模具高度及起吊设备升限、构件重量等因素，应避免预制构件生产过程中发生设备超载、构件超高不能正常吊运等问题。

（3）技术人员和管理人员应熟悉施工图纸，了解各构件的钢筋、模板的尺寸等，并配合施工人员制订合理的构件预制方案，以求在施工中达到优质、高效及经济的目的。

2. 装配准备阶段

（1）装配施工前应编制装配方案，装配方案应包括下列内容：

1）集装箱式与 PC 构件堆放和场内驳运道路施工平面布置；

2）吊装机械选型与平面布置；

3）集装箱式与 PC 构件总体安装流程；

4）集装箱式与 PC 构件安装施工测量；

5）分项工程施工方法；

6）产品保护措施；

7）保证安全、质量技术措施；

8）绿色施工措施。

（2）现场的墙梁、板等的堆放支架需要进行安全计算分析，确保堆放期间的稳定性和安全性。

（3）为了避免进场构件的二次搬运影响施工进度，需要加强构件堆放的管理力度，完善构件的编号规则，对构件进行跟踪管理；对于进场的构件，应该及时按照预先制定的编号规则进行编号，堆放区域应根据施工进度计划进行合理划分，使得构件的堆放与相关吊装计划相符合。

（4）为确保大型机械设备在施工过程中安全运行，施工单位应首先要确保施工现场使用的机械设备是完好的。大型机械设备进场后，施工单位应对机械设备操作人员进行施工任务和安全技术措施的书面交底工作。

（5）施工现场机械设备多，塔吊工作、临时脚手架、构件安装过程等存在极大人员安全风险，制定有效的安全、文明施工管理及措施具有重要意义。

3. 装配阶段

集装箱式与 PC 结构装配式建筑施工核心难点在于现场的构件装配。现场施工存在很多的不确定性，且装配式构件种类繁杂而多，要想顺利完成既定的质量，安全及工期目标，就必须对施工现场进行有效的组织管理。

（1）集装箱式与PC结构构件在临时吊装完毕之后，节点混凝土浇筑之前，所处的受力状态很危险。为了确保整个施工过程的安全，减小构件的非正常受力变形，在节点混凝土浇筑之前需要设置临时支架，但是如果支架不牢固，将对工人操作造成极大的安全隐患，同时对工程建设造成严重后果。因此，装配式构件的下部临时支撑应该严格按照方案进行布置，构件吊装到位后应及时旋紧支撑架，支撑架上部作为支撑点型钢需要与支撑架进行可靠的连接。支撑架的拆除需要在上部叠合部分中现浇混凝土强度达到设计要求后实施。支撑架在搭设过程中，必须严格按照规范操作，严禁野蛮操作、违规操作。

（2）集装箱式与PC结构构件在施工过程中需要采用大量起重机械，由于起吊高度和重量都比较大，且部分构件形状复杂，因此对吊装施工提出了很高的要求。吊装位置选择的不合理可能影响到工程的建设和工人的操作安全。综合以往经验，可采取以下技术措施：

1）为了确保吊装的安全，吊点位置的确定和吊具的安全性应经过设计和验算，吊点必须具备足够的强度和刚度，吊索等吊具也必须满足相关的起吊强度要求；

2）吊车司机经验必须丰富，现场必须有至少一名起吊指挥人员进行吊装指挥，所有人员必须全部持证上岗；

3）吊装影响范围必须与其他区域临时隔离，非作业人员禁止进入吊装作业区，吊装作业人员必须按规定佩戴安全防护用具。

（3）对于预制率较高的集装箱式与PC结构装配式建筑，现场构件类型多，构件是否能够良好地定位安装将影响结构的外观与受力性能。构件装配完成后应及时对构件的标高、平面位置以及垂直度偏差等进行校正。

（4）集装箱式与PC结构外墙板的拼缝是装配式建筑一个重要的防水薄弱点，如果无法保证此处的施工质量，将会发生外墙渗漏的问题。在施工过程中应该加强防水施工质量的管控力度，确保防水施工的质量满足设计文件的相关要求。

二、钢结构与轻钢结构施工组织管理

钢结构与轻钢结构装配式建筑的施工过程是一个错综复杂的系统工程，应该充分认识到施工的困难性、复杂性，对施工前、施工过程中、施工质量、施工工期等进行严格管理。在进行施工前管理时，要对整个工程施工有一定的了解，掌握施工技能，并根据施工特点制订详细周密的施工计划。在施工过程中，要严格按照施工规范标准控制施工各个阶段的施工要点，确保施工质量和施工安全，并在施工过程中不断调整和完善施工方案，使其更接近实际需求，从而使工程以高效率、高质量顺利完成。钢结构与轻钢结构施工各阶段组织管理要点有：

1. 预制阶段

钢结构与轻钢结构构件需严格按照设计要求预制，要检查所使用的材料尺寸和质量，以及钢材在焊接后和矫正后的质量，并对构件的除锈处理质量进行检查等。同时，还应该对螺栓摩擦面、螺栓孔洞质量等进行检查。在施工之前，通过试验检查钢结构制造工艺是否符合规范要求。对于钢结构的焊接工艺，在试验时可以根据具体的施工内容合理调整焊接形式；对于不同的钢柱，要结合具体的施工内容制订具有可行性的施工方案。

2. 装配准备阶段

（1）施工场地准备

在施工之前，应该对施工场地进行平整，确保场地通畅，从而方便施工人员施工，使工程顺利、有序地进行。

（2）施工技术准备

施工技术是确保工程质量的前提。在施工之前，施工管理人员首先应该对相关的技术验收规范、操作流程等有一定的了解，熟练掌握操作流程，并分析工艺流程中的一些要点，掌握工艺技术要领，以便运用时能够得心应手；其次，审阅并熟悉设计图纸以及工程的相关文件，在对设计意图掌握后通过实践调研制订施工组织设计方案；再次，对施工现场的材料、构件等进行取样，检验使用材料的构件的质量，确保其质量符合质量标准；最后，对现场的焊条、钢板等进行全面检查，为后续施工做好准备，确保工程施工有序进行。

为了提高施工人员的施工技能，施工单位在施工之前应该加大力度培训施工人员，让施工人员了解施工的质量、技术和安全等问题，从而确保工程的质量和安全；在施工之前，应该对施工场地进行平整，确保场地通畅，从而方便施工人员施工，使工程顺利、有序进行。

（3）吊装准备

应该结合钢结构与轻钢结构的质量、建筑物布局以及施工场地的空间等选择相应型号塔吊，并对其进行合理布置，从而确保塔吊的安全性、可靠性、稳定性等。

在进行钢结构与轻钢结构施工时，一般工期相对较短且工作量相当大，因此在前期工作中很容易出现构件运输到施工现场的顺序发生错乱，造成施工现场局面混乱。对于这些情况，在运输各种构件时要严格检查，并且制订详细的计划，按照计划有顺序地运进构件。同时在构件上标明序号，以方便吊装，或者将先要吊装的构件放在上面。同时在起吊之前，要确保构件的质量。

3.装配施工阶段

在钢结构和轻钢结构施工过程中，最重要的工序是吊装装配，吊装装配质量的好坏直接影响着工程的整体质量。在对构件进行吊装装配时，主要有柱、梁、斜撑、屋架等吊装装配。柱和梁吊装装配完成后，需要对构件的标高、平面位置以及垂直度偏差等进行校正。对钢结构和轻钢结构装配质量进行控制时，主要是以标高、垂直度以及轴线作为重要指标，工程管理人员通过判断这些指标来判定钢结构的安装质量。

此外，在整个施工过程中，管理人员还需注意控制施工质量和施工工期，并确保施工的安全性、文明性。

4.施工质量和施工工期控制

钢结构和轻钢结构施工工期相对较短，在施工管理过程中应该严格控制施工工期。在钢结构和轻钢结构的施工过程中如果采用新进的设备和施工技术，并且按照科学的管理方法和管理组织对施工过程进行管理，那么在一定程度上就会缩短钢结构和轻钢结构施工工期并且保证在短期内的施工质量。对于施工质量的控制，施工单位可以通过培训施工人员，提高施工人员的专业技能，让施工人员掌握先进的施工技能，然后在施工过程中根据施工的具体要求和施工特点选择相应的施工技术。同时，施工人员还应该采用先进的施工设备进行施工，提高钢结构和轻钢结构施工技术含量和施工进度，从而缩短施工工期。对于钢结构和轻钢结构施工质量和施工工期的控制，只有施工单位、监理单位以及建设单位等方面合理、有效地配合，共同完成工程施工管理，并通过建立科学、有效的管理方案和管理系统，从而确保施工管理的有效性。

5.施工的安全性、文明性

在钢结构和轻钢结构施工过程中，安全是人们最为关注的问题。钢结构和轻钢结构施工是在高空进行作业，如果塔吊绳索或者构件质量没有进行详细检查就起吊，就会很容易发生坠落；或者构件中的小零件不牢固也会很容易发生坠落，从而引发安全事故造成人员伤亡。因此，在施工现场甚至要有专门的管理人员，负责施工现场的安全，同时制定相应的安全制度；对于违规操作者，应该给予一定的惩罚，从而确保钢结构施工的安全性和文明性。

三、装配式建筑防腐、防火、防水施工技术

（一）装配式建筑结构防腐

1.结构防腐涂料的选用

防腐涂料一般由挥发成分（稀释剂）和不挥发成分两部分组成。刷在钢材表面的防腐涂料，不挥发的成分干结成膜，挥发的成分逐渐挥发逸出。主要、次要和辅助成膜物质为不挥发成分的成膜的三种物质。主要成膜物质是涂料的基础，可以单独成膜，

也可以共同成膜和其他黏结颜料，通常称为基料、漆料或添料，它包括油料和树脂。次要成膜物质包含颜料和体质颜料。涂料组成中没有颜料和体质颜料的透明体称为清漆，具有颜料和体质颜料的不透明体称为色漆，加有大量体质颜料的稠原浆状体称为腻子。

2. 涂装方法的选择

施工过程中要根据现场的施工条件及施工方案等内容，合理地选择涂装的施工方法。对涂装质量、节约材料、降低成本、进度的要求有赖于合理地选择施工方法。

（1）滚涂法

滚涂法是指进行涂料施工时，用合成纤维或羊毛制成多孔具有吸附能力的材料，贴附在圆筒做成的滚子上的一种方法。主要用于水性漆、油性漆、酚醛漆和醇酸漆类的涂装。该法的优势是施工用具简单、操作方便，施工效率比刷涂法高 1~2 倍。滚涂法防腐施工操作要点如下。

1）涂料应倒入装有滚涂板的容器内，将滚子的一半浸入涂料，然后提起在滚涂板上来回滚涂几次，使棍子全部均匀浸透涂料，并把多余的涂料滚压掉。

2）把滚子按 W 形轻轻滚动，将涂料大致地涂布于被涂物上。然后滚子上下密集滚动，将涂料均匀地分布开，最后使滚子按一定的方向滚平表面并修饰。

3）滚动时，初始用力要轻，以防流淌，随后逐渐用力，使涂层均匀。

4）滚子用后，应尽量挤压掉残存的油漆涂料，或使用涂料的稀释剂将滚子清洗干净，晾干后保存好，以备后用。

（2）刷涂法

刷涂法是用漆刷进行涂装施工的一种方法，刷涂法防腐施工操作要点有如下几个。

1）使用漆刷时，通常采用直握法，用手将漆刷握紧，以腕力进行操作。

2）涂漆时，漆刷应蘸少许的涂料，浸入漆的部分应为毛长的 1/3~1/2。蘸漆后，要将漆刷在漆桶内的边上轻抹一下，除去多余的漆料，以防流淌或滴落。

3）对干燥较慢的涂料，应按涂敷、抹平和修饰三道工序进行操作。涂敷：就是将涂料大致地涂布在被涂物的表面上，使涂料分开。抹平：就是用漆刷将涂料纵、横反复地抹平至均匀。修饰：就是用漆刷按一定方向轻轻地涂刷，消除刷痕及堆积现象。在进行涂敷和抹平时，应尽量使漆刷垂直，用漆刷的腹部刷涂。在进行修饰时，则应将漆刷放平些，用漆刷的前端轻轻地涂刷。

4）刷涂的顺序：一般应按自上而下、从左到右、先里后外、先斜后直、先难后易的原则，最后用漆刷轻轻地涂抹边缘和棱角，使漆膜致密、均匀、光亮和平滑。

5）刷涂的走向：刷涂垂直表面时，最后一道应由上向下进行；刷涂水平表面时，最后一道应按光线照射的方向进行；刷涂木材表面时，最后一道应顺着木材的纹路进行。

（3）空气喷涂法

空气喷涂法是指涂料在压缩空气的气流作用下带入喷枪，然后经喷嘴气压吹散形成雾状，喷涂到被涂物表面上的特殊涂装方法。对于空气喷涂法操作有如下几个要点。

1）进行喷涂时，必须将空气压力、喷出量和喷雾幅度等参数调整到适当的程度，以保证喷涂质量。

2）喷涂距离控制。喷涂距离过远，油漆易落散，造成漆膜过薄而无光；喷涂距离过近，漆膜易产生流淌和橘皮现象。喷涂距离应根据喷涂压力和喷嘴大小来确定，一般使用大口径喷枪的喷涂距离为 200~300mm，使用小口径喷枪的喷涂距离为 150~250mm。

3）喷涂时，喷枪的运行速度应控制在 30~600cm/s 范围内，并应运行稳定。喷枪应垂直于被涂物表面。如喷枪角度倾斜，漆膜易产生条纹和斑痕。

4）喷涂时，喷幅搭接的宽度一般为有效喷雾幅度的 1/4~1/3，并保持一致。

5）喷枪使用完后，应立即用溶剂清洗干净。枪体、喷嘴和空气帽应用毛刷清洗。气孔和喷漆孔遇有堵塞，应用木钎疏通，不准用金属丝或铁钉疏通，以防损伤喷嘴孔。

（4）浸涂法

浸涂法适用于骨架状、形状复杂的被涂物。首先将被涂物放入漆槽中浸渍一段时间，然后吊起尽量滴净多余的涂料，并自然晾干或烘干。

其优点是可使被涂物的里外同时得到涂装。浸涂法主要适用于烘烤型涂料的涂装，以及自干型涂料的涂装，通常不适用于挥发型快干的涂料。

采用此法时，涂料应具备下述性能：在低黏度时，颜料应不沉淀；在浸涂槽中和物件吊起后的干燥过程中不结皮；在槽中长期贮存和使用过程中，应不变质、性能稳定、不产生胶化。浸涂槽敞口面应尽可能小些，以减少稀料挥发和加盖方便。在浸涂厂房内应装置排风设备，及时地将挥发的溶剂排放出去，以保证人身健康和避免火灾。鉴于涂料的黏度对浸涂漆膜质量有影响，在施工过程中，应保持涂料黏度的稳定性，每班应测定 1~2 次黏度。如果黏度增大，应及时加入稀释剂调节黏度。为防止溶剂在厂房内扩散和灰尘落入槽内，应把浸涂装备间隔起来。在不使用时，小的浸涂槽应加盖，大的浸涂槽需将涂料排放干净，同时用溶剂清洗。对被涂物的装挂，应预先通过试浸来设计挂具及装挂方式，确保工件在浸涂时在最佳位置，使被涂物的最大面接近垂直，其他平面与水平呈 10°~40°，使余漆能在被涂物面上能较流畅地流尽，以防产生堆漆或气泡现象。

3. 结构防腐涂装施工

（1）刷防锈漆

涂刷底漆一般应在金属结构表面清理完毕后就施工，否则，金属表面又会再次因氧化生锈。

可按设计要求的，防锈漆在金属结构上满刷一遍。如原来已刷过防锈漆，应检查有无损坏及有无锈斑。凡有损坏及锈斑处，应将原防锈漆层铲除，用钢丝刷和砂布彻底打磨干净后，再补刷一遍防锈漆。底漆一般均为自然干燥，使用环氧底漆时也可进行烘烤，质量比自然干燥要好。

（2）局部刮腻子

待防锈漆干透后，将金属面的砂眼、缺棱、凹坑等处用石膏腻子刮抹平整。石膏配合比如下：

石膏粉：熟桐油：油性腻子：底漆：水 =20 ∶ 5 ∶ 10 ∶ 7 ∶ 45。

（3）涂刷操作

涂刷必须按设计和规定的层数进行。涂刷层数的主要目的是保护金属结构的表面经久耐用，所以必须保证涂刷层次及厚度，这样才能消除涂层中的孔隙，以抵抗外来的侵蚀，达到防腐和保养的目的。

（4）喷漆操作

喷漆施工时，应先喷头道底漆，黏度控制在 20~30St、气压为 0.4~0.5MPa，喷枪距物面 20~30cm，喷嘴直径以 0.25~0.3cm 为宜。先喷次要面，后喷主要面。喷漆施工时，应注意以下事项。

1）在喷大型工件时可采用电动喷漆枪或静电喷漆。

2）在喷漆施工时应注意通风、防潮、防火。工作环境及喷漆工具应保持清洁，气泵压力应控制在 0.6MPa 以内，并应检查安全阀是否好用。

3）使用氨基醇酸烘漆时要进行烘烤，物件在工作室内喷好后应先放在室温中流平 15~30min，然后再放入烘箱。先用低温 60℃烘烤半小时后，再按烘漆预定的烘烤温度（一般在 120℃左右）进行恒温烘烤 1.5h，最后降温至工件干燥出箱。

凡用于喷漆的一切油漆，使用时必须掺加相应的稀释剂或相应的稀料。掺量以能顺利喷出成雾状为宜（一般为漆重的 1 倍左右），并通过 0.125mm 孔径筛清除杂质。

干后用快干腻子将缺陷及细眼找补填平。腻子干透后，用水砂纸将刮过腻子的部分和涂层全部打磨一遍。擦净灰迹待干后再喷面漆，黏度控制在 18~22St。

（二）装配式建筑结构防火

1.结构防火涂料的选择

防火涂料是一种能够提高被涂饰材料耐火性能的特殊材质，用于可燃性基础材质的表面，可使得被涂饰材料表面的可燃性降低，起到阻滞火灾迅速蔓延的作用。所以应合理地选择结构适合的防火涂料，从而提高结构的耐火极限。

（1）防火涂料的选用原则

当建筑结构为钢结构时，防火涂料分为薄涂型和厚涂型两类，其选用原则的具体内容如下。

1）规定耐火极限在1.5h以上的建筑物，应选用钢结构厚涂型防火涂料。这主要使用于高层钢结构、室内隐蔽钢结构以及多层钢结构厂房。

规定耐火极限在1.5h以下的建筑物，应选用钢结构薄涂型防火材料。这主要使用于轻型屋盖钢结构、室内裸露钢结构以及有装饰要求的钢结构。

2）当防火涂料分为底层和面层涂料时，两层涂料应相互匹配，且底层不应腐蚀钢结构，不应与防锈底漆产生化学反应。面层若为装饰性涂料，选用涂料应通过试验验证。

防火涂料的试验包括黏结强度试验和抗压强度试验等内容。

（2）防火涂料的适用条件

1）涂层干后不得有刺激性气味。燃烧时一般不产生浓烟和不利于人体健康的气体。

2）对于生产防火涂料的原料应进行质量合格检验，严禁使用苯类溶剂和石棉材料作为制造防火涂料的原料。

3）防火涂料的性质应呈碱性或偏碱性，对于复层涂料的使用应相互配套，底层的涂料要能与普通的防锈漆相互配合使用。

2.防火涂层厚度的确定及测定

（1）防火涂层厚度的确定

若建筑主体结构为钢结构，确定钢结构防火涂层的厚度时，应把施加给钢结构的涂层质量，在不超过允许范围计算在结构荷载内。还应该规定出颜色装饰的要求和外观的平整度。对于露天及裸露钢结构的防火涂层，可按下述要求来确定钢结构防火涂料涂层厚度。

1）不同构件耐火极限的要求应严格按照有关规范对钢结构的要求来进行，涂层厚度的选定应根据标准耐火试验数据来进行。

2）涂层的厚度应根据标准耐火试验数据的计算来确定。

（2）防火涂层厚度的测定

1）测针与测试图。针杆和可滑动的圆盘是组成测针的两个部分。圆盘上装有固定装置，并始终保持与针杆垂直。为了保持与被测试件的表面完全接触，圆盘的直径应不大于30mm。当被插试件不易被厚度测量仪插入时，也可考虑其他的最佳方法进行测试。

2）测试时，将测厚探针垂直插入防火涂层直至钢材表面上，记录标尺读数。

3）选定测点。测点的选择必须按照这些要求进行：①选择相邻两纵横相交中的面积为一个测量单元，对于楼板和防火墙的防火涂层厚度的测定，在相交对角线上进行，测试以每米长度选一点。②在构件长度内每隔3m取一截面来对钢框架结构的梁和柱进行防火涂层的厚度测量。③桁架结构：腹杆每一根取一截面检测，每隔3m取上弦和下弦的截面检测。（4）测量结果，对于楼板和墙面至少要测出5个点，在所选择的面积中分别测出6个和8个点，在所选择的梁和柱的位置中，精确到0.5mm，分别计算出它们的平均值。

3. 防火涂装施工

（1）薄涂型防火涂料施工

1）底层喷涂施工

喷涂底层（包括主涂层，以下相同）涂料，应采用重力（或喷斗）式喷枪，配能够自动调压的 0.6~0.9m/min 的空压机。底涂层一般应喷 2~3 遍，每遍 4~24h，待上一遍基本干燥后再喷后一遍。第一遍喷涂的要求为盖住基底面 70%，每遍厚度应不超过 2.5mm。在对第二、三遍进行喷涂时，每喷 1mm 厚的涂层，耗湿涂料 1.2~1.5kg/m，底涂层施工的注意事项有以下几个方面。

①喷涂时应保证涂层完全闭合，轮廓清晰。

②操作者要携带测厚针检测涂层厚度，并保证喷涂达到设计规定的厚度。

③当钢基材表面除锈和防锈处理符合要求，尘土等杂物清除干净后方可施工。

④底层一般喷 2~3 遍，每遍喷涂厚度不应超过 2.5mm。必须在前一遍干燥后，再喷涂后一遍。

⑤当设计要求涂层表面要平整光滑时，应对最后一遍的涂层做抹平处理，确保外表面均匀平整。

2）面涂层施工

①面层装饰涂料可以喷涂、滚涂或刷涂，一般情况下，施工会采用喷涂施工。在进行喷底层涂料时应将喷枪的喷嘴直径换为 1~2mm，空气压力调为 0.4MPa 左右才能对喷面层装饰涂料进行喷涂。

②在对露天钢结构进行防火保护时，喷好防火的底涂层后还可选择用量为 1.0kg/m² 适合于建筑外墙用的面层涂料来作为对防水层的装饰。对于面层施工的要求应确保搭接处均匀平整，各部分的颜色保持均匀一致。

③面层喷涂的要点：其一，面层应在底层涂装基本干燥后开始涂装；面层涂装应颜色均匀、一致，接槎平整；其二，当底层基本干燥后并且符合相关的设计规定后，才能进行面层的施工。面层的涂饰要全部覆盖底层，一般涂饰 1~2 次，涂料用量为 0.5~1.0kg/m²。

（2）厚涂型防火涂料施工

1）施工机具的选择

施工机具的选择，一般是采用喷涂施工，机具可为压送式喷涂机或挤压泵，配能自动调压的（0.6~0.9m/min）空压机，喷枪口径为 6~12mm。局部修补可采用抹灰刀等工具手工抹涂。

2）涂料的拌制与配置

由工厂生产好的单组分湿涂料，现场应采用便携式搅拌机搅拌均匀。对于涂料的搅拌和调配，应做到稠度适应，这样才能在输送管道中流动畅通，喷涂后不会流淌和下坠。应按照涂料的说明书规定来进行混合搅拌。由工厂提供的专用干粉料，施工现场加水或用专业的稀释剂来进行调配，必须在规定的时间内把配制好的涂料用完，尤其是化学固化干燥的涂料，即配即用。

3）施工操作要点

①应根据防火的设计要求来确定喷涂涂层的厚度、喷涂保护方式和喷涂次数。耐火极限 1~3h，一般需喷 2~5 次，涂层厚度 10~40mm。施工过程中，操作者的操作要符合设计规定的厚度，采用测厚针检测涂层厚度，只有在符合相关规定后才能停止喷涂。

②在进行操作的过程中，为了防止涂料的堆积流淌，持枪手应紧握喷枪注意移动速度，在一个喷涂面停留的时间不宜过长；由于输送涂料的管道长而较笨重，所以应配有一名助手来协助托起管道和帮助移动；不得停顿，在配料和往挤压泵加料时都要连续进行。

③喷涂后的表面要保持均匀，对明显的乳突要适当维修，用抹灰刀等工具去掉。

4）厚涂型防火涂料喷涂要点

配料要即配即用，为使稠度适应，应严格按照配比加稀释剂和加料。施工过程中喷涂的遍数、涂层的厚度和喷涂保护方式应严格根据施工设计要求确定。分遍完成喷涂施工，每遍喷涂的厚度应为 5~10mm，上一遍喷饰干燥或固化后再进行下一遍。在施工过程中，为了达到设计规定的厚度，操作者应采用测厚针来精确地检测涂层的厚度，符合规定后才可停止喷涂。当防火涂层出现涂层黏结不牢、脱落、干燥固化不良、钢结构有明显的凹陷，在转角和接头处的涂层厚度虽大于设计规定厚度的85%，但未达到规定厚度的涂层，且连续面积的长度超过 1m 时，应重新喷涂或补涂。

（三）基础防水施工操作

装配式工程在地上部分采用装配式构件进行安装，地下结构部分多数采用的是钢筋混凝土结构的基础，所以在基础防水施工中的具体操作方法可参考钢筋混凝土结构基础防水的方法。

水泥砂浆防水层施工流程：作业条件—基层处理—刷素水泥浆—抹底层砂浆—抹面层砂浆—水泥砂浆防护层的养护。

1. 作业条件

（1）结构验收合格，已办好验收手续。

（2）地下防水施工期间做好排水，直至防水工程全部完工为止。排水降水措施应按施工方案执行。

（3）施工前应将预埋件、穿墙管预留凹槽内嵌填密封材料后，再施工防水砂浆。

（4）基层表面应平整、坚实、粗糙、清洁，并充分湿润、无积水。

2. 基层处理

清理基层，剔除松散附着物。基层表面的孔洞、缝隙应用与防水层相同的砂浆堵塞压实抹平。混凝土基层应做凿毛处理，使基层表面平整、坚实、粗糙、清洁，并充分润湿、无积水。施工前应将预埋件、穿墙管预留凹槽内嵌填密封材料后，再施工防水砂浆。基层的混凝土和砌筑砂浆强度应不低于设计值的80%。

3. 刷素水泥浆

根据配合比将材料拌合均匀，在基层表面涂刷均匀，随即抹底层砂浆。如基层为砌体时，则抹灰前一天用水管把墙浇透，第二天洒水湿润即可进行底层砂浆施工。

4. 抹底层砂浆

按配合比调制砂浆，搅拌均匀后进行抹灰操作。底灰抹灰厚度为5~10mm，在砂浆凝固之前用扫帚扫毛。砂浆要随拌随用，拌和后使用时间不宜超1h，严禁使用拌和后超过初凝时间的砂浆。

5. 抹面层砂浆

刷完素水泥浆后，紧接着抹面层砂浆，配合比同底层砂浆。抹灰厚度为5~10mm，抹灰宜与第一层垂直，先用木抹子搓平，后用铁抹子压实、压光。

6. 水泥砂浆防护层的养护

普通水泥砂浆防水层终凝后应及时养护，养护温度不宜低于5℃，并保持湿润，养护时间不得少于14d。聚合物水泥砂浆防水层未达到硬化状态时，不得浇水养护或直接雨水冲刷，硬化后应采用干湿交替的养护方法。在潮湿环境中，可在自然条件下养护。使用特种水泥、外加剂、掺合料的防水砂浆，养护应按新产品有关规定执行。

（四）屋面防水施工操作

装配式建筑在屋面防水施工中的具体操作方法可参考钢筋混凝土结构屋面防水施工的方法。

1. 刚性防水屋面施工

刚性防水屋面因其防水层的节点部位与柔性材料的交叉使用，才使得防水具有可靠性。可用于Ⅰ、Ⅱ级屋面的多道防水层中的一道防水层，主要适用于防水等级为Ⅱ级的屋面。大跨度和轻型屋盖的层面、设有松散的保温层屋面以及受到冲击和振动的建筑屋面这四种类型的屋面是不适宜用刚性防水屋面的。

施工流程：基础处理、找平层和找坡层施工—隔离层施工—弹分格缝线、安装分格缝木条、支边模板施工—绑扎防水层钢筋网片—浇筑细石混凝土防水层施工。

（1）基础处理、找平层和找坡层施工

基层为整体现浇钢筋混凝土板或找平层时，应为结构找坡。屋面的坡度应符合设计要求，一般为2%~3%。基层为装配式钢筋混凝土板时，板端缝应嵌填密封材料处理。基层应清理干净，表面应平整，局部缺陷应进行修补。

（2）隔离层施工

1）必须干燥。

2）石灰黏土砂浆铺设时，基层清扫干净，洒水湿润后，石灰膏：砂：黏土的配合比为1：2.4：3.6，铺抹厚度为15~20mm，表面压实平整，抹光干燥后再进行下道工序的施工。

3）纸筋灰与麻刀灰做刚性防水层的隔离层时，纸筋灰与麻刀灰所用灰膏要彻底熟化，防止灰膏中未熟化颗粒将来发生膨胀，影响工程质量。铺设厚度为10~15mm，表面压光，待干燥后，上铺塑料布一层，再绑扎钢筋，浇筑细石混凝土。

（3）弹分格缝线、安装分格缝木条

弹分格缝线。分格缝弹线分块应按设计要求进行，如设计无明确要求时，应设在屋面板的支承端、屋面转折处、防水层与突出屋面结构的交接处，纵横分格不应大于6m。分格缝木条应采用水泥素灰或水泥砂浆固定于弹线位置，要求尺寸和位置准确。

（4）绑扎防水层钢筋网片

绑扎防水层钢筋网片，首先要把隔离层清扫干净，弹出分格缝墨线，将钢筋满铺在隔离层上。钢筋网片必须置于细石混凝土中部偏上的位置，但保护层厚度不应小于10mm。绑扎成型后，按照分格缝墨线处剪开并弯钩。采用绑扎接头时应有弯钩，其搭接长度不得小于250mm。绑扎火烧丝收口应向下弯，不得露出防水层表面。

（5）浇筑细石混凝土防水层施工

细石混凝土浇筑前，应将隔离层表面杂物清除干净，钢筋网片和分格缝木条放置好并固定牢固。浇筑混凝土按块进行，一个分格板块范围内的混凝土必须一次浇捣完成，不得留置施工缝。浇筑时先远后近，先高后低，先用平板锹和木杠基本找平，再用平板振捣器进行振捣，用木杠二次刮平。细石混凝土终凝并有一定强度（12~24h）后，再进行养护，养护时间不少于7d。养护方法可采用淋水湿润，也可采用喷涂养护剂、覆盖塑料薄膜或锯末等方法，必须保证细石混凝土处于充分湿润的状态。

2. 卷材防水屋面施工

卷材防水是具有柔性的一种可卷曲成卷状的建材产品，主要用于建筑墙体、屋面、公路、隧道以及垃圾填埋场等地。作为建筑物与工程基础之间的起到抵御外界雨水和地下水渗漏的一种无渗漏连接的方式，它对整个工程的建设起着非常关键的作用，对整个工程的防水措施起着第一道防护的作用。

施工流程：基层清理—涂刷基层处理剂—附加层施工—热熔铺贴卷材—屋面防水保护层施工。

（1）基层清理

施工前将验收合格基层表面的尘土、杂物清理干净。

（2）涂刷基层处理剂

高聚物改性沥青防水卷材可选用与其配套的基层处理剂。使用前在清理好的基层表面，用长把滚刷均匀涂布于基层上，常温经过4h后，开始铺贴卷材。

（3）附加层施工

附加层，如女儿墙、水落口、管根、檐口、阴阳角等细部先做附加层，一般用热熔法，使用改性沥青卷材施工，必须粘贴牢固。

（4）热熔铺贴卷材

热熔铺贴卷材：按弹好标准线的位置，在卷材的一端用火焰加热器将卷材涂盖层熔融，随即固定在基层表面，用火焰加热器对准卷材卷和基层表面的夹角，喷嘴距离交界处300mm左右，边熔融涂盖层边跟随熔融范围缓慢地滚铺改性沥青卷材。卷材下面的空气应排尽，并辊压黏结牢固，不得空鼓。

（5）屋面防水保护层施工

屋面防水保护层分为着色剂涂料、地砖铺贴、浇筑细石混凝土或用带有矿物粒（片）料、细砂等保护层的卷材。

3.涂膜防水层面施工

（1）涂膜防水层

涂膜防水层与基层应黏结牢固，表面平整，涂刷均匀，无流淌、皱折、脱皮、起鼓、裂缝、鼓泡、露胎体和翘边等缺陷。

（2）涂膜防水屋面施工的要点

1）第一层涂刷4h后涂料会固结成膜，在涂刷第二层时应铺无纺布。这样做可以防止因温度变化而引起的膨胀或收缩，同时刷第三次涂膜。无纺布的搭接宽度应不小于100mm，屋面防水涂料的涂刷不得少于五遍，涂膜厚度不应小于1.5mm。

2）卷材与聚合物水泥防水涂料复合使用时，应将涂膜防水层放在下面；刚性防水材料与涂膜复合使用时，刚性防水层放在上面，涂膜放在下面。

3）防水层完工后应做蓄水试验，蓄水24h无渗漏为合格。坡屋面可做淋水试验，淋水2h无渗漏为合格。

4）保护层：涂膜防水作为屋面面层时，不宜采用着色剂保护层，一般应铺面砖等刚性保护层。

四、智能建造背景下建造业发展方向

（一）建造业智能化应用现状

目前，BIM 已经渗透到建设方、设计院、施工企业等建设行业相关单位。建造企业和 BIM 咨询顾问不同形式的合作是目前 BIM 项目实施的主要方式。信息技术的爆炸性增长促进了人们对软件的需求，于是一大批与 BIM 相关的软件应运而生。此外，建造业企业开始有对 BIM 人才的需求，BIM 人才的商业培训和学校教育也逐步开始启动。

近几年，BIM 技术已从单纯的建模和管线综合等初级应用上升为规划、设计、建造和运营等各个阶段的应用。它带来的不仅是技术，也将带来新的工作流程、行业标准和规则。

1. 建设方

建设方是 BIM 应用的最大受益者，也是在建设生命周期 BIM 应用的核心推动力。

目前，委托设计方、委托专业 BIM 咨询服务公司或开发商自己建立队伍是业主／开发商应用 BIM 方式最多的三种选择。

BIM 问卷调研结果统计分析显示，1/3 的受访者认为在前期引入独立 BIM 服务对设计进行审核，对项目总体投资效益有帮助；八成以上的受访者认为基于三维模型的 4D 模拟、综合管线图、结构预留孔洞图等可以有效控制项目风险；但是使用过综合管线图和结构预留孔洞图的不到一半；而使用过形象化、量化手段进行模拟、分析、优化的更是不足 1/4；七成受访者认为使用 RFID、智能手机等技术对现场施工情况进行记录和跟踪有利于进行项目质量、工期、造价和风险控制。

事实上，很多建设方都很重视 BIM，但他们中的绝大多数都没有一个清晰的思路去应用 BIM。例如，国内某大型房产公司一直提倡 BIM，并想将建设过程完全标准化，可至今对使用 BIM 进行采购、设计、建设、合同等方面工作的管控没有一个十分清晰的思路。这样的 BIM 应用现状表明，建设方的 BIM 应用还处于探索阶段。

2. 设计机构

设计机构是对各类工程地质勘查、民用与工业建造设计及各类专项设计咨询服务机构的总称。

工业设计机构是最先引入 BIM 设计理念的设计机构，已形成比较完善的行业应用技术体系。工业设计机构对应的工艺、设备、自动化、动力等十几种至几十种专业，使用不同类型的 BIM 软件。其中，连续性生产如石油、化工、电力等工厂设计领域，其三维（信息、模型）设计系统应用在国内已经有几十年的历史，是工程建设行业设计机构应用信息模型技术水平最高的领域。在这个领域具有市场影响力的软件包括

PDS、PDMS、Autoplant 等。

设计机构对建设工程的造型、功能、性能、造价等关键指标负责，是建设工程信息的主要创建者。日益复杂的工程项目要求设计机构要有更好的可视化环境进行各专业设计沟通，避免常见的"错、漏、碰、缺"等低质量错误，要有完善的建造属性进行热工、照明、通风等建造性能分析。

虽然目前国内设计方法仍以二维为主，但有了实施 BIM 的行业大环境和设计企业提升企业核心竞争能力的动力，以及软硬件厂商成熟的产品技术和 BIM 服务商的技术支持后盾，越来越多的设计机构利用 BIM 技术实现了管线综合、碰撞检查、热工分析、照明分析、自然通风模拟、景观视线及可视度分析等，相信 BIM 一定能给广大的设计师和设计企业带来更为光明的前景。

3. 施工机构

施工机构是指各类从事房屋建造、公路、水利、电力、桥梁、矿山和工厂等土木工程施工的建造企业，包括建造公司、设备安装公司、建造装饰工程公司、地基与基础工程公司、土石方工程公司和机械施工公司等。

在 BIM 技术应用中，目前业主方对 BIM 技术的应用重视度越来越高，项目中实施 BIM 技术的企业达 67%。此外，已经成立或列入计划成立企业 BIM 中心的企业占比 72%。而在已经成立企业 BIM 中心的单位中，BIM 人员超过 10 人的占比 32%。可观的人员规模反映出已有大量的企业不再满足于项目级别的 BIM 技术应用，开始在企业级 BIM 应用层面做探索研究工作。

调研数据显示，BIM 技术在项目中的应用点主要集中在碰撞检查、招投标亮点、工程量计算和项目内部沟通协调方面。因市场推广、部分软件厂商的引导等因素，BIM 技术在运维、资料、质量和安全管理方面的应用并不普遍。

从应用成效来看，BIM 技术在减少返工、提升协同效率等方面有显著效果。但大家依然普遍认为，在中标率、节约成本和加快进度等方面改善还不够明显，对于 BIM 的综合价值认可度也不高。

25.5% 的被调查对象所在企业尚未有推进 BIM 技术应用计划，38% 的所在企业处于普及 BIM 技术概念阶段，应用 BIM 技术在项目试点阶段的企业占 26.1%，而在大面积推广应用 BIM 技术的所在企业仅占 10.4%。这大体表明，随着 BIM 技术在施工行业被不断提及，大部分企业已对 BIM 技术有所认识，但还有待大面积推广应用。

另外，调查结果中还发现，企业通过对 BIM 的进一步学习和认识，已经不再单纯地追求短期效益，而开始应用 BIM 向提升企业形象这一更高需求转变。同时，利用 BIM 技术为企业管理及项目提供技术支撑，仍然是企业应用 BIM 的主要原因。不过，调查结果也显示，企业在 BIM 技术应用率高的地方仍主要集中在施工方案模拟优化、碰撞检查等方面。

总之，从上述两份报告中指出的 BIM 应用层次和面临的各种障碍来看，当前国内施工机构的 BIM 应用还处于初级阶段。但随着 BIM 技术的不断发展，施工企业对其应用将不断走向成熟。

4. 运营机构

运营机构是指建造物业运营管理的部门或机构，包括业主自己的物业运营管理部门或独立的物业运营管理公司，是专门从事建造物、附属设备、各项设施及相关场地和周围环境专业化管理的机构，为物业使用人员提供良好的生活或工作环境的服务管理。

项目的运营和维护阶段是项目生命周期中时间最长的阶段。对于运营机构，工程信息的来源主要是设计机构提供的施工图纸和施工机构在项目竣工时提交的竣工图纸，构成了运营管理的基础信息。传统的施工图和竣工图信息量巨大，也不直观，而 BIM 的可视化表达和集成的数据极大地改善了运营管理的效率和质量。

目前，运营机构对 BIM 技术应用有如下几点：

（1）通过可视化的模型，实现对物业管理设备基本信息的有效管理；根据设备运行状况及时安排设备维护保养与更换计划。

（2）记录维护保养过程，规范设备维护保养的步骤和流程，积累信息形成知识库。

（3）利用 BIM 模型辅助培训新员工，防止因人员的流动而造成工作效率与水平下降。

（4）BIM 设备维护管理系统有了一定的信息数据之后，就可以对其进行统计分析，为决策提供各类统计报表。

（5）当某设备发生故障时，在 BIM 设备维护系统中查看应急处理手册，做出第一步的快速应急处理。

（6）可查看维护保养的步骤和流程、使用说明、维护保养记录等信息，以帮助确定故障设备的维修或更换方案，提高效率。

（7）可实时漫游，观察维修设备周围环境，以帮助确定维修工作面是否能够展开、维修工具是否能使用。

事实上，以上应用在国内并不多见，目前对于运营机构来说，BIM 还处于探索研究阶段。

5. 造价咨询机构

造价咨询机构为建造工程项目提供概算、预算、结算及竣工结（决）算报告的编制和审核服务。造价咨询机构的使命是让项目投资实现增值，要实现投资增值就必须使用全过程造价管理的咨询方法。BIM 技术的应用，将彻底解决工程量计算的准确性问题，让项目管理的各参与方能快速、简单地提取准确的工程量数据。同时，BIM 技术的推广，将产生更细的专业分工，从而让造价专业人员减少工程计量工作量，提高工作效率。

目前来看，我国工程造价咨询业从业人员素质普遍不高，对 BIM 的应用和认识尚处于初级阶段，我国还没有基于 BIM 平台、适用于我国实际并且能推广使用的造价管理软件；基于 BIM 的建造工程预算软件比较少，广联达、鲁班等开发的软件都只是基于自身平台的研究成果；BIM 在我国造价咨询行业的应用标准、体制、法律规范等还未完善。因此，BIM 在造价管理中的应用还有待进一步改善。

6. 软件行业

BIM 是一种信息化技术，它的应用必然离不开软件的支撑。国内学者何关培曾提到过一个观点—BIM 不是一个软件的事。其实 BIM 不仅不是一个软件的事，准确一点说 BIM 不是一类软件的事，而且每一类软件的选择也不仅是一个产品。这样一来要充分发挥 BIM 价值、为项目创造效益而涉及的常用 BIM 软件数量就有十几个到几十个之多了。

我们知道，只有通过软件才能充分利用 BIM 的特性，发挥它应有的作用，从而实现其价值。而 BIM 软件功能不足是影响 BIM 价值实现的主要障碍。同时，BIM 软件的开放性和标准化不足可能导致所选软件厂商的业务失败，继而影响到行业企业的业务发展。

在美国和欧洲，虽然 BIM 这个专业名词出现到 BIM 在实际工程中大量应用只有十几年的时间，但形成了一个 BIM 软件研发和推广的良性产业链：大学和科研机构主导 BIM 基础理论研究，经费来源于政府支持和商业机构赞助；大型商业软件公司主导通用产品研发和销售，小型公司主导专用产品研发和销售，大型客户主导客户化定制开发。

相比之下，我国一方面研究成果大多停留在论文、非商品化软件和示范案例上，即缺乏机制形成商品化软件，其研究成果也无法为行业共享；另一方面，我国建造业软件市场规模不足建造业本身这个市场规模的千分之一。由于缺乏基础理论研究的支持和资金实力，国内大型商业软件公司只能从事专用软件开发，依靠中国市场和行业的独特性生存和发展。而小型商业公司则只能在客户化定制开发上寻找机会，这种经营模式严重受制于平台软件的市场和技术策略，使得小型商业公司的生存和发展变得极不稳定。

即使国内的传统软件公司如广联达、鲁班、天正、PKPM 纷纷开发自己的 BIM 软件，但它们的功能和体验都有待改进。随着国内软件商的研发投入力度加大，企业 BIM 应用需求越来越多。相信在不久的未来，国产 BIM 软件将迎来百花齐放的时期。

（二）未来发展方向

BIM 技术在我国建造施工行业的应用已逐渐步入注重应用价值的深度应用阶段，

并呈现出 BIM 技术与项目管理、云计算、大数据等先进信息技术集成应用的 "BIM+" 特点，正在向多阶段、集成化、多角度、协同化、普及化应用五大方向发展。

方向之一：多阶段应用，从聚焦设计阶段应用向施工阶段深化应用延伸。

一直以来，BIM 技术在设计阶段的应用成熟度高于施工阶段，且应用时间较长。近年来 BIM 技术在施工阶段的应用价值日益凸显，发展速度也非常快。调查显示，59.7% 的受访者认为从设计阶段向施工阶段延伸是 BIM 发展的特点，有四成以上的用户认为施工阶段是 BIM 技术应用最具价值的阶段。由于施工阶段要求工作高效协同和信息准确传递，而且在信息共享和信息管理、项目管理能力以及操作工艺的技术能力等方面要求都比较高，因此 BIM 应用有逐步向施工阶段深化应用延伸的趋势。

方向之二：集成化应用，从单业务应用向多业务集成应用转变。

目前，很多项目通过使用单独的 BIM 软件来解决单点业务问题，即以 BIM 的局部应用为主。而集成应用模式可根据业务需要通过软件接口或数据标准集成不同模型，综合使用不同软件和硬件，以发挥更大的价值。例如，基于 BIM 的工程量计算软件形成的算量模型与钢筋翻样软件集成应用，可支持后续的钢筋下料工作。调查显示，60.7% 的受访者认为，BIM 发展将从基于单一 BIM 软件的独立业务应用向多业务集成应用发展。基于 BIM 的多业务集成应用主要包括以下方面：不同业务或不同专业模型的集成、支持不同业务工作的 BIM 软件的集成应用、与其他业务或新技术的集成应用。例如，随着建造工业化的发展，很多建造构件的生产需要在工厂完成。如果采用 BIM 技术进行设计，可以将设计阶段的 BIM 数据直接传送到工厂，通过数控机床对构件进行数字化加工，可以大大提高那些具有复杂几何造型的建造构件的生产效率。

方向之三：多角度应用，从单纯技术应用向与项目管理集成应用转化。

BIM 技术可有效解决项目管理中生产协同、数据协同的难题，目前正在深入应用于项目管理的各个方面，包括成本管理、进度管理、质量管理等，与项目管理集成将是 BIM 应用的一个趋势。BIM 技术可为项目管理过程提供有效集成数据的手段以及更为及时准确的业务数据，从而提高管理单元之间的数据协同和共享效率。BIM 技术可为项目管理提供一致的模型，模型集成了不同业务的数据，且采用可视化方式动态获取各方所需的数据，确保数据能够及时、准确地在参建各方之间得到共享和协同应用。此外，BIM 技术与项目管理集成需要信息化平台系统的支持。需要建立统一的项目管理集成信息平台，与 BIM 平台通过标准接口和数据标准进行数据传递，及时获取 BIM 技术提供的业务数据；支持各参建方之间的信息传递与数据共享；支持对海量数据的获取、归纳与分析，协助项目管理决策；支持各参建方沟通、决策、审批、项目跟踪、通信等。

方向之四：协同化应用，从单机应用向基于网络的多方协同应用转变。

物联网、移动应用等新的客户端技术迅速发展普及，依托于云计算、大数据等服务端技术实现了真正的协同，满足了工程现场数据和信息的实时采集、高效分析、及时发布和随时获取，形成了"云+端"的应用模式。这种基于网络的多方协同应用方式可与BIM技术集成应用，形成优势互补。一方面，BIM技术提供了协同的介质，基于统一的模型工作，降低了各方沟通协同的成本；另一方面，"云+端"的应用模式可更好地支持基于BIM模型的现场数据信息采集、模型高效存储分析、信息及时获取与沟通传递等，为工程现场基于BIM技术的协同提供新的技术手段。因此，从单机应用向"云+端"的协同应用转变将是BIM应用的一个趋势。云计算可为BIM技术应用提供高效率、低成本的信息化基础架构，两者的集成应用可支持施工现场不同参与者之间的协同和共享，对施工现场管理过程实施监控，将为施工现场管理和协同带来革命。

方向之五：普及化应用，从标志性项目应用向一般项目应用延伸。

随着企业对BIM技术认识的不断深入，BIM技术的很多相关软件逐渐成熟。BIM技术的应用范围不断扩大，从最初应用于一些大规模、标志性的项目，发展到现在开始应用于一些中小型项目，而且基础设施领域也开始积极推广BIM应用。一方面，各级地方政府积极推广BIM技术应用，要求政府投资项目必须使用BIM技术，这无疑促进了BIM技术在基础设施领域的应用推广；另一方面，基础设施项目往往工程量庞大、施工内容多、施工技术难度大，施工地点周围环境复杂，施工安全风险较高，传统的管理方法已不能满足实际施工需要，BIM技术可通过施工模拟、管线综合等技术解决这些问题，使施工准确率和效率大大提高。例如，在城市地下空间开发工程项目中应用BIM技术，在施工前就可以充分模拟，论证项目与城市整体规划的协调程度，以及施工过程中可能产生的对周围环境的影响，从而制订更好的施工方案。

五、装配式建筑与传统建筑

（一）什么是装配式建筑

装配式建筑是指用预制的构件在工地装配而成的建筑。这种建筑的优点是建造速度快，受气候条件制约小，节约劳动力并可提高建筑质量。相对于传统建筑装配式建筑的优势在哪里？第一，装配式建筑的构件可以在工厂实现产业化的生产，构件就相当于标准的产品，而运到现场就可以直接进行安装，可以说是既方便，又快捷。在争分夺秒抢工期的建筑领域，有其无可比拟的优越性；第二，构件在工厂进行标准化生产，质量比在现场生产更有保证，更可以得到有效的控制；第三，用于周转的材料投入量相对减少了很多，降低了租赁的费用；第四，现场作业量的减少对于环保而言是很有好处的；第五，标准化的生产可以节省材料、减少浪费；第六，构件的高标准的机械化程度，减少了现场人员的配备，在用工成本和安全生产方面都有帮助。

（二）传统建筑构造方式的缺点

对于建筑来说它的主要组成包括基础、墙体、梁、板、柱，现代的建筑一般都是钢筋混凝土，而且这些主体构件的施工都是需要现场绑扎、下料，十分的烦琐，现代楼房层高一般在 3m 左右，工人用工数量较多，使用的工具较多携带上下楼十分的不方便。而且这些主体构件，都需要支模板，然后再进行混凝土的浇筑。传统的施工工艺一般使用的是木模板，造成资源浪费较为严重（虽然有所改善，将木模板改为钢模板、铝模板等），而且回收性能较差，且强度不高，容易包浆，涨模，不易控制，工人操作复杂。对于墙柱混凝土需要混凝土搅拌车运输到现场进行浇筑，工人用量较多，而且间隔时间较长，容易造成施工冷缝，混凝土在现场凝固，使它的强度达不到要求，进而容易造成混凝土蜂窝麻面、烂根、离渐等质量通病，且不易控制，工人使用振捣棒操作费时费力。而且在传统施工过程中各个构建的施工过程中用到的工人较多，还需要等待混凝土的凝固等，造成时间和成本的造价都是较高的。

（三）装配式建筑的优点

1. 保证工程质量。传统的现场施工受限于工人素质参差不齐，质量事故时有发生。而装配式建筑构件在预制工厂生产，生产过程中可对温度、湿度等条件进行控制，构件的质量更容易得到保证。2. 降低安全隐患。传统的现场施工大部分是在露天作业、高空作业，存在极大的安全隐患。装配式建筑的构件运输到现场后，由专业安装队伍严格遵循流程进行装配，大大提高了工程质量并降低了安全隐患。3. 提高生产效率。装配式建筑的构件由预制工厂批量采用钢模生产，减少脚手架和模板数量，因此生产成本相对较低。尤其是生产形式较复杂的构件时，优势更为明显；同时省掉了相应的施工流程，大大提高了时间利用率。4. 降低人力成本。目前我国建筑行业劳动力不足、技术人员缺乏、工人整体年龄偏大、成本攀升，导致传统施工方式难以为继。装配式建筑由于采用预制工厂施工。现场装配施工，机械化程度高，减少现场施工及管理人员数量近 10 倍。节省了可观的人工费，提高了劳动生产率。5. 节能环保、减少污染。装配式建筑循环经济特征显著，由于采用的钢模板可循环使用，节省了大量脚手架和模板作业，节约了木材资源。此外，由于构件在工厂生产，现场湿作业少，大大减少了噪音和烟尘，对环境影响较小。6. 模数化设计，延长建筑寿命。装配式建筑进行建筑设计时，首先对户型进行优选，在选定户型的基础上进行模数化设计和生产。这种设计方式大大提高了生产效率，对大规模标准化建设尤为适合。此外，由于采用灵活的结构形式，住宅内部空间可进一步改造，延长了住宅的使用寿命。

（四）装配式建筑的结构深化设计

对于采用标准预制构件的各类建筑结构，可使用标准图集的深化设计大样图及其施工方法。对于结构较复杂而设计文件规定又不够详细的，则需要进行深化设计。深化设计的计算应包括设计文件规定的荷载及施工过程中堆放、脱模、运输、吊装等各种工况的荷载不利组合验算，并需要考虑施工顺序及支架拆除顺序的影响。深化设计的完成单位可为原设计单位，也可为其他具备设计能力的相关单位。深化设计的结果则应经原设计单位认可，以便于与结构的整体设计相协调。深化设计是设计工作的进一步延续，作为施工依据的设计文件和深化设计结果，应包括以下内容：1.预制构件设计详图，包括平、立、剖面图，预埋吊件以及其他埋件的细部构造图等；2.预制构件装配详图，包括了构件的装配位置、相关节点详图及临时斜撑、临时支架的设计结果等；3.施工方法，包括了构件制作、装配的施工及检查验收方法、装配顺序的要求、临时斜撑及临时支架的拆除顺序的要求等……对于现在还在发展阶段的装配式设计来说，一般的设计在于对板构件的优化，以达到高效率的生产，简单快捷地安装。

（五）装配式建筑发展的趋势

随着现代的建造业的高速发展中，装配式建筑全国化的趋势是必然的，也是必要的，且国家也对该项目进行鼓舞和大力支持。因为我国传统的建筑存在固有的缺陷，寿命短、抗震性能较低。根据有关数据显示，英国的建筑平均寿命在 100 年，美国在 50 年，而中国只有 35 年。这些建筑不仅使用寿命较短，而且它对环境的污染却是异常的严重，建筑垃圾数量已占到城市垃圾总数的 30%~40%，约是发达国家的 2 倍。但是对于装配式建筑来说，都不存在这些问题。因为装配式建筑在设计过程中，精确的建筑构件，保证了建筑物具有良好的抗震性能和防腐性能。工厂的流水线上生产的建筑构件在现场只用安装即可，大量的建设了施工过程中造成的环境污染。设计的标准化和管理的信息化，提高了生产效率，构件的统一性减少了成本，配合数字化的管理，进而提升了装配式建筑的性价比。且装配式建筑作为一种绿色建筑技术，具有可避免重复修复、长寿命、免维修、技能环保的优势，相信在国家大力提倡绿色建筑、保护环境、改善环境的潮流下会得到更多的发展空间，会逐步地替代传统的建筑方式和建筑理念。

第四章 基于 BIM 技术的装配式建筑设计

利用 BIM 技术深入分析装配式建筑设计阶段，可以发现想要提升装配式建筑设计的效率和质量，就有必要利用 BIM 技术，因为 BIM 技术能够帮助建筑设计师控制设备中可能出现的误差，并且优化设计过程。本章的主要内容就是装配式建筑设计。

第一节 装配式建筑设计原则

一、模数与尺寸优化

住宅产业化就是要实现以工业化生产的方式来建造住宅，这个过程中会涉及多种上下游行业。任何一个关键环节缺乏统一的标准都会导致上下游产业的对接困难，因此，实现住宅产业化的关键问题是统一标准。标准化是住宅产业化发展的基础，其中建立一套适用于装配式住宅特点的模数原则成为关键所在。它可以使住宅部品更具有通用性和互换性，而且还能在预制构件的构成要素之间形成合理的空间关系。

住宅产业化就是要遵循模数协调的原则，实现尺寸的优化配合，保证住宅在建造的过程中，在功能、质量、技术和经济等方面获得的方案是最优的，促进房屋从粗放型向集约型转化。模数（Module）作为统一构件尺寸的最小基本单位，在很多领域被广泛采用。

在我国建筑设计施工中，必须遵循相关标准。标准中规定：

1. 基本模数的数值为 100mm，符号为 M，即 1M=100mm，建筑物整体或建筑构件的模数化尺寸应是基本模数的倍数；

2. 扩大模数分为水平扩大模数和竖向扩大模数。水平扩大模数基数为 3M，6M，12M，15M，30M，60M，竖向扩大模数基数为 3M，6M；

3. 分模数是指整数除以基本模数的数值，其中，基数为 M10，M5，M2 等。模数数列是由基本模数、扩大模数、分模数为基础，扩展成的一系列尺寸。

对于装配式住宅而言，住宅平面、立面、空间以及各部件的尺寸标准统一尤为重要，在基于模数协调原则的基础上，进行尺寸优化，是实现装配式住宅标准化设计的前提。

住宅平面的尺寸主要有开间和进深两个因素控制，这两个因素决定住宅平面尺寸的同时还影响着主体结构的跨度，进而决定着结构构件的尺寸。根据调查资料整理，常见的客厅开间尺寸为4200mm、3900mm、3600mm，常见的卧室开间尺寸为3600mm、3300mm、3000mm，书房、儿童房等次要房间的开间一般为2700mm较为常见，住宅房间的进深一般为3.0m、6.0m。当然，对于保障房来说，开间进深的尺寸会减少一些。在住宅的立面尺寸方面，目前常见的住宅层高为2700mm、3300mm。以扩大模数为基准设计房间的开间进深，在设计过程中可以对尺寸相近的房间进行协调，以达到减少标准开间类型的目的，有利于装配式住宅构、部件的尺寸统一和系列化生产。

二、结构选型与重构

与现浇结构住宅相比，装配式住宅需要更加规则、均匀的结构布置以使结构具有良好的整体性。平面布置的长宽比不宜过大，尽量为矩形等规则平面。如有局部凹凸，尺寸也不宜过大。结构竖向也应遵循规则、均匀的布置原则。承重构件应上下对齐，结构侧向刚度应下大上小。

预制结构构件（墙、梁、板、柱）的拆分应该考虑其受力、连接、施工等因素，用尽量少的尺寸规格预制结构构件，组装成尽量多样的结构形式。在装配式住宅的结构选型与重构方面应遵循以下原则：

（一）增加支撑体结构形式的多样性、可变性

目前，我国的装配式住宅结构形式主要以剪力墙结构为主。相比于框架结构，在空间灵活性和可变性上存在明显不足。但是由于框架结构高度的限制以及对空间美观的考虑，这种结构形式在装配式住宅中很少被选用。对于剪力墙结构形式，可以在满足设计要求的情况下，采用适当减少内部剪力墙数量或者在剪力墙上留洞的方式，增加剪力墙结构形式的灵活性，使用内部隔墙增加住宅空间的多样性与可变性。

（二）合理选择预制与现浇部位，增强结构整体性，降低施工难度

由于我国施工水平的限制，预制构件的现场拼装过程具有一定复杂性，对于那些功能集成度高、外形多样的构件，如外墙板、楼梯、叠合板等，尽量在工厂整体预制，减少现场拼装的数量，降低现场施工的难度。虽然装配式结构的抗震性能可以达到现浇结构的同等水平，但是预制构件之间或预制构件与现浇构件之间的现浇节点处容易被破坏。因此可以采用"强柱弱梁"的形式，将剪力墙或柱现浇，梁预制装配。对于现浇节点的位置以及做法要满足相关规范的要求。

（三）外墙板承重类型以及施工方式的选择

由于地域差异，南方与北方在装配式外墙板承重方式的选择上有所不同。南方气候湿热，基本不考虑外墙的保温性能，因此南方地区的住宅外墙板多采用不承重的外挂墙板。该类外墙板很薄，减轻了结构的自重。北方地区气候干冷，外墙的制作必须考虑保温功能，因此预制外墙板一般较厚，如果采用不承重外挂的方式会增加结构的负担。所以北方地区一般采用承重的夹心保温外墙板，也就是俗称的"三明治外墙板"。对于外墙的安装方法，国内目前比较常用的有"后装法"和"先装法"。后装法是从日本引进的技术，即主体结构全部完成或部分楼层完成后，才开始下层外墙板的安装。后装法安装的外墙板为不承重的外挂墙板，对于这种安装方式的精度要求非常高，一般采用螺栓、埋件等机械连接。施工时如果处理不好这些连接位置，会产生防水、隔音等方面的问题。但是由于后装法的外墙可以与上部主体结构同时施工，因此施工速度较快。

先装法是先将外墙板吊装定位后，再现浇各构件之间的节点使其成为结构整体。先装法安装的外墙板可以是承重外墙也可以是非承重外墙，这种安装方式的好处是在现浇施工的过程中可以进行误差调整，大大降低了现场施工难度。并且由于构件之间现浇形成的无缝对接，可以提高房屋的防水、隔声性能。就目前来说，先装法施工比较适合我国装配式住宅的现状。

（四）拆分构件的外形尺寸宜标准统一

在结构拆分的过程中，除了要遵循模数制的原则，还应充分考虑构件的生产、运输以及安装等因素。对于装配式住宅来说，预制构件的种类越少，数量越少，建造的成本就越低。最理想化的是预制构件整体覆盖范围越大越好，比如一层的楼板整体预制。但是由于生产构件的模具、运输条件、吊装荷载等因素的限制，需要对预制构件的尺寸进行合理优化。例如，叠合板的拆分尺寸宜控制在 2900mm × 7900mm 范围内。对于防水要求较高的区域，拆分时应将此区域的叠合板划分为一个整体。拆分构件的形状宜规则，便于构件的生产。例如，预制墙在右翼墙处的后浇节点做法，目前常见的是"T"形连接，考虑到"T"形现浇节点处的钢筋复杂，难免出现碰撞，施工难度较大，笔者设想将"T"形节点与墙体整体预制，装配式与另外两面墙体形成两个独立的"一"字形现浇节点。但是后来考虑到这种形式与现行相关规范不符，加上构件生产时模具以及进窑养护的限制，因此目前这种墙体预制形式不被使用。

三、户型与住栋

平面装配式住宅户型的标准化设计应遵循模块化的原则，对标准户型拆分成卧室、客厅、书房、餐厅、卫生间、阳台等基本模块。通过对这些基本模块功能空间进行分析，在模数协调原则的基础上，可以进一步将这些基本模块组合成扩大模块，模块外部以装配式剪力墙构建起承重结构；模块内部采用轻质隔墙划分成不同功能区域。最终通过这些扩大模块的组合拼接成多种样式的户型模块。户型模块应考虑模块内功能布局的多样性以及模块之间的互换性和通用性。

我国装配式住宅的住栋平面组合方式以点式、廊式、单元式为主。由于地域差异，南北方装配式住宅住栋平面所采用的布局方式也不相同。北方的保障性住房住栋平面主要以点式和内廊式为主，商品房的住栋平面主要以点式和单元式布局为主；南方地区的保障房住栋平面布局以单元式和廊式为主，商品房则采用点式、廊式、单元式多种住栋平面布局方式。

根据区域特点以及住宅的性质合理选取住栋平面布局形式，借助标准户型模块具有通用接口的性质，选取 BIM 模型库中合适的户型模块、核心筒模块、走廊模块等组合成多种平面模块，通过 BIM 技术手段，可视化分析住栋平面布局的合理性，综合分析采光通风等各项指标，择优选取最佳的住栋平面组合方式。

四、住宅部品

标准化住宅部品是由建筑材料和单个产品所组成的构部件的集合，并且具有相对独立的功能。建立产品从研发组装和投入至市场中的一系列过程标志着已形成了成熟的住宅体系。相对国外较高的住宅部品通用率和成熟的住宅体系，我国现阶段还处于起步时期，通用部品只占 20% 左右，其标准化、产业化和构件模数化依然还有较大的差距。为缩减这种差距，我国还需要调整住宅体系在构件通用性、标准化和部品集成方面的格局。

首先需要对住宅部品的模数进行统一，这是实现标准化的前提和基础，积极贯彻执行相关规定，实现设计、生产、施工等环节的互相协调统一。同时要考虑部品的通用性、配套性以及互换性；其次在政府层面要建立一套完善的部品认证体系，对部品的标准性、通用性、安全性、耐久性、节能环保等指标进行评估认定，积极引导通用部品的生产和推广，提高住宅品质；最后，加强产业协作，建立上下游企业合作机制，形成产、学、研、用等一体化的产业链，加速科研成果转化为实际生产力。利用 BIM 技术等先进信息化手段，加快住宅通用部品库的建立，促进住宅部品标准体系的完善。

第二节 BIM 技术在装配式建筑中的模块化设计方法

一、模块化设计体系

模块化设计（Modular Design）是在信息技术领域诞生的，IBM 公司发布了当时领先于时代的 360 系列计算机，该系列计算机在设计过程中采用了标准化设计模式，并且将模块化的体系运用到生产过程中。一定程度上，该系列计算机的生产成本在当时并不高，这得益于规模化的生产系统，受益于模块化设计生产体系，IBM 很长时间处于行业内霸主地位。

由于当时 360 系列计算机设计非常复杂且对生产工艺要求非常高，而模块化的生产系统将复杂的计算机系统拆解成多个标准化模块，设计过程被划分为既独立又协同的标准化单元模块，进而在一定程度上降低了计算机系统的设计难度，简化了设计和生产流程，但同时运用模块化的拼装组合系统却获得了更复杂的运算系统。由此可见，将复杂整体拆分，后期将简单的模块进行拼装从而获得了更多系统的可能性，因此从整体上提高了系统的设计效率、设计质量。

虽然大规模的工业化建造是目前我们进行模块化设计的主要目的，但接下来我们需要深入研究的应当是模块化设计下多样化的组合方式。简而言之，最基础的空间模块，可以为了适应不同人群的功能需求而组合成截然不同的空间形式。以住宅为例，在住宅功能分析的基础上，模块化设计根据需求的不同将整个住宅系统的使用功能拆解为若干低层级、单元化的基础空间模块。根据业主及各设计参与者提出的具体设计要求，在一定范围内多样化的选择与组合拆分后的基础空间单元模块。

模块化设计的本质是依据功能细致划分出不同的建筑空间，而后在高层级的单元内重新组织相对独立的建筑功能模块，并最终由细化的单元模块不断组合出新的住宅整体。在这种设计模式下，设计师可将业主的个性化需求与所追求的标准化设计结合为一个有机整体。一般，可以从三个层次来解释模块化设计：

第一个层次是模块化产品的系统设计，即模块化设计复杂的前期准备工作。以对项目规划的整体系统进行完整分析为基础，从整体上规划住宅建筑，确定模块化设计的目的和内容。住宅模块化研究目的是将住宅进行系列化标准化设计，对每一级模块进行精细化设计思考，对模块组合进行标准化设计，以适应工业化系列化建设需求，同时引导接下来的设计过程。

第二个层次是模块化设计层次，包括具体模块的划分。将住宅的空间划分为五级模块，从精细的空间到整个楼栋单元进行模块分级，涵盖了从单一使用单元模块、室内每个功能模块、标准组合楼栋的标准层、架空层模块以及后期施工要求更细致的结构、机电、装修模块。

第三个层次是更细致的后期空间模块化产品设计，主要内容是针对具体产品如何在功能模块空间中进行组合和方案评价。通过对适合人群的功能使用需求及面积要求，形成了多系列户型模块，组合形成多样化的户型单元，户型单元拼接组合设计形成多样组合。通过对方案多角度地分析评价，最终筛选出适合该地区的多个标准化住房平面。

（一）数据协调

装配式建筑发展的基础，就是能为使用者提供标准化的服务。在这一环节中最重要的部分就是根据不同使用者的需求，定制出与之相适应的模数和协调原则。由于使用者的需求差异性，以及随着家庭结构的变化导致需求发生变化等，建筑模块应考虑功能布局多样性和模块之间的互换性和相容性。要注意在两种不同模块之间建立联系，比如在房间的装修模块和线路模块之间建立一定的模数关系，达到协作生产的目的。

模数化体系很大程度地加快了西方建筑的工业化转型，尤其以住宅的工业化发展最为明显，瑞典、日本等国家尤为突出。其中瑞典借助深厚的工业基础，其工业化住宅建造比例已经达到了80%。这些国家在运用模数化体系的过程中，都在不同建造领域制定了相关的标准模数化体系（如户型设计、通用设计等领域），以达到在后期施工过程中各个板块可以更好地协同工作的目的；同时，模块体系的标准化还可以降低在建造过程中由于各建筑部分产品尺寸、质量、功能等方面的不契合所带来的浪费，提高建造效率和大规模建造的经济性，促进房屋从粗放型手工建造转化为集约型工业化装配。

（二）单元空间

模块与常规现浇结构相比，工业化建筑最本质的区别在于预制构件的制作和准备。如何将建筑物主体结构分解为一系列既满足标准化又满足多样化的预制构件，是研究人员和设计人员的首要任务和技术难题。目前，将建筑分解为所需构建的方法主要分为平面化拆分和单元化拆分两种。平面化拆分中的构建单位一般指的是建筑物的墙、楼板等，这些构建统一在工厂制作完成。有时候为了缩短现场组装建筑的时间周期，门窗、墙内的保温层，甚至墙面的装饰都会提前在工厂安装好。

单元化拆分则是以建筑物的空间单元为构建的分解方法。空间单元指的是已在工厂安装成型的建筑房间，一般将空间单元在现场组合只需要数个小时的时间，组装好后只需要再完善建筑内部的管线等问题即可。单元拆分的方法与平面拆分相比，在工厂制作和构件运输上效率稍低，同时对储备空间的需求也比较高。但单元拆分的优势在于可以将建筑商品化，给客户带来更直观的体验。同时为保证拆分的预制构件安装后与主体受力结构可靠连接，设计基本理念至关重要。目前，比较出名也为我国广大设计人员和研究学者熟知的有日本的SI住宅、KSI住宅、CHS百年住宅建设系统。

（三）户型模块

户型模块的建立对于不同领域的设计师（建筑、结构和设备等）有着很重要的意义，他们可以根据各自的需求在模块库中选出对应的户型，提高设计效率。但如何避免各个单位在选择相应户型后与其他单位产生不匹配、不协调的情况，这就需要在建立户型模块的时候考虑各个方面的影响因素，如户型平面划分、建筑受力构件和设备管线的合理布局等，这也是户型模块设计中最复杂的工作环节。但建立精确的户型库可以节约模块化涉及的效率问题，缩短设计周期以及打好坚实的设计基础。

（四）组合平面模块

模数协调和单元空间、户型模块的设计可理解为户型内设计，它是建筑后期搭建的一系列准备工作。建筑的最终形成要通过找寻各个单元之间的联系从而将它们拼接和整合起来；依据各个户型之间的联系将它们组成为一个建筑单体，这种联系就是户型与户型之间相互匹配的连接构件。户型间设计就是解决这样的连接构件—"接口"的相关问题。

"接口"的类型可以分为重合接口和连接接口两类。重合接口指的是不同户型之间连接部分的构件相同。连接接口则是户型之间连接的构件不同，还需要通过其他构件将其连接在一起。连接接口在剪力墙体系中的设备部分出现较多，而重合接口则在建筑和结构户型中运用较多。其中在不同领域中重合接口所指代的建筑构件也不同，例如在建筑领域重合接口一般指内墙、隔墙等。而结构户型中的重合接口一般指的是剪力墙、暗柱等。重合接口相互连接一般需要将重复的构建删掉一个。在删除的过程中需要了解的要点是：当户型之间长短不一的构建发生重合时，一般是将短的构建删除，保留长的。

（五）标准户型设计

建筑层是户型模块通过附属构建在水平方向形成的整体。标准层级是通过对不同户型间进行对比分析后，功能更加统一化和完整化的建筑层的表现形式。标准层设计是指将户型通过附属构件相互结合从而组建出建筑层的过程，其目的在于完善户型间的辅助功能部分，对建筑层内的建筑、结构和设备部分进行补充和完善。

标准层的数量一般比建筑中其他类型楼层要多得多，所以标准层的设计完善与否会影响到整体建筑的设计质量，而BIM技术为标准层设计带来的无碰撞模型的特点，能使建筑层在建筑整体中更好地发挥它的重要性和价值。建筑层除了户型之外，还包括楼梯间、电梯、走廊等实用性空间。虽然户型对使用者来说是最重要的活动空间，但其他空间的作用也同样不可忽视，例如设备部分的管线水暖等，都是和走廊、水暖井等空间分不开的，它们都直接影响着使用者的居住体验。因此更完善的处理户型之外的空间，使它们与户型更好地融合，才能展示出更完整的标准层。

另一个比较重要的部分是结构板块的设计。结构的设计是为了解决建筑的受力问题，而通常的解决方法是采用对称结构构件的形式，给使用者稳定的心理暗示。因此，运用 BIM 进行结构设计的过程中，可以通过直接将户型沿着轴线对称的方式生成整体。但要注意户型之间的接口问题，重合接口要进行删除，缺少连接接口要进行添加。

（六）组合平面模块

较为标准化、系统化的平面模块组合并不意味着建筑的表现形式会单一和乏味。可以在平面组合的基础上，通过不同的排列组合方式，运用不同材料、色彩的变化将立面模块组合的方式多样化，使建筑的外形体量变得丰富不呆板，更好地和周围的环境相融。

二、模块化设计方法

（一）设计原理

模块（Module）是模块化设计的基础。模块可以定义为："由标准模块和非标准模块经设计组合，具有某种特定功能及结构的单元，它能够与其他组件（或模块）通过规范标准接口构成更大的组合、模块或系统。"模块通过"搭积木"方式即可组成系列标准化模型，也可以配置组成在性能、结构上有较大差别且能满足不同用户多样化要求的非标准模型。

在建筑项目中，模块主要包括构件及组件模型。模块化设计是在进行系统功能分析基础上，将整个系统的总功能分解为若干个层次较低的、可互换的、独立的基础单元模块。根据用户提出的具体设计要求，通过对模块的选择与综合，快速设计出具有不同系列、不同性能、不同用途的各种新系统。在建筑设计的过程中，模块化设计强调对各类功能空间进行类型的划分，将具有相同功能的空间组织在一个单元内，通过单元模块化集成的组合方式，实现建筑从单元到整体的转变。

在很多的大型建筑中，比如公寓住宅、酒店、医院、教学楼包含了很多大致相似的单元。要实现单元到整体的转变，模块化设计与预制构件的采用是一个很好的选择。这种方法不仅能满足消费者个性化的需求和选择，还能在一定程度上节省时间，得到了开发商、施工方以及设计者的认同。建筑设计是基于户主需求的功能特征而展开的，功能特征是整体设计过程中的主线。功能作为户主的映射分析结果，是整个设计活动的驱动因素。建筑设计是一个从抽象概念到具体设计的过程，是根据功能需求找出一条与之对应的物理结构的过程，通过向各专业设计问题求解，使建筑的每个子功能都能依附在一定的物理结构上。建筑设计是一个从抽象到具体、逐步细化、反复迭代的过程；是从需求分析开始，经过功能分析、专业设计、详细设计、生产施工，最终完成满足业主需求的建筑。基于模块的各专业层次相对应的建筑设计，考虑建筑概念设计，考虑功能、专业、生产、施工等多种要素，既有从上而下的多层次设计，又实现自底向上的结构组合，是建立建筑构件或组件模型库、实现建筑标准化设计的重要方法。

在建筑设计组合整体设计及设计分解过程中引入模块化设计方法，可以有效地实现建筑物快速有效地聚合、配置、变形及重构，从而形成基于功能、结构的模块化设计。

基于BIM的模块化设计方法是建立在不同功能、专业的构件或组件基础之上的，其原理是：设计单位按户主需求进行建筑方案设计，满足为完成户主需求而映射成的建筑功能。建筑专业设计人员依据功能特征，从模型库中挑选相对应的模块，将模块按照一定的拓扑结构进行组合，完成建筑基于功能模块的设计；选择与建筑相对应的结构、设备模型，按照一定的拓扑结构进行组合，完成各专业的整体模型，并以满足相应的专业规范为前提，在BIM协同设计平台上将全专业模型组合成一个整体模型，进行碰撞检测、协调及优化，完成基于专业的模型设计；从深化构件库中选择构件，将结构整体模型进行设计分解，完成基于生产、施工的模块设计。

（二）装配式建筑中的BIM技术

BIM技术具有可视化、协调性、模拟性、优化性及可出图性等特点。将BIM技术与当前装配式建筑设计方法相结合，可以形成适应装配式建筑的基于BIM的模块化设计方法。其方法可以实现复杂预制构件节点的三维模型，方便生产和施工人员对设计图纸的读图性，实现信息在设计与生产、施工之间的完整传递；可以实现上下游企业及各专业之间的信息协调，还可以进行各专业构件之间的设计协调，完成构件之间的无缝结合；可以使技术人员按照施工组织计划进行施工模拟，完善施工组织计划方案，实现方案的可实施性。因此，装配式建筑基于BIM的模块化设计方法，可以解决当前装配式建筑设计方法中的一些问题，推动建筑产业化发展。

以沈阳市保障房项目为例，剪力墙住宅体系中住宅的户型具有普遍性及相似度高的特性，建筑一般由首层、标准层、顶层组成，每个建筑层由若干个建筑单元组成。其中，首层和标准层的相似度不大，首层相对标准层有门厅单元、底层楼板单元，顶层相对其他层相似度较小。就现代住宅建筑设计而言，经过长期淘汰和筛选后，使用者对户型的选择要求已逐渐明确，因此住宅建筑的户型设计雷同度较高，很大一部分设计只是存在于某个房间的尺寸差异。模块化是建筑业在标准化、系列化、参数化等标准基础上，参考系统工程原理发展起来的一种预制装配式的高级形式。模块化设计的思路是：首先将建筑整体划分为若干层，将功能需求分解为若干个户型模块以及附属模块，再将户型模块以及附属模块分成不同类别构件，然后再将构件按照单元、层等逐级按照"搭积木"式组合成整体建筑。

（三）模块化具体方法

1. 户型内设计

建筑设计师根据户型的功能要求选择相对应的户型，结构设计师根据户型的结构布置，从结构库中选择相对应的结构户型，设备设计师根据户型的功能及结构的设计方案选择设备模块，同时设备设计师与建筑、结构户型进行协调，避免发生构件之间的碰撞。简而言之，设计师要完成户型功能区的划分、受力构件的布置和设备的无碰撞协调。户型内的设计是剪力墙体系模块化设计的基础，是模块化设计过程中工作量最大的环节。标准化、系列化的户型库可以提高协同设计的效率，为模块化精确设计的实施奠定基础。

2. 户型间设计

户型内的设计是完成户型内部功能的划分，保证户型内建筑、结构及设备专业之间的协调设计的准确。户型间设计是指将设计师选择的户型通过能够传递户型功能的结构接口组成建筑单元。建筑系统是构件经过有机整合而构成的一个有序的整体，其中各个户型具有相对的独立功能，相互之间有一定的联系。户型之间把这个共享的构件称之为"接口"，它的作用不但是建筑系统中的一部分，而且是户型之间进行串并联设计的媒介，组合成一个完整的建筑模型。户型间的设计主要是解决接口的有关问题，接口根据构件的共享部位，可以分为重合接口和连接接口两类。重合接口是指共享部分是重合的构件。连接接口是指协同共享的构件没有重合，需要外部构件将其连接。剪力墙住宅体系中，建筑、结构户型之间大部分的接口是重合接口，在设备户型之间的接口主要是连接接口。

另外，根据专业不同，重合部分的构件也有差别。在建筑户型间重合的部分主要有内墙、内隔墙；在结构户型之间重合的部分主要有暗柱、剪力墙。户型之间接口的解决方法通常是：在户型之间阶段的设计，将重合接口中重叠的构件删除其中一个，保证建筑整体的完整性。删除构件应注意的是：两个户型中长短构件重合，留取构件长的，删除构件较短的模型。

3. 标准层设计

标准层的设计是指完成层内部功能的完整性，补充辅助功能内的附属构件，保证层内建筑、结构及设备专业之间协调设计的准确性。标准层设计是指设计师完成的户型间设计通过添加附属构件组成建筑层的设计过程。一般建筑分为地下室、首层、标准层、设备层、顶层等。建筑层是由建筑户型及附属构件组合而成，也是建筑系统的重要部分。标准层设计是将户型之间功能完善。

一个完整的建筑层应包含户型、楼梯间、电梯间、前室、走廊、空调板、水暖井等，另外还包括其他非标准构件。工程项目中户型是业主主要活动的场所，走廊、空调板等可以称为附属构件。在建筑和结构设计中只有将附属构件完善，才能称之为完整的标准层。在设备设计中，走廊含有许多管线，将户型中的管线串并联起来，水暖电的主要干道分布在水暖井里面，因此标准层设计对设备设计显得尤为重要。另外，标准层设计还需解决户型对称问题。一般在建筑设计过程中，考虑承受各种荷载的作用，建筑结构设计的目的就是解决承重构件的受力平衡问题。在结构体系中，对称的结构构件能给人一种坚固稳定的心理暗示。因此，在建筑、结构设计中可以将对称的户型或单元按照某个轴线进行对称复制。不过应该注意，一般复制镜像对称的户型之间有可能存在重合的构件，需要将重合的构件进行处理。在设备设计中复制镜像模型，对称后模型之间会缺少连接接口，需要添加连接构件。

在住宅建筑设计中，一般有首层、标准层、设备层、顶层，其中标准层在建筑中占有绝大部分，在建筑设计中可以先设计标准层。然后对相同类型的建筑层进行复制，不同类型的建筑层在此基础上进行修改，在住宅体系中标准层设计的正确与否关系到一幢建筑的整体设计。此阶段借助 BIM 技术对建筑、结构、设备层模型进行协调设计，实现无碰撞的模型对整体建筑模型很重要，因此建筑层是建筑设计中价值最大的阶段。

4.建筑整体的协同设计

建筑整体的协同设计是指将设计师设计好的建筑标准层、首层、设备层及机房层等，通过添加连接各层的构件及其他附属构件组成完整的建筑系统设计过程，也是将断续的层功能通过构件形成一栋功能完整的建筑，并保证一栋建筑内部建筑、结构及设备之间准确的协调性。建筑整体的协同设计是对标准层功能的完善。

一栋建筑中一般包含标准层、连接标准层的构件。

在标准层的基础上，"积木"式组合成建筑整体，一般主要考虑设备功能的不完整性。每个建筑层和结构层功能都相对独立，能够单独存在。而设备层则不同，主要表现在：设备中管线系统的完整需要管线从上而下或从下而上连接。简单地说，建筑户型设计是一个完整的功能组件，标准层设计是将水平方向的功能组件连接起来，整体的协同设计是将竖向方向功能组件连接在一起，这样建筑整体功能才算完整。建筑整体的协同设计包括专业内协调设计和专业间协调设计。前者是在专业内部进行优化设计及深化设计，依据设计规范满足建筑、结构、设备各专业之间的功能要求；后者是专业之间的碰撞检测及其之后的设计调整，依据设计、施工规范满足业主的功能需求。

协同设计是建筑工程各专业在共同的协作平台上进行参数化设计，从而达到专业上下游之间的信息精确传递，在设计源头上减少构件间的错、漏、碰、缺等，提升设计效率和设计质量。从建筑师的角度看，基于 BIM 的协同设计有利于建筑师把更多的精力投入方案设计中，优化整体设计方案，提高方案的竞争力；协同设计有利于业主、政府等各部门之间的信息交流，加强信息共享，避免信息孤岛的形成，有利于加强设计、生产、施工等各参与方的协作，各部门之间快速进行信息的沟通和反馈，优质、高效地完成建设项目。从社会和业主的角度来看，协同的思想加强了社会对"建筑、人、环境"的理解，促进了业主与建筑师之间的互动，提高了决策的科学性和准确性，为项目投资建设的圆满完成提供了有力保障。

三、标准化 BIM 模型库的建立

为了加快我国装配式住宅标准体系的建立，增加预制组件、构件、部品的标准化、系列化程度，对装配式住宅的设计进行标准化、规范化是非常有必要的。借助 BIM 技术，在多部标准图集以及多个装配式住宅工程实例的基础上，建立标准化的 BIM 模型库，搭建一个开放信息平台，以 BIM 模型库中的标准化集成模型为素材进行装配式住宅的设计，借助 BIM 模型具有可视化、信息集成的优势，优化设计流程，提高设计效率。

标准化 BIM 模型还可以集成产品信息、商家信息等商品化参数信息，有利于市场上下游企业的结合与推广应用。本课题依照装配式混凝土结构国家建筑标准设计系列图集，沈阳市装配式混凝土叠合板、板式楼梯等地方装配式标准图集以及万科春河里、惠民、惠生、洪汇园等装配式住宅实例工程，建立了初具规模的标准化 BIM 模型库。后期可根据市场与客户的需求，在设计标准的引导下，研发设计新的预制装配式构件或组件模型，并经过专家评审及设计优化后，在满足各项规范与标准化设计要求的前提下，纳入 BIM 模型库，实现模型库的不断扩充及更新。

（一）模型库分类标准化

BIM 模型库中的模型来源较广，有来自标准图集，也有来自工程实例的积累。因此模型库中的模型种类数量繁多，如果对其不进行归纳分类，将会显得非常混乱。为了方便模型库的维护更新以及设计师的使用，需要对 BIM 模型库中的模型进行分类管理。

（二）模型精度

精度即为模型的细致程度，定义了一个 BIM 模型从最简单、最低级的粗略模型到信息完善的高级模型的等级表达过程。LOD(精度)这一概念，最先是由美国建筑师协会（AIA）提出的，其目的是为了明确各阶段 BIM 模型的细致程度，为项目参与方提供一个标准。LOD 的提出主要用于两种情况：

确定模型阶段输出结果（Phase Outcomes）和分配建模任务（Task Assignments）。根据 BIM 模型精细程度，通常情况下 LOD 被划分为 100~500 五个等级，描述了模型从概念到竣工的整个过程。LOD 等级的划分为规范 BIM 模型精度提供了依据，但是在实际应用中，不可能所有项目都采用统一的 LOD 等级划分标准，应该根据项目的特点以及目的确定模型精度的等级划分。因此，本课题参照一般情况下的模型精度划分标准要求，针对 BIM 模型库应用于装配式住宅标准化设计这一特点和用途，将库中模型划分为三个等级：

1. 概念模型

简单的空间定位图元，满足建筑体量分析的粗略轮廓模型。可以包含最简单基础的信息，比如体积、面积、单一的材质信息等，一般应用于概念设计阶段。

2. 定义模型

该阶段的模型包含所有相关的诠释资料以及技术性信息，建模精度达到足以辨认出模型类型以及元组件材质。建筑模型应该包含准确的尺寸、面积、体积、方位、材质等信息；结构模型应含有构件的连接方式、构造方法以及钢筋等信息，并达到出 2D 图纸深度；机电模型应包含实际型号的阀门、管件、附件等，并含有必要信息。此阶段模型可以应用于施工进度计划以及可视化。

3. 深化模型

此阶段模型应达到深化施工图层次，应该包含所有生产、施工环节的详细信息，可以包含施工图纸、构件加工图等二维图纸。预制结构构件应包含详细准确的钢筋信息，对预埋件、预留洞口等应准确表达。此阶段模型用 Tekla 软件创建较为合适，主要应用于制造商的加工生产。

由于标准化设计的过程不涉及施工及运维，因此库中模型精度仅达到深化阶段，对于 BIM 模型应该达到的最高级形式，是在建立竣工模型之后，将各种施工、运维的必要信息整合到运维系统中，达到维护模型精度。维护模型为模型的最终形式，是在此模型被完整使用之后，应当达到的细致程度，包含完整全面的属性信息。在施工过程中不断更新添加必要的数据信息，最终建立竣工模型。将后续运营维护阶段所需要的信息添加至模型，比如生产厂商、检修记录等，用于建筑的运营维护。

（三）模型库管理标准化

BIM 模型库的正常运转需要计算机管理系统的支持，管理系统对模型库的创建、维护、更新、权限分配、检索使用等起着非常关键的作用。模型库的管理需要有严格的权限分配机制，对库中模型的上传、编辑、删除、下载等操作进行严格把控。

一般来说，BIM 模型库管理系统将用户分为三种角色：管理员（Adnministrator）编辑员（Editor）、普通用户（User），不同角色设置了不同的访问权限。管理员拥有模型库的最高管理权限，可以指定或撤销编辑员及普通用户的访问权限，负责模型库的日常管理工作；编辑员拥有上传、编辑模型的权限，主要负责库中模型的维护更新工作；普通用户是模型库的主要使用者，拥有查看、下载模型的权限，也就是只能读取不能写入。这些权限的界定是模型库正常运转的前提，避免由于管理混乱而影响正常使用。

模型库在正常使用过程中，由于新增模型的不断入库以及软件版本的不断升级，管理人员需要定期对其进行维护更新，对库中文件版本及时升级，删除废弃模型文件，优化存储空间，做好数据备份以及权限分配管理工作，避免数据出现冗余甚至错误而影响正常使用。除此之外，对库中模型进行命名及编码是模型入库和检索的基础。由于库中模型来自多个工程实例及图集，而且种类数量较多，所以模型的编码具有相当大的难度。本课题拟对模型按照其所在级别、名称、功能属性等进行信息化分类编码，以便人工及计算机的检索使用。模型编码由三段字母数字组成，中间用"-"隔开，格式为：xx-xxxxxxxxxx-xx-xxxxxxxx，第一字段为模型所在二级库的代码，第二字段为模型所在三级库代码，第三字段为模型的特有属性定位信息等。例如，编码"GJ-03-2412x x x x"表示深化构件中尺寸为 2400mm x 1200mm 的叠合板，其中第三字段可根据实际情况增加其他信息的代码表示，例如材质信息、钢筋信息等。由于库中模型信息的复杂性以及种类的多样性，如何实现规范统一的模型编码，还有待进一步研究。

第三节　BIM 技术在装配式建筑中的组合式设计

组合式设计方法是指在对系统功能进行详细分析后，将整个系统的功能按照不同层次分解为独立的、可以进行互换的模块化单元，并依据用户提出的需要，通过对模块单元的选择与汇总，快速组合出不同系列、不同功能、不同使用用途的模块化单元组合形式。

在组合式设计过程中，我们需要对每种功能空间进行详细归类划分，具有相同功能的空间将被组织在同一单元内，通过对模块化单元进行重新组合来实现建筑项目单元到整体的转化过程。组合式设计与预制装配式技术的采用是一个合适的选择，这种方法既能满足用户个性化的需要，又能在一定程度上节省设计时间，提高设计施工等环节的工作效率。基于 BIM 组合式设计方法，是针对装配式住宅所提出的一种新的设计方法。

在满足装配式住宅设计原则的基础上，利用 BIM 技术手段，对传统装配式设计流程进行优化。运用模块组合的思想，在进行系统功能分析基础上，将整个建筑物拆分为不同层次、不同深度、不同功能的模块单元；基于标准化 BIM 模型库，在 BIM 数据平台上进行标准化基础上的多样化组合设计；经过一系列后续的计算分析，保证设计的合理性和实用性，形成基于 BIM 装配式结构组合设计流程，提高设计效率，推动住宅产业化的快速发展。

一、设计整体流程

目前，我国装配式住宅建筑设计是在考虑装配式拆分体系、预制及施工要求的基础上进行的。根据建筑师提供的建筑设计图纸，进行下一步的结构施工图设计及水暖电等专业的施工图设计，期间各专业若发现冲突，可通过协调解决。结构设计是先按照传统现浇结构进行设计，然后按照拆分规范及要求进行拆分设计，最后对拆分构件进一步深化，生成预制构件加工图纸后送至工厂进行加工生产，运至施工现场由施工企业进行现场装配施工。这种装配式的设计流程是在传统现浇设计方法的基础上，增加了构件的拆分及深化设计，虽然设计方法比较成熟，但是仍存在设计精细度不够过程繁琐、协调难度大等问题。

基于BIM技术的装配式住宅模块化设计方法，是在继承传统设计方法的基础上对设计流程进行优化，其最大的特点就是通过BIM模型库的应用，将整个设计流程串联起来，达到提高设计效率的目的。首先运用BIM技术对建筑物进行采光通风等建筑性能分析，选择最佳的户型及住栋平面、立面组合方式。根据建筑模型进行结构部分以及MEP部分的组装，通过BIM与其他专业软件的结合应用，计算分析整体模型的合理性。最后，在BIM模型库中选出相匹配的构件模型进一步深化修改，传递至相关生产厂商进行加工生产。

模块化设计运用的是逆向设计思维，设计师直接按照装配式结构进行组装设计，从户型到住栋平面再到建筑物整体，不同于传统设计的先整体后拆分思想。

BIM技术贯穿模块化设计的全过程，其数据高度集成的特点增加了设计的精细度，减少了设计错误的出现，解决了装配式设计的繁琐性，提高了设计效率。

二、BIM 组合式设计

基于BIM的装配式住宅模块化设计方法是关系住宅工业化程度高低的关键所在，是更好地实现工厂化生产、装配化施工、一体化装修和信息化管理的基础。在设计过程中，由于BIM技术的运用，建筑、结构、水暖电等专业之间的信息交互传递更加方便，建筑物的信息集成度更高。我国的装配式住宅多以剪力墙结构体系为主，因此本节主要从建筑、结构专业对装配式剪力墙结构住宅的模块化设计方法进行分析研究。

（一）建筑专业组合式设计方法

我国装配式剪力墙结构体系的住宅组成具有普遍相似性，一般由地下室、首层、其他主要楼层以及机房层组成。地上大部分楼层平面相似度较大，可能根据需要进行了小范围调整。首层和机房层较其他楼层差异度较高，首层除住户外，还包括入口大堂、其他功能房间等。机房层一般在住宅顶层的上一层，建筑面积较小，一般用于放置电梯主机等机械设备。随着现代建筑设计的发展，经过人们长期的淘汰和筛选，使用者对户型的选择要求已逐渐明确，住宅户型及平面布局的设计已逐渐趋于标准化和规范化。

1. 户型设计。户型是指住宅内部的平面布局形式，是为居住者提供日常起居的空间。户型按面积一般可以分为小、中、大三种户型。其中小户型一般指建筑面积在 50 平方米以下的户型，中户型一般指在 $70{\sim}130m^2$ 之间的户型，大户型一般是指 150 平方米以上的户型。住宅户型由多个功能区组成，一般包括：公共活动区、私密休息区、辅助区等。其中，公共活动区包括客厅、餐厅等；私密休息区包括书房、卧房等；辅助区包括厨房、阳台等。

基于 BIM 的户型模块化设计是利用 BIM 模型库中模数化的功能模块，根据不同的使用功能要求组装成多样化的户型布局，实现模块化、标准化设计以及个性化需求在户型成本和效率兼顾前提下的适度统一。建筑师在进行户型标准化设计时，从 BIM 模型库的二级功能模块库中挑选符合需要的住宅功能模块进行户型内部组合。在组合的过程中，应考虑户型内部功能布局的多样性以及模块之间的互换性和通用性，同时还应考虑使用人群的经济能力、家庭结构等因素。比如保障性住房户型开间较小，在设计中考虑其使用人群特点，按照使用者的家庭结构，对户型进行可变性设计。年轻夫妻式的居住模式初步形成"家"的概念，由于居住人数较少，可设置一间卧室，将次卧改为书房；核心家庭式的居住模式主要以"两代居"和"三代居"为主，家庭构成较为成熟，因此设置三间卧室；老年夫妇的居住模式需要对户型进行适老性改造，增大活动空间。利用 BIM 功能模块库中的模型进行户型组装设计，是实现户型多样化的重要手段。当然，建筑师也可直接在 BIM 建筑户型库中挑选标准户型模型，利用 BIM 模型可视化、参数化的特点，根据需要对户型空间进行简单调整，得到需要的户型。这种方式省去了繁琐的户型模块组装过程，效率较高。但是由于 BIM 户型库中数量限制，可能无法满足设计要求，这时就需要通过功能模块库中的模型进行户型组装设计。满足设计要求后，经专家审核通过可纳入标准化 BIM 户型库作为补充更新。

2. 住栋平面设计。剪力墙结构住宅的住栋平面一般由标准化的户型模块和标准化的核心筒、走廊等模块组成，首层还应包括入口大堂，屋顶应包括机房等。住栋平面的标准化设计是设计师在完成户型设计后，通过添加其他附属模块进行平面组装设计的过程。设计师将组装好的或者从 BIM 户型库中挑选出来的完整户型，在 BIM 数据平台上通过有机结合组装成完整住栋平面，实现标准化基础上的住栋平面多样化布局。

在平面组装过程中应根据地域差异、住宅的性质等因素，合理选择住栋平面布局形式，考虑结构受力以及综合美学因素，应尽量使住栋平面在对称轴左右对称。各个标准户型作为住户的生活单元既是相互独立又具有一定的关联，组成平面的各个标准独立模块之间不可避免地会出现共享部位，一般为内墙或内隔墙，我们称之为"接口"。

接口不仅存在于户型之间，在户型内部各个功能模块之间也存在接口问题。处理好接口部位是平面组合设计的关键所在。本书将接口分为重合接口和连接接口。重合接口是指两个模块之间的共享部位出现重叠的现象。连接接口是指其中一个模块在接口部位是开放的，因此两个模块能够进行完美对接，不会出现多余构件。由于本课题所创建的BIM户型库中的大部分模型都是具有外围构件形成的闭合空间，因此在平面组合过程中接口大多为重合接口，建筑师在平面设计时可合理选择重合接口部位的多余构件进行删除，以实现住栋平面各模块之间的完美对接。

3. 立面设计。住宅立面设计的标准化并不意味着呆板与单一，以组合平面为基础，对立面进行多样化设计，通过色彩变化、部品构件重组等方法形成丰富多样的立面风格，使其与周围环境有很好融合。与普通住宅相比，装配式住宅立面设计最大的特点是通过组装拼合而成，其中包括预制墙体构件、功能性构件等。在这种生产模式下，构件的种类越少，数量越大，成本就越低。因此，为了降低构件成本，提高施工效率，增加构件标准化设计，减少构件种类，设计师在BIM构件库中选择不同风格的预制墙体构件或功能性构件，经过标准构件不同形式的组合，形成复杂多样的立面形式，最终展现出装配式住宅立面设计的多样化。

（二）结构专业组合式设计

建筑专业设计完成后，根据建筑师提供的建筑模型，结构师从BIM结构户型库中选取与之相对应的结构模型进行组装设计。由于结构构件的布置不同，一种建筑标准户型可对应多个结构户型。结构设计师根据规范标准以及经验挑选出合适的结构户型模块进行预设计，加上核心筒、走廊、入口大堂以及机房等辅助模块，在BIM软件平台上预组装成整体楼栋结构模型。在此过程中，设计师可利用BIM的可视化、参数化等优势对结构模型进行调整。

此模型为结构初步设计模型，设计的正确性与合理性还需通过计算分析进一步验证。如何很好地实现BIM软件与结构计算分析软件之间数据的互相传递，是BIM技术在装配式建筑中应用与推广的关键。Robot Structural Analysis作为国外主流BIM结构分析设计软件之一，在国外应用较广。但是由于我国的BIM技术水平较低，该软件在国内的应用较少。

目前，我国的主流结构设计软件都在积极开发与BIM软件相关的数据接口程序，实现模型数据的互导，比如PKPM开发了与Revit软件转换接口程序P-trans，盈建科开发了与Tekla Revit等软件的接口转换程序，并且推出了Revit平台中的YJK结构插件，实现了荷载数据的传递，Revit软件中施工图的绘制以及钢筋模型的自动生成，提高了设计效率。按照标准化结构设计流程，将创建好的结构初步设计模型，通过Revit软件中的外部接口程序，导入盈建科软件中进行结构整体性能分析。若分析计算结果符合国家规范的规定，且计算得到配筋结果与选定的结构构件的配筋信息相匹配，则可在此模型基础上完成后续工作。若计算结果不符合设计要求，则需要返回 BIM 模型中进行修改，再重复进行结构计算的工作，直到计算分析结果通过，得到符合设计要求的结构模型。

（三）设备安装专业组合式设计

BIM 领域中的设备模块包含水暖电三个专业，为了方便设备工程师进行 BIM 设计工作，Autodesk 公司开发了 Revit MEP 软件，MEP（ Mechanical Electrical Plumbing ）为机械、电气、管道三个专业的英文缩写，2012 版本之后，Revit MEP、Archiecture、Structure 三个独立软件合并为 Revit 一个软件，MEP 变成了 Revit 中的一个模块，主要用于水暖电专业的设计工作，本书所研究的设备专业标准设计方法是基于此软件模块进行的。

设备专业的标准化设计，是在建筑模型设计完成之后与结构设计同时进行，延续了建筑、结构设计的模块化思想，建筑户型的设计决定了 MEP 的模型方案。设计师根据建筑户型样式，在 BIM 设备模型库中挑选与之相对应的水暖电模型载入建筑模型中，在 BIM 软件中经过微调使之与建筑户型相适应。电气专业涉及户型内部各种电气配件的精确位置，比如插孔插座、电箱、预埋电气线管、预留线孔等，在设计过程中应考虑预制深化构件的选择问题，确保由各构件拼装完成的户型与电气模型相匹配。

利用复制、镜像、旋转等操作完成所有户型内部 MEP 模型的设计。由于户型外部公共区域的水暖电设计情况较为多变，又涉及与立管以及多个户型内部管线的对接，不宜利用标准化的模型进行直接放置，因此需要根据实际情况在 BIM 软件中进行手动绘制，然后将每层的各横管进行有效连接，在相应位置绘制立管，将每层管道系统连接为建筑物内部的整体模型。在设计过程中，要对水暖管线进行水流分析计算，对电气模型进行电力负荷计算，确保设计的合理性。如有不合理之处，需要返回 BIM 模型进行修改调整。通过碰撞检查不断调整碰撞管线位置，避免在施工过程中发生碰撞出现无法安装的情况，最终达到符合设计要求且无碰撞的整体设备模型。

三、专业协同设计

BIM 协同设计是指建筑工程的各个专业在共同的信息平台上进行参数化设计，减少信息传递过程中的信息孤岛，保证各专业之间信息传递的准确性，从源头上减少甚至避免错、漏、碰、缺等现象，提升设计效率和质量。一般来说，BIM 协同设计分为两种方式：一种是各专业设计人员之间在同一个 BIM 协作平台上进行实时协同设计，比如 Revit 中利用工作集在同一个中心文件中进行各专业协同设计；另一种可能由于时间、地点等限制因素，实现实时协同设计比较困难，因此可以在各专业独立设计之后，通过模型连接的方式将所有设计模型整合到同一BIM平台进行协同，并进行各专业之间以及专业内部之间的综合协调优化。

从目前来看，比较常用的是第二种整体协同设计方法。本书所研究的整体协同设计采用的是第二种方法，在完成建筑、结构、设备各专业模块化设计之后，将所有专业模型进行整合，在共同的BIM协作平台上进行建筑物整体的协同设计，对各专业内部进行调整和优化，使各专业设计成果符合相关规范和使用功能要求，对各专业之间进行碰撞检查和调整。比如利用Navisworks软件检查设备模型与结构模型之间的冲突，根据规范要求对碰撞模型进行调整，使其满足实际安装要求，避免在现场安装施工过程中出现问题，影响工期，增加成本。

基于BIM技术的整体协同设计，加强了各专业内部以及各专业之间的沟通协调，减少了传统二维设计由于相互之间的独立性而产生的设计冲突问题，有利于设计、生产、施工等各项目参与方之间的信息交流与反馈，提高了决策的科学性和准确性，为项目投资建设的圆满完成提供了有力保障。

四、基于BIM的构件拆分

在装配式建筑中要做好预制构件的"拆分设计"，俗称"构件拆分"。实际上，正确的做法是前期策划阶段就要专业介入，确定好装配式建筑的技术路线和产业化目标。在方案设计阶段根据既定目标，依据构件拆分原则进行方案创作。这样才能避免方案的不合理导致后期技术经济的不合理，避免由于前后脱节造成的设计失误。通过构件拆分，可以对预制墙板的类型数量进行优化，减少预制构件的类型和数量。

由于组合式设计是以户型为基本单元进行设计，因此在整体设计完成后，需要按照相关拆分规则将户型以及其他附属模块进行拆分为多个构件单元，以便为之后的构件深化设计及生产提供有效信息。在模型拆分过程中，除了应该满足相关规定外，还应充分遵守有关要求，在模数协调的基础上拆分构件，遵循"少规格，多组合"原则，形成预制构件BIM模型的标准系列化，协调建设、设计、制作、施工各方之间的关系，加强建筑、结构、设备、装修等专业之间的配合。

设备的预埋、生产模具的摊销、构件的吊装、塔吊的附着、构件的运输等，这些设计、生产、施工问题也要在构件拆分的过程中予以考虑。综合分析设计各方面，如果所拆分构件的制作和施工都有困难，就应避免拆分。构件拆分除了满足建筑相关规范的前提，还应考虑工程造价问题，在提高预制率的同时尽可能降低建设成本。

完成构件的拆分后，按照所拆分出来的预制构件外形尺寸、混凝土标号、钢筋信息等参数，在BIM构件库中挑选匹配度最高的构件模型，进行下一步的模型构件深化设计阶段。基于BIM的构件拆分与挑选，相比于传统二维拆分设计，具有可视化、集成化的特点。在三维模式下不仅能更加直观地对预制构件进行表达，而且其信息高度集成的特点，可以将构件的参数信息传递至构件生产制作阶段，甚至装配施工阶段。Revit 系列软件与 Tekla 软件均具有构件拆分（切分）功能，本节我们主要采用 Tekla Structures 软件作为研究工具，探究基于 BIM 的组合式住宅模型构件拆分方法。

可以看出，基于 BIM 技术的装配式住宅组合式设计方法，相较于传统设计流程的优势，是借助 BIM 技术可视化、参数化、数据集成度高以及模型图纸关联的诸多特点，实现装配式住宅标准化基础上的多样化组合，使装配式住宅的设计效率得到提高。借助 BIM 模型数据信息传递的准确性和时效性，一定程度上推动了住宅产业化的发展，并且本章对基于 BIM 的装配式住宅组合设计方法研究对后续进行的 PC 构件深化设计起着决定性作用。

五、BIM 在装配式建筑中的应用流程

（一）方案设计阶段

技术在该阶段的应用主要集中在空间规划、可持续设计分析、法规检测几个方面。设计人员在方案设计中除了通过 BIM 技术的 3D 可视化功能特性进行设计，更重要的是通过 BIM 技术对现实信息数据的收集、整合、分析，对设计决策提供参考，使设计方案更具合理性。建筑专业基于概念设计交付方案并考虑装配式拆分体系、预制及施工要求进行设计准备，并提供给结构专业与机电专业人员。之后所有专业开展基于 BIM 模型的方案设计、初步设计、施工图设计工作。

在此过程中，各专业内部及专业间将基于统一的 BIM 模型完成所需的综合协调，BIM 模型以及通过 BIM 模型及生成的二维视图将同时交付归档。

1.空间规划

空间特性主要归为场地分析、建筑造型、建筑景观、交通流线等方面。其中，场地分析是进行规划设计的首要条件。对建筑造型的设计不仅要从美观、实用、经济的角度考虑，还要考虑当地文化传统，从城市规划宏观的角度进行设计。除开对建筑本身的设计，建筑外部景观设计也需要从文化传统、气候条件、可持续发展等方面进行考虑。进行建筑设计时，合理的交通流线可以保证使用者的便利性以及安全性，对于建筑设计有很大的意义。

2.场地分析

在规划阶段，BIM 技术可以对装配式建筑项目现有基地和周边的地形地貌、植被、气候条件等因素进行分析，便于设计人员对项目的整个地形有一个整体直观的了解，从而为后续方案设计中确定装配式建筑的空间方位、建筑与周边地形景观的联系等奠定良好的基础。项目开始阶段，最重要的就是掌握场地信息。可以通过 BIM 与地理信

息系统（Geographie Information System，简称 GIS）相结合的办法，第一时间将场地分析的成果可视化，包括场地的高差、坡度等。

（二）优化设计

BIM 技术的计算系统，使其与传统建筑物理分析软件相比，能提供给设计师更多的实用性。与传统绿色建筑分析软件相比，BIM 技术的分析可以整合整个建筑周期内的信息，通过可视化、BIM 管线综合等手段多方面优化整个项目过程。用 BIM 模型可以直接对建筑物理环境进行分析。如果要进行分析反馈的设计，则需要将模型导入传统分析软件里，如 Eecoteet Analysis、Weather Tools 等。BIM 模型与传统建构模型相比，优势在于模型所反馈信息的时效性和参数化建构便于实时修改并直接生成变化的特点。这样直观的结果呈现，可以方便设计师增强对项目的整体把控。

1.GFD

运用流体力学（CFD-Computing Fluid Dynamic）分析建筑室内外气流情况和温度场，这一方法主要用来模拟建筑或建筑群周围的风环境，从而改善建筑的外形和尺寸等。工业化住宅设计对这一运用比较频繁，如根据风场情况考虑是否在建筑外部添加阳台、露台等空间。因此，风环境的分析和对项目的反馈分析可以通过这一方法实现。

2.Ecotect Analysis

Ecotect 软件与BIM 软件之间的数据一定程度上也是相通的。它们均可以根据日照、采光等因素对建筑的采光环境进行分析，从而帮助设计者设计出拥有更好空间体验的建筑。Ecotect 软件中收集了各种采光条件和地区的采光情况，可以直接将建筑放入特定环境、地点进行模拟。Ecotect 与 Radiance（美国能源部下属的劳伦斯伯克利国家实验室于 20 世纪 90 年代初开发的一款建筑室内采光和照明模拟软件）一起运用也可以验证所设计建筑的内采光环境条件。

（三）深化设计阶段

深化设计阶段是装配式结构建筑实现过程中的重要一环，起到承上启下的作用。通过深化阶段的实施，将建筑的各个要素进一步细化成单个的，包含钢筋、预埋的线盒、线管和设备等全部设计信息的构件。与普通建筑不同，在方案设计阶段后期，对装配式建筑进行深化和优化，包括构件尺寸优化、构件拆分、构件深化、构件配筋、碰撞检测等方面。在深化设计阶段，BIM 技术主要通过其可视性、参数性、联动性对深化进行辅助设计。

1. 构件拆分

在目前装配式建筑中，常采用的结构体系是竖向承重和水平抗侧力系统，由现浇钢筋混凝土剪力墙和预制钢筋混凝土墙板构成，预制墙板之间、预制墙板和现浇墙板之间通过现浇节点进行连接成为整体。以建立"族"库的方式，对装配式建筑的构件进行拆分并管理。对构件的管理和修改也就是对与之对应的"族"进行管理和修改。通过把"族"进行组装成总装模型，可以对构件之间相互拼接有一个直观地检查。

2. 构件深化

构件深化过程包括许多工作，根据前期构件的拆分，对构件进一步进行形体优化、钢筋配置、碰撞检测等。此阶段对于构件的设计精度要求已达到钢筋级别，在此阶段内采用人为识图的方式已经成为不可能，需要借助 BIM 的可视化技术进行辅助设计。

3. 构件出图

项目中数量巨大的预制构件和建筑部品，对于预制构件图纸的生产，BIM 技术的联动性尤为重要。通过 BIM 技术可在一定程度上实现图纸生成自动化。

4. 碰撞检测

利用 BIM 平台对模型进行碰撞检测，分为两部分。第一阶段，首先进行构件间的碰撞检测：主要是竖向连接钢筋与对应的套筒空腔、水平连接钢筋、叠合板侧胡子筋和墙柱梁构件的竖向钢筋碰撞，构件间管线的连接点是否一致，建筑外饰层间的防水构造是否搭接可靠等。第二阶段，构件内部的碰撞检测，钢筋之间的碰撞、钢筋与预埋件间的碰撞、钢筋与管线盒间的碰撞等。此时，应尽量调整水平和竖向连接以外的配件。根据检测结果对各个要素进行调整，进一步完善各要素之间的关系，并利用 BIM 模型直接出构件深化详图。图纸应包括构件尺寸图、预埋定位图、材料清单表、构建三维视图等。

（四）构件生产阶段

生产管理人员根据 BIM 构件模型的材料归类整合信息，实现与财务系统对接，精确控制物料的统计、归类、采购和用量。根据工厂设备条件利用 BIM 模型设计模具，根据 BIM 模型三维可视图结合 CAD 图纸指导工人施工、下料、组装。通过 BIM 技术能够完整地将建筑设计阶段的信息传递到构件生产阶段，项目设计阶段所创建的构件三维信息模型，可以达到构件制造的精度，直接为生产制造阶段提供有效数据的提取。再加上 BIM 模型信息的时效性强，对构件生产所需数据能够及时得到更新。

BIM 技术在精度和时效性方面的优势，让构件制造的精益生产技术更加容易实现。通过精益制造的相关理论和 BIM 技术相结合，让 BIM 技术对信息集中管理利用的优势更加明显。我们还可以借助精益建造平台基于物联网和互联网，将 RFID 技术、BIM 模型、构件管理整合在一起，实现信息化、可视化构件管理，保证住宅建筑项目全生命周期中的信息流更加准确、及时、有效。我们可以运用 RFID 芯片技术，把 BIM 构件的模型和现实构件相互配套成组，这样就使统一管理模型成为了现实。生产构件时，通过手持设备将构件的信息从生产、质检、入库、出库等阶段扫码录入构件信息库。例如在构件生产时，操作人员在手持设备上，将构件的产品类型、规格编号等信息填好，再扫描构件中的芯片 ID，通过网络上传到数据库。管理人员登录平台后，可以在管理的界面中查看构件的各种信息。同样，在质检环节中，操作人员将检查出的问题（如构件边缘有毛刺、构件有裂缝等）通过手持设备传递到平台，供管理人员查看管理。之后构件在入库、出库等环节也遵循同样的操作模式，构件的全部生产信息可以在平台上查看。其中，在构件生产阶段又分为三个阶段：构件生产前准备阶段、构件生产阶段、构件生产后入库阶段。

1. 构件生产前准备阶段

BIM 技术精细的构件模型信息，可以使生产部门在更短的时间内进行建造构件的材料和技术准备，更早地制订出生产计划并且空出成型产品储存的位置等，避免在构件生产过程中错误的产生。

2. 构件生产阶段

设计人员将深化设计阶段完成的构件信息传入数据库，构建信息会自动转变成生产机械识别的格式并马上进入生产阶段。通过控制程序形成的监控系统，会一直出现在构件生产的整个过程中。一旦出现生产故障等非正常情况，便能够及时反映给工厂管理人员，管理人员便能迅速地做出相应措施，避免损失。在这个过程中，生产系统会自动对预制构件进行信息录入，记录每一块构件的相关信息，如所耗工时数、构件类型、材料信息、出入库时间等。

3. 构件生产后入库阶段

通过 RFID 技术，模型与实际构件一一对应，项目参与人员可以对构件数据进行实时查询和更新。在构件生产的过程中，人员利用构件的设计图纸数据直接进行制造生产，通过对生产构件实时检测，与构件数据库中的信息不断校正，实现构件的自动化和信息化。已经生产的构件信息的录入，为构件入库、出库信息管理提供了基础，也使后期订单管理、构件出库、物流运输变得实时而清晰。而这一切的前提和基础，是依靠前期精准的构件信息数据以及同一信息化平台。所以，BIM 技术对于构件自动化生产、信息化管理具有不可或缺性。在施工过程中，操作人员将构件的库存状态、吊装信息、安装情况、成品检验等情况及时录入并上传更新数据库，通过管理平台查看数据信息，使施工管理人员对项目的整体进度安排有了精确的数据支持。最后直到构件安装完毕，项目建成。基于最终的构件信息，形成了包含整个生命周期的 BIM 模型。通过对 BIM 模型信息的管理，业主方可以方便地查看构件，甚至整个项目的运维状态，为之后的检测维修提供方便。

（五）建造施工阶段

装配式项目与传统项目最大的不同之处就在于施工自动化、机械化，能够很好地完成机械化施工是建筑工业化的实质。所以，装配式项目的建造施工阶段，对于施工工艺和施工进度要求比传统项目高出很多，需要快速准确构件定位，高质量地安装，需要新的技术支持，需要新的管理方法，而 BIM 技术恰好能够实现这一点。

在 BIM 模型的设计阶段，引入施工进度的时间信息能得出具有时间属性的 4D 模型，通过 4D 模型可以实现对工程进度的可视化管理。不仅如此，通过 BIM 模型和 RFID 技术结合，可以提前对施工场地进行布置，确保施工有序开展。BIM 的信息共享机制，可以有效避免信息传递过程中信息丢失的状况发生，从而可以有效地提高施工过程中管理效率和最后完成构件的质量。

RFTD 技术、云端技术的引用，使施工指导人员可以在远程进行施工指导，帮助现场人员对构件的定位、吊装，也可以实时地查询吊装构件的各类参数属性、施工完成质量指示等信息，再把竣工数据上传至项目数据库，便可以实现施工质量的记录可追溯查询。利用 BIM 技术模拟施工过程，确定场地平面布置、制定施工方案、确定吊装顺序，进而决定预制构件的生产顺序、运输顺序、构件堆放场地等，实现施工周期的可视化模拟和可视化管理，为各参建方提供一个通畅、直观的协同工作平台，业主可以随时了解、监督施工进度并降低建筑的建造和管理成本。

（六）运营维护阶段

在 BIM 应用流程中，最主要的就是构件实际信息与虚拟信息的一致性。通过两者间信息相互传递、更新，使虚拟模型达到"所见即所得"的真实程度，也是后期通过 BIM 模型进行运营维护的基础。在此基础上结合 FM（Facility Management）相关技术，业主方或者管理人员通过对 BIM 模型的检查更新，可以对实际项目进行构件维护、设备管道检测、住宅小区智能管理等。BIM 模型中的构件修改具有即时性和准确性，修改的构件会很快在模型中得到反映，能够更有效率地向修改人员提供可视化指导。

第五章 绿色建筑设计的基本理论

城市规划是城市建设的总纲，建筑设计是落实城市规划的重要步骤。因此绿色建筑设计必须在城市规划的指导下，充分考虑城市、环境等诸多因素。本章将对绿色建筑设计的内容与要求、绿色建筑设计的程序与方法进行系统阐述，在满足建筑基本设计规范的基础上，实现绿色建筑集成化设计目标。

第一节 绿色建筑设计的依据与原则

一、绿色建筑设计的依据

（一）人体工程学和人性化设计

绿色建筑不仅仅是针对环境而言的，在绿色建筑设计中，首先必须满足人体尺度和人体活动所需的基本尺寸及空间范围的要求，同时还要对人性化设计给予足够的重视。

1. 人体工程学

人体工程学，也称人类工程学或工效学，是一门探讨人类劳动、工作效果、效能的规律性的学科。按照国际工效学会所下的定义，人体工程学是一门"研究人在某种工作环境中的解剖学、生理学和心理学等方面的各种因素；研究人和机器及环境的相互作用；研究人在工作中、家庭生活中和休假时怎样统一考虑工作效率、人的健康、安全和舒适等问题的学科"。

建筑设计中的人体工程学主要内涵是：以人为主体，通过运用人体、心理、生理计测等方法和途径，研究人体的结构功能、心理等方面与建筑环境之间的协调关系，使得建筑设计适应人的行为和心理活动需要，取得安全、健康、高效和舒适的建筑空间环境。

2. 人性化设计

人性化设计在绿色建筑设计中的主要内涵为：根据人的行为习惯、生理规律、心理活动和思维方式等，在原有的建筑设计基本功能和性能的基础之上，对建筑物和建筑环境进行优化，使其使用更为方便舒适。换言之，人性化的绿色建筑设计是对人的生理心理需求和精神追求的尊重和最大限度地满足，是绿色建筑设计中人文关怀的重要体现，是对人性的尊重。人性化设计意在做到科学与艺术结合、技术符合人性要求，现代化的材料、能源、施工技术将成为绿色建筑设计的良好基础，并赋予其高效而舒适的功能。同时，艺术和人性将使得绿色建筑设计更加富于美感，充满情趣和活力。

（二）环境因素

绿色建筑的设计建造是为了在建筑的全生命周期内，适应周围的环境因素，最大限度地节约资源，保护环境，减少对环境的负面影响。绿色建筑要做到与环境的相互协调与共生，因此在进行设计前必须对自然条件有充分的了解。

1.气候条件

地域气候条件对建筑物的设计有最为直接的影响。例如：在干冷地区建筑物的体型应设计得紧凑一些，减少外围护面散热的同时利于室内采暖保温；而在湿热地区的建筑物设计则要求重点考虑隔热、通风和遮阳等问题。在进行绿色建筑设计时应首先明确项目所在地的基本气候情况，以利于在设计开始阶段就引入"绿色"的概念。

日照和主导风向是确定房屋朝向和间距的主导因素，对建筑物布局将产生较大影响。合理的建筑布局将成为降低建筑物使用过程中能耗的重要前提条件。如在一栋建筑物的功能、规模和用地确定之后，建筑物的朝向和外观形体将在很大程度上影响建筑能耗。在一般情况下，建筑形体系数较小的建筑物，单位建筑面积对应的外表面积就相应减小，有利于保温隔热，降低空调系统的负荷。住宅建筑内部负荷较小且基本保持稳定，外部负荷起到主导作用，外形设计应采用小的形体系数。对于内部发热量较大的公共建筑，夏季夜间散热尤为重要。因此，在特定条件下，适度增大形体系数更有利于节能。

2.地形、地质条件和地震烈度

对绿色建筑设计产生重大影响的还包括基地的地形、地质条件以及所在地区的设计地震烈度。基地地形的平整程度、地质情况、土特性和地耐力的大小，对建筑物的结构选择、平面布局和建筑形体都有直接的影响。结合地形条件设计，保证建筑抗震安全的基础上，最大限度地减少对自然地形地貌的破坏，是绿色建筑倡导的设计方式。

3.其他影响因素

其他影响因素主要指城市规划条件业主和使用者要求等因素，如航空及通信限高、文物古迹遗址、场所的非物质文化遗产等。

（三）建筑智能化系统

绿色建筑设计中不同于传统建筑的一大特征就是建筑的智能化设计，依靠现代智能化系统，能够较好地实现建筑节能与环境控制。绿色建筑的智能化系统是以建筑物为平台，兼备建筑设备、办公自动化及通信网络系统，是集结构、系统服务、管理等于一体的最优化组合，向人们提供安全、高效、舒适、便利的建筑环境。而建筑设备自动化系统（BAS）将建筑物、建筑群内的电力、照明、空调、给排水、防灾、保安、车库管理等设备或系统构成综合系统，以便集中监视、控制和管理。

建筑智能化系统在绿色建筑的设计、施工及运营管理阶段均可起到较强的监控作用，便于在建筑物的全寿命周期内实现控制和管理，使其符合绿色建筑评价标准。

二、绿色建筑设计的原则

绿色建筑是综合运用当代建筑学、生态学及其他技术科学的成果，把建筑看成一个小的生态系统，为使用者提供生机盎然、自然气息浓厚、方便舒适并节省能源、没有污染的建筑环境。绿色建筑是指能充分利用环境自然资源，并以不破坏环境基本生态为目的而建造的人工场所。所以，生态专家们一般又称其为环境共生建筑。绿色建筑不仅有利于小环境及大环境的保护，而且将十分有益于人类的健康。为了达到既有利于环境，又有利于人体健康的目的，应坚持以下原则。

（一）坚持建筑可持续发展的原则

规范绿色建筑的设计，大力发展绿色建筑的根本目的，是为了贯彻执行节约资源和保护环境的国家技术经济政策，推进建筑业的可持续发展，造福于千秋万代。建筑活动是人类对自然资源、环境影响最大的活动之一。我国正处于经济快速发展阶段，资源消耗总量逐年迅速增长。因此，必须牢固树立和认真落实科学发展观，坚持可持续发展理念，大力发展绿色建筑。发展绿色建筑应贯彻执行节约资源和保护环境的国家技术经济政策。实事求是地讲，我国在推行绿色建筑的客观条件方面，与发达国家存在很大的差距。坚持发展中国特色的绿色建筑是当务之急，从规划设计阶段入手，追求本土、低耗、精细化，是中国绿色建筑发展的方向。制定相关规范的目的是规范和指导绿色建筑的设计，推进我国的建筑业可持续发展。

（二）坚持全方位绿色建筑设计的原则

绿色建筑设计不仅适用于新建工程绿色建筑的设计，同时也适用于改建和扩建工程绿色建筑的设计。城市的发展是一个不断更新和变化的动态过程，在这种新陈代谢的过程中，如何对待现存的旧建筑成为亟待解决的问题。其中包括列入国家历史遗址保护名单的旧建筑，还包括大量存在的虽然仍处于设计寿命期，但功能、设施、外观已不能满足当前需要，根据法规条例得不到保护的一般性旧建筑。随着城市的发展日趋成熟与饱和，如何在已有的限制条件下为旧建筑注入新的生命力，完成旧建筑的重生成为热点问题。城市化要进行大规模建设是一个永恒的课题。对城市旧建筑进行必要的改造，是城市发展的具体方式之一。世界城市发展的历史表明，任何国家城市建设大体都经历 3 个发展阶段,即大规模和新建阶段、新建与维修改造并重阶段,以及主要对旧建筑更新改造再利用阶段。工程实践充分证明,旧建筑的改建和扩建不仅有利于充分发掘旧建筑的价值、节约资源,而且还可以减少对环境的污染。在我国旧建筑的改造具有很大的市场,绿色建筑的理念应当应用到旧建筑的改造中去。

(三)坚持全寿命周期的绿色建筑设计原则

对于绿色建筑必须考虑到在其全寿命周期内,节能、节地、节水、节材、保护环境、满足建筑功能之间的辩证关系,体现经济效益、社会效益和环境效益的统一。建筑从最初的规划设计到随后的施工、运营、更新改造及最终的拆除,形成一个时间较长的寿命周期。关注建筑的整个寿命周期,意味着不仅在规划设计阶段充分考虑并利用环境因素,而且确保施工过程中对环境的影响最低,运营阶段能为人们提供健康、舒适、低耗、无害的活动空间,拆除后又对环境危害降到最低。绿色建筑要求在建筑的整个寿命周期内,最大限度地节能、节地、节水、节材与保护环境,同时满足建筑功能。

工程实践证明,以上这些方面有时是彼此矛盾的,如为片面追求小区景观而过多地用水,为达到节能单项指标而过多地消耗材料,这些是不符合绿色建筑理念的;而降低建筑的功能要求、降低适用性,虽然消耗资源少,也不是绿色建筑所提倡的。节能、节地、节水、节材、保护环境及建筑功能之间的矛盾,必须放在建筑全寿命周期内统筹考虑与正确处理,同时还应重视信息技术、智能技术和绿色建筑的新技术、新产品、新材料与新工艺的应用。绿色建筑最终应能体现出经济效益、社会效益和环境效益的统一。

(四)必须符合国家其他相关标准的规定

绿色建筑的设计除了必须符合《绿色建筑设计规范》外,还应当符合国家现行有关标准的规定。由于在建筑工程设计中各组成部分和不同的功能,均已经颁布了很多具体规范和标准,在《绿色建筑设计规范》中不可能包括对建筑的全部要求。因此,符合国家的法律法规与其他相关标准是进行绿色建筑设计的必要条件。

在《绿色建筑设计规范》中未全部涵盖通常建筑物所应有的功能和性能要求,而是着重提出与绿色建筑性能相关的内容,主要包括节能、节地、节水、节材与保护环境等方面。因此建筑方面的有些基本要求,如结构安全、防火安全等要求,并未列入《绿色建筑设计规范》中。所以设计时除应符合本规范要求外,还应符合国家现行的有关标准的规定。

三、大数据角度下绿色建筑技术

（一）绿色建筑的基本内涵

1. 保证日光照射，降低噪音

在室内，如果日常日光照射能够满足照明需求，就能够降低照明设备在白天的使用，能够降低对电力资源的使用，从而降低能源消耗。并且，日光光色好，并且无污染，是室内绿色光环境的重要组成部分。健康的光环境应在不同时间、不同地点都不影响日光的品质。同时，声环境对于人体身心的影响也是非常大的。绿色建筑中应强调健康、绿色的声环境，减少周围的噪音污染，在墙壁材料中加入较强的隔音材料。

2. 保证室内温度舒适

舒适的室内温度影响着人们生活的舒适程度和工作效率。在普通的建筑工程中，一般采用空调系统来维持室内的舒适温度。但是在空调系统运行的过程中会消耗大量的能量，对大气层也存在着破坏。绿色建筑既要使室内温度舒适、健康，也要注重对风能和太阳能等清洁能源的使用，并分析当地气候和建筑内部环境的变化产生的温度变动，从而实现建筑物内部环境的舒适与健康。

（二）大数据对绿色建筑技术的意义

1. 大数据的特征

大数据是指巨量数据的集合，这种数据集合无法在一段时间之内使用常规软件、硬件进行分析、处理和管理。所以，这种数据需要新的处理模式才能具有比较大的决策力、洞察力，并使用更优秀的算法来优化流程，从而实现对海量数据的分析。总的来说，它具备以下五个特点：数据体量巨大、数据类型多、价值密度低、真实性强、处理速度快。

2. 绿色建筑的技术选择原则

绿色建筑的技术选择要基于社会的发展水平和发展目标，建筑所在的环境也会对技术选择产生影响。所以，选择技术时必须考虑地区的经济承载能力，并寻求绿色建筑设计—周围环境—技术选择这三者之间的平衡。因此，都遵循以下几个原则，进行技术选择。

（1）适宜性原则

对于我国这种幅员辽阔、气候特点多样的国家而言，在不同地区建设绿色建筑时，所使用的技术必须要与该地区的环境、气候相符合，这就使得在我国绿色建筑的技术选择是复杂而且多样的。同时，由于不同地区经济发展不平衡，有些地区可能担负不起绿色建筑的建设费用。因此，选择技术时，必须考虑到环境和经济情况。

（2）经济性原则

选择绿色建筑时，必须仔细分析绿色建筑在使用全过程中的成本。因此，不仅要考虑前期的修建费用，后期的维护、运营也要纳入到考虑范围内。同时，绿色建筑在选择技术时要避免对先进性的片面追求，必须要保证整个建筑能有一个好的整体效果，从而保证地区可以承受整个使用周期内的建筑成本。

（3）整体性原则

选择绿色建筑的技术时，需要妥善考虑建筑周边的环境、其他建筑、建筑内部的结构，从而整体地对建筑进行设计。不能只是从节能一个角度出发，而忽视周边环境、室内空间等方面，一定要从整体出发，对技术和设计进行优化。

3. 大数据对绿色建筑技术选择的影响

对绿色建筑使用技术进行选择时，要通过定性分析、定量分析两个方法，展开选择工作。定性分析主要是对绿色建筑的适宜技术进行类比，并根据过往的工作经验，从性质上对技术进行筛选。使用定量分析时，就需要使用计算机软件，建立数学模型，对使用不同技术后建筑运营、维护等情况进行对比，做出技术的选择。使用大数据分析，可以让定性分析变得更加客观，比如对已经完工的绿色建筑技术进行统计，能够有效的反应不同技术在不同条件下的使用效果。比如某个技术在一个气候区域内使用的比较广泛，就可以确定这个技术比较适合这种气候。如果一些技术在经济欠发达地区效果很差，则证明这个技术并不适合经济欠发达地区。并可以根据定量分析，确定不适合的原因，从而对一个建筑工程进行技术调整。

（三）优化大数据对绿色建筑技术选择的措施

1. 设计师团队的网络化

传统的建筑设计，都是由专门的设计团队对整个建筑进行设计。设计师往往可以结合已有的经验和方法，实现优秀的设计。但是，这种设计途径的成本非常高。而且设计部门为了了解民众需求进行反复推敲，也同样会花费很多时间。更重要的是，这样的模式需要大量的资金支持，对于缺少资金的地区而言，是很难进行的。所以，可以在网上对建筑设计进行征集，让民众给出自己的设计想法，大数据就可以对这些投稿进行有效的分析，并进行比对，更好地反应人们的需求，辅助设计人员的工作，在降低设计成本的同时，还可以有效提升设计效率和效果。

2. 绿色建筑的节能设计

在对绿色建筑的技术进行选择时，需要有效避免不同子系统单独运行，以免影响整个建筑的协调运转。通过使用大数据，可以有效地构建建筑物的内部控制，对智能家居等各个体系的能耗，以及建筑外部的情况变化进行有效的收集和推测，并建立数学模型对建筑物的整体能耗进行有效的分析。根据这些分析结果，就可以有效地指导技术选择，从而降低绿色建筑的能耗。

3.提升绿色建筑的气候适应性

大数据能够对不同的绿色建筑进行有效的分析，根据不同气候建筑的设计风格、技术选择，有效的发现建筑物与地区发展情况之间的关系。比如建筑物的空间结构、构造样式、地区风格差异，等等。分析结果，能够在选择技术时提供有效的帮助。通过大数据进行计算机模拟，可以有效的展示在一个气候环境中某一项技术对受到环境的作用以及对周边环境的影响程度，从而有效地分析出该技术对环境的适应性。最后对技术进行正确的选择，提升绿色建筑建设的意义。

第二节　绿色建筑设计的内容与要求

一、绿色建筑设计的内容

绿色建筑的设计内容远多于传统建筑的设计内容。绿色建筑的设计是一种全面、全过程、全方位、联系、变化、发展、动态和多元绿色化的设计过程，是一个就总体目标而言，按照轻重缓急和时空上的次序先后，不断地发现问题、提出问题、分析问题、分解具体问题、找出与具体问题密切相关的影响要素及其相互关系，针对具体问题制定具体的设计目标，围绕总体的和具体的设计目标进行综合的整体构思、创意与设计。根据目前我国绿色建筑发展的实际情况，一般来说，绿色建筑设计的内容主要概括为综合设计、整体设计和创新设计三个方面。

（一）绿色建筑的综合设计

所谓绿色建筑的综合设计是指技术经济绿色一体化综合设计，就是以绿色设计理念为中心，在满足国家现行法律法规和相关标准的前提下，在进行技术上的先进可行和经济的实用合理的综合分析的基础之上，结合国家现行有关绿色建筑标准，按照绿色建筑的各方面的要求，对建筑所进行的包括空间形态与生态环境、功能与性能、构造与材料、设施与设备、施工与建设、运行与维护等方面内容在内的一体化综合设计。在进行绿色建筑的综合设计时，要注意考虑以下方面：进行绿色建筑设计要考虑到建筑环境的气候条件；进行绿色建筑设计要考虑到应用环保节能材料和高新施工技术；绿色建筑是追求自然、建筑和人三者之间的和谐统一；以可持续发展为目标，发展绿色建筑。

绿色建筑是随着人类赖以生存的自然界，不断濒临失衡的危险现状所寻求的理智战略，它告诫人们必须重建人与自然有机和谐的统一体，实现社会经济与自然生态高水平的协调发展，建立人与自然共生共息、生态与经济共繁荣的持续发展的文明关系。

（二）绿色建筑的整体设计

所谓绿色建筑的整体设计是指全面全程动态人性化的整体设计，就是在进行建筑综合设计的同时，以人性化设计理念为核心，把建筑当作一个全寿命周期的有机整体来看待，把人与建筑置于整个生态环境之中，对建筑进行的包括节地与室外环境、节能与能源利用、节水与水资源利用、节材与绿色材料资源利用、室内环境质量和运营管理等方面内容在内的人性化整体设计。

整体设计对绿色建筑至关重要，必须考虑当地的气候、经济、文化等多种因素，从 6 个技术策略入手：首先要有合理的选址与规划，尽量保护原有的生态系统，减少对周边环境的影响。并且充分考虑自然通风、日照、交通等因素；要实现资源的高效循环利用，尽量使用再生资源；尽可能采取太阳能、风能、地热、生物能等自然能源；尽量减少废水、废气、固体废物的排放，采用生态技术实现废物的无害化和资源化处理，以回收利用；控制室内空气中各种化学污染物质的含量，保证室内通风、日照条件良好；绿色建筑的建筑功能要具备灵活性、适应性和易于维护等特点。

（三）绿色建筑的创新设计

所谓绿色建筑的创新设计是指具体进行个性化创新设计，就是在进行综合设计和整体设计的同时，以创新型设计理论为指导，把每一个建筑项目都作为独一无二的生命有机体来对待，因地制宜、因时制宜、实事求是和灵活多样地对具体建筑进行具体分析，并进行个性化创新设计。创新是以新思维、新发明和新描述为特征的一种概念化过程；创新是设计的灵魂，没有创新就谈不上真正的设计；创新是建筑及其设计充满生机与活力永不枯竭的动力和源泉。

二、绿色建筑设计的要求

我国是一个人均资源短缺的国家，每年的新房建设中有 80% 为高耗能建筑。因此，目前我国的建筑能耗已成为国民经济的巨大负担。如何实现资源的可持续利用成为急需解决的问题。随着社会的发展，人类面临着人口剧增、资源过度消耗、气候变暖、环境污染和生态破坏等问题的威胁。在严峻的形势面前，对快速发展的城市建设而言，按照绿色建筑设计的基本要求，实施绿色建筑设计，显得非常重要。

（一）绿色建筑设计的功能要求

构成建筑物的基本要素是建筑功能、建筑的物质技术条件和建筑的艺术形象。其中建筑功能是三个要素中最重要的一个，它是人们建造房屋的具体目的和使用要求的综合体现，是如居住、饮食、娱乐、会议等各种活动对建筑的基本要求，这是决定建筑形式、建筑各房间的大小、相互间联系方式等的基本因素。绿色建筑设计实践证明，满足建筑物的使用功能要求，为人们的生产生活提供安全舒适的环境，是绿色建筑设计的首要任务。例如在设计绿色住宅建筑时，首先要考虑满足居住的基本需要，保证房间的日照和通风，合理安排卧室、起居室、客厅、厨房和卫生间等的布局。同时还要考虑到住宅周边的交通、绿化、活动场地、环境卫生等方面的要求。

（二）绿色建筑设计的技术要求

现代建筑业的发展，离不开节能、环保、安全、耐久、外观新颖等方面的设计因素，绿色建筑作为一种崭新的设计思维和模式，应当根据绿色建筑设计的技术要求，提供给使用者有益健康的建筑环境，并最大限度地保护环境，减少建造和使用中各种资源消耗。

绿色建筑设计的基本技术要求，包括正确选用建筑材料，根据建筑物平面布局和空间组合的特点，采用当今先进的技术措施，选取合理的结构和施工方案，使建筑物建造方便、坚固耐用。例如，在设计建造大跨度公共建筑时采用的钢网架结构，在取得较好外观效果的同时，也可获得大型公共建筑所需的建筑空间尺度。

（三）绿色建筑设计的经济要求

建筑物从规划设计到使用拆除，均是一个物质生产的过程，需要投入大量的人力、物力和资金。在进行建筑规划、设计和施工过程中，应尽量做到因地制宜、因时制宜，尽量选用本地的建筑材料和资源，做到节省劳动力、建筑材料和建设资金。设计和施工需要制订详细的计划和核算造价，追求经济效益。建筑物建造所要求的功能、措施要符合国家现行标准，使其具有良好的经济效益。

建筑设计的经济合理性是建筑设计中应遵循的一项基本原则，也是在建筑设计中要同时达到的目标之一。由于可用资源的有限性，要求建设投资的合理分配和高效性。这就要求建筑设计工作者要根据社会生产力的发展水平、国家的经济发展状况、人民生活的现状和建筑功能的要求等因素，确定建筑的合理投入和建造所要达到的建设标准，力求在建筑设计中做到以最小的资金投入，去获得最大的使用效益。

（四）绿色建筑设计的美观要求

建筑是人类创造的最值得自豪的文明成果之一，在一切与人类物质生活有直接关系的产品中，建筑是最早进入艺术行列的一种。人类自从开始按照生活的使用要求建造房屋以来，就对建筑产生了审美的观念。每一种建筑的风格，都是人类为表达某种特定的生存理念及满足精神慰藉和审美诉求而创造出来的。建筑审美是人类社会最早出现的艺术门类之一，建筑中的美学问题也是人们最早讨论的美学课题之一。建筑被称为"凝固的音符"，充满创意灵感的建筑设计作品，是一座城市的文化象征，是人类物质文明和精神文明的双重体现，在满足建筑基本使用功能的同时，还需要考虑满足人们的审美需求。绿色建筑设计则要求建筑师要设计出兼具美观和实用的产品，设计出的建筑物除了要满足基本的功能需求之外，还要具有一定的审美性。

三、建筑产业现代化技术在绿色施工中的应用

（一）建筑产业现代化的内涵

产业现代化是指通过发展科学技术，采用先进的技术手段和科学的管理方法，使产业自身建立在当代世界科学技术基础上，使产业的生产和技术水平达到国际上的先进水平。

1.产业现代化的特征。产业现代化是一个发展的过程，是一个历史的动态概念。随着科学技术的发展和新技术的广泛运用，产业现代化的水平越来越高。产业现代化从目前产业构成要素而言，主要特征体现在以下几个方面：

（1）产业劳动资料现代化。即产业所使用的主要生产设备和工具具有当代世界先进技术水平，它是产业和产业体系是否现代化的一个重要标志。

（2）产业结构现代化。产业现代化需要有一个与其相适应的现代化产业结构，它是在先进技术和生产力发展基础上建立起来的相互协调发展的结构体系。

（3）产业劳动力现代化。产业现代化要求劳动者的技术水平、管理水平和文化水平都有实质性提高。产业现代化对于劳动力要求不是指个别的、单独的劳动力，而是要求有一个工程技术管理人员及技能工人比重合理的劳动力结构。

（4）产业管理现代化。生产设备和工具的现代化必然要求管理的现代化，否则就不能发挥现代设备和生产技术的作用。产业管理现代化表现在管理思想、管理组织、管理人员和管理方法、手段的现代化。

（5）技术经济指标现代化。一个产业是否现代化，其关键反映在一些主要的技术经济指标上。例如，主要产业的产品质量和数量、劳动生产率、产值利润率、技术装备率、物质消耗水平、资金运用情况以及产业集中度等。

这里需要特别强调的是，产业现代化最关键的是技术与经济的统一。一方面，产业现代化要以先进的科学技术武装产业，促使传统产业由落后技术向先进技术转变；另一方面，要求先进的科学技术一定要带来较好的经济效益。没有先进科学技术，绝不是现代化；没有经济效益，也是没有生命力的现代化。

2.建筑产业现代化的基本内涵。目前，对建筑产业现代化的研究还处于起步阶段，尚没有统一标准。就现阶段而言，建筑产业现代化的基本内涵包括以下内容：

（1）最终产品绿色化。20世纪80年代，人类提出可持续发展理念，我国明确提出了中国现代化建设必须实施可持续发展战略。传统建筑业资源消耗大、建筑能耗大、扬尘污染物排放多、固体废弃物利用率低。

（2）建筑生产工业化。建筑生产工业化是指用现代工业化的大规模生产方式代替传统的手工业生产方式来建造建筑产品。但不能把建筑生产工业化笼统地叫作建筑工业化，这是因为建筑产品具有单件性和一次性的特点，建筑产品固定，人员流动。而工业产品大多是产品流动，人员固定，而且具有重复生产的特性。人们提倡用工业化生产方式，主要指在建筑产品形成过程中，有大量的建筑构配件可以通过工业化（工厂化）的生产方式，它能够最大限度地加快建设速度，改善作业环境，提高劳动生产率，降低劳动强度，减少资源消耗，保障工程质量和安全生产，消除污染物排放，以合理的工时及价格来建造适合各种使用要求的建筑。因此，建筑生产工业化主要包括：传统作业方式的工业化改进，如泵送混凝土、新型模板与模架、钢筋集中加工配送、各类新型机械设备等。

（3）建造过程精益化。用精益建造的系统方法，控制建筑产品的生成过程。精益建造理论是以生产管理理论为基础，以精益思想原则为指导（包括精益生产、精益管理、精益设计和精益供应等系列思想），在保证质量、最短的工期、消耗最少资源的条件下，对工程项目管理过程进行重新设计，以向用户移交满足使用要求工程为目标的新型建造模式。

（4）全产业链集成化。借助于信息技术手段，用整体综合集成的方法把工程建设的全部过程组织起来，使设计、采购、施工、机械设备和劳动力实现资源配置更加优化组合；采用工程总承包的组织管理模式，在有限的时间内发挥最有效的作用，提高资源的利用效率，创造更大的效用价值。

（5）项目管理国际化。随着经济全球化，工程项目管理必须将国际化与本土化、专业化进行有机融合，将建筑产品生产过程中各个环节通过统一的、科学的组织管理来加以综合协调，以项目利益相关者满意为标志，达到提高投资效益的目的。

（6）管理高管职业化。在西方发达国家，企业的高端管理人员是具有较高社会价值认同度的职业阶层。努力建设一支懂法律、守信用、会管理、善经营、作风硬、技术精的企业高层复合型管理人才队伍，是促进和实现建筑产业现代化的强大动力。

（7）产业工人技能化。随着建筑业科技含量的提高，繁重的体力劳动将逐步减少，复杂的技能型操作工序将大幅度增加，对操作工人的技术能力也提出了更高的要求。因此，实现建筑产业现代化需要强化职业技能培训与考核持证，促进有一定专业技能水平的农民工向高素质的新型产业工人转变。

（二）装配式建筑在绿色施工中的应用

1.混凝土结构技术体系

预制装配式混凝土结构是建筑产业现代化技术体系的重要组成部分，通过将现场现浇注混凝土改为工厂预制加工，形成预制梁柱板等部品构件，再运输到施工现场进行吊装装配。结构通过灌浆连接，形成整体式组合结构体系。预制装配式混凝土结构体系种类较多，其中预制装配式整体式框架（框架剪力墙）目前主要的结构体系包括：世构（SCOPE）体系预制混凝土装配整体式框架（润泰）体系、NPC结构体系、远大体系、双板叠合预制装配式整体式剪力墙体系、鹿岛体系、预制装配整体式结构体系等。

（1）世构（SCOPE）体系

1）技术体系简介及适用范围

世构体系是预制预应力混凝土装配整体式框架体系，是由南京大地集团于20世纪90年代从法国引进的装配式建筑结构技术。该体系采用现浇或多节预制钢筋混凝土柱，预制预应力混凝土叠合梁、板，通过钢筋混凝土后浇部分将梁、板、柱及节点连成整体的新型框架结构体系。在工程实际应用中，世构体系主要有以下三种结构形式：一是采用预制柱，预制预应力混凝土叠合梁、板的全装配框架结构；二是采用现浇柱、预制预应力混凝土叠合梁、板的半装配框架结构；三是仅采用预制预应力混凝土叠合板，适用于各种类型的结构。安装时先浇筑柱，后吊装预制梁，再吊装预制板，柱底伸出钢筋，浇筑带预留孔的基础，柱与梁的连接采用键槽，叠合板的预制部分采用先张法施工，叠合梁为预应力或非预应力梁，框架梁、柱节点处设置U形钢筋。该体系关键技术键槽式节点避免了传统装配式节点的复杂工艺，增加了现浇与预制部分的结合面，能有效传递梁端剪力，可用于抗震设防烈度6.7度地区、高度不大于45米的建筑。当采用现浇柱、墙的框架即剪力墙结构时，高度不大于120~110米。与现浇结构相比，周转材料总量节约可达80%。其中支撑可减少50%，主体结构工期可节约30%，建筑物的造价可降低10%左右。

2）成本分析与技术发展应用趋势

应用预制预应力混凝土装配整体式框架结构体系的框架结构与现浇结构相比，周转材料总量节约可达80%。经测算，每100平方米预制叠合楼板与现浇楼板相比钢材节约437kg，木材节约0.35m³，水泥节约600千克，用水节约1420千克。

（2）预制混凝土装配整体式框架（润泰）体系

1）技术体系简介及适用范围

该体系是由台湾润泰集团结合成熟技术。开发的一种装配式结构体系，由预制钢筋混凝土柱、叠合梁、非预应力叠合板、现浇剪力墙等组成。柱与柱之间的连接钢筋采用灌浆套筒连接，通过现浇钢筋混凝土节点将预制构件连成整体。该结构体系预制柱采用多螺柱箍筋以及钢筋角部布置，叠合板为带钢筋桁架的非预应力叠合板，可用于抗震设防烈度7度及以下地区、高度不超过110m的建筑。

2）应用情况与执行标准

润泰体系是结合欧日技术创新研发的新技术，在江苏省内已完成的项目有润泰精密（苏州）有限公司、华东联合制罐有限公司整厂迁建工程等工程。形成的执行标准有江苏省地方标准。

3）成本分析与技术发展应用趋势

润泰体系可使工程施工速度大大提升，钢筋自动化技术使柱钢筋整体用量较传统方法节约 13%。润泰体系外挂墙板防水处理较好，柱钢筋连接更符合抗震规范，润泰体系不易于住宅项目中推广应用。

（3）NPC 结构体系

1）技术体系简介及适用范围

NPC（New Prefabricated Concrete Structure）结构体系是南通中南集团从澳大利亚引进的装配式结构技术，剪力墙、柱、电梯井等竖向构件采用预制，水平构件梁、板采用叠合现浇形式；竖向构件通过预埋件、预留插孔将锚连接，水平构件与竖向构件连接节点及水平构件间连接节点采用预留钢筋叠合现浇连接，从而形成整体结构体系。

2）应用情况与执行标准

该结构体系已应用于海门中南世纪城工程、南通军山半岛 E 岛工程，中南集团总部大楼项目、南通中南世纪花城项目工程、南通中央商务区 A03 项目、沈阳中南世纪城项目工程及中南集团在各地推行的各大城市综合体项目。

3）成本分析与技术发展应用趋势

该结构是目前江苏省内唯一的全预制装配式剪力墙结构，已完成项目经专家鉴定测算，整体预制装配率达到 90%，每平方米木模板使用量减少 87%，耗水量减少 63%，垃圾产生量减少 91%，并避免了传统施工产生的噪声。该体系施工时竖向钢筋连接施工较为复杂，建筑高度受到一定限制，可用于抗震设防烈度 7 度及以下地区。

（4）远大体系

1）技术体系简介及适用范围

叠合楼盖现浇剪力墙结构体系是由长沙远大住宅工业（江苏）有限公司在江苏省应用的装配式结构体系。其结构体系的特点是：竖向承重结构体系采用现浇剪力墙，水平结构楼盖体系采用叠合楼盖，其中梁为叠合梁，楼板为叠合楼板，围护结构在剪力墙上采用外墙挂板。叠合板的预制部分是采用带三角形钢筋桁架的预制叠合楼板，叠合板吊装就位后，现场安装面筋，然后整体浇注成型。轻质填充墙与叠合梁采用下悬拉结方式连接。

2）应用情况与执行标准

"远大体系"设计时可套用混凝土结构设计国家规范，操作相对简单，已承接溧阳保障房项目 10 万平方米。

（5）双板叠合预制装配式整体式剪力墙体系。

1）技术体系简介及适用范围

双板叠合预制装配式整体式剪力墙体系是由江苏元大建筑科技有限公司从德国引

进的装配式结构体系，该体系由叠合梁、板、叠合现浇剪力墙、预制外墙模板等组成。剪力墙等竖向构件部分现浇，预制外墙模板通过玻璃纤维伸出筋与外墙剪力墙浇成一体。双板叠合预制装配式整体式剪力墙体系的特色是预制墙体间的连接由 U 型钢筋伸入上部双板墙中部间隙内，两墙板之间的钢筋桁架与墙板中的钢筋网片焊接，后现浇灌缝混凝土形成连接。

2）应用情况与执行标准

江苏元大建筑科技有限公司与东南大学合作编制江苏省地方标准，已承接宿迁保障房项目 10 万平方米。已完成的经典工程有宿迁美如意帽业有限公司、江苏元大样板楼等项目。长江都市采用江苏元大建筑科技有限公司开发的双板叠合剪力墙产品，在宿迁建成江苏高烈度区（8 度 0.309）最高的预制装配整体式剪力墙结构高层建筑（33.3 米）。

3）成本分析与技术发展应用趋势

元大公司的生产线在国内处于一流水平，能实现高自动化高质量构件生产。但其剪力墙钢筋连接没有试点工程，图纸上的连接在现场较难实现，将转向竖向结构现浇、水平构件叠合的模式。目前考虑利用双板结构研发新型自保温墙结构体系。

（6）预制柱—现浇剪力墙—叠合梁板体系—鹿岛体系

1）技术体系简介及适用范围

该体系是龙信集团从日本鹿岛建设引进装配式结构体系，由叠合梁、非预应力叠合板等水平构件、预制柱、预制外墙板、现浇剪力墙、现浇电梯井等组成的结构体系。柱与柱之间采用直螺纹将锚套筒连接，预制柱底留设套筒；梁柱构件采用强连接方式连接，即梁柱节点预制并预留套筒，在梁柱跨中或节点梁柱面处设置钢筋套筒连接后混凝土现浇连接。

2）应用情况

该技术体系已应用于海门南部新城龙馨家园、老年公寓等项目。

3）成本分析与技术发展应用趋势

鹿岛体系制作工艺精准，有许多专有技术。但是造价偏高，目前可能要达到现浇体系的 2 倍。

（7）预制装配整体式结构体系—长江都市体系

1）技术体系简介及适用范围

该体系是由长江都市建筑设计股份有限公司开发的预制装配整体式结构体系，主要包括预制装配整体式框架—钢支撑结构（适用于保障房项目）、预制装配整体式框架—剪力墙结构（适用于公寓、廉租房）、预制装配整体式剪力墙结构。

2）应用情况与执行标准

目前已完成的代表性项目有：南京万科上坊全预制保障性住房项目、龙信预制装配式老年公寓、苏州玲珑湾 53#、55# 高层住宅项目等。

3）成本分析与技术发展应用趋势

采用叠合板技术使工程综合造价降低了2%，与现浇板相比，所有施工工序均有明显的工期优势，一般可节约工期30%。每百平方米建筑面积耗材与现浇结构相比：钢材节约437千克，木材节约0.35立方米，水泥节约600千克，用水节约1420千克。钢结构技术体系钢结构建筑是采用型钢，在工厂制作成梁柱板等部品构件，再运输到施工工地进行吊装装配，结构通过锚栓连接或焊接连接而成的建筑，具有自重轻、抗震性能好、绿色环保、工业化程度高、综合经济效益显著等诸多优点。装配式钢结构符合我国"四节一环保"和建筑业可持续发展的战略需求，符合建筑产业现代化的技术要求，是未来住宅产业的发展趋势。

钢结构体系可分为：空间结构系列、钢结构住宅系列、钢结构配套产业系列等。我国在工业建筑和超高、超大型公共建筑领域已经基本采用钢结构体系。江苏钢结构体系发展体现在三个方面：轻钢门式刚架体系，以门式刚架体系为典型结构的工业建筑和仓储建筑。目前，凡较大跨度的新建工业建筑和仓储建筑中，已很少使用钢筋混凝土框架体系、钢屋架混凝土柱体系或其他砌体结构。空间结构体系，采用各种空间结构体系作为屋盖结构的铁路站房、机场航站楼、公路交通枢纽及收费站、体育场馆、剧场、影院、音乐厅和会展设施。这类大跨度结构本来就是钢结构体系发挥其轻质高强固有特点的最佳场合，其应用恰恰顺应了江苏经济、文化和社会建设迅猛发展的需求。以外围钢框架—混凝土核心筒或钢板剪力墙等组成的高层、超高层结构体系。钢框架—混凝土核心筒结构宜在低地震烈度区采用，在高地震烈度区，宜采用全钢结构。

对于钢结构住宅，框架体系、轻钢龙骨（冷弯薄壁型钢）体系主要适用于3层以下的结构；框架支撑体系、轻钢龙骨（冷弯薄壁型钢）体系、钢框架混凝土剪力墙体系主要适用于4~6层建筑；钢框架混凝土核心筒（剪力墙）体系、钢混凝土组合结构体系适用于7~12层建筑，12层以上钢结构住宅可参照执行；外围钢框架混凝土核心筒结构、钢板剪力墙结构适用于高层与超高层建筑。钢结构住宅宜成为防震减灾的首选结构体系。

2. 竹木结构技术体系

（1）轻型木结构体系

轻型木结构体系源自加拿大北美等地区，主要以2×4(英制)、2×6(英制)等尺寸的规格材为结构材，通过不同形式的拼装，形成墙体、楼盖、屋架。其主要抵抗竖向力以及水平力，该结构体系是由规格材、覆面板组成的轻型木结构剪力墙体，具有整体性较好、施工便捷等优点，适用于民居、别墅等房屋。缺点是结构适用跨度较小，无法满足大开口、大空间的要求。

（2）重型木结构体系

1）梁柱框架结构

梁柱结构是重型木结构体系的一种形式，其又可分为框架支撑结构、框架—剪力墙结构。框架支撑结构是框架结构中加入木支撑或者钢支撑，用以提高结构抗侧刚度。框架—剪力墙结构是以梁柱构件形成的框架为竖向承重体系，梁柱框架中内嵌轻型木结构剪力墙为抗侧体系。梁柱框架结构可以满足建筑中大洞口、大跨度的要求，适用于会所、办公楼等公共场所。

2）CLT剪力墙结构

正交胶合木（CLT）是一种新型的胶合木构件，是将多层层板通过横纹和竖纹交错排布，叠放胶合而成的构件，形成的CLT构件具有十分优异的结构性能。可以用于中高层木结构建筑中的剪力墙体、楼盖，能够满足结构所需的强度、刚度要求。同时，CLT的表面尺寸、厚度均具有可设计性。在满足可靠连接的前提下，可以直接进行墙体与楼盖的组装，极大地提高工程的施工效率。缺点是CLT所需木材量较多。

3）拱、网壳类结构体系

竹木结构的拱、网壳类结构与传统拱、网壳类结构在结构体系上没有区别，仅在结构材料上有所不同。竹木结构拱、网壳适用于大跨度的体育场馆、公共建筑、桥梁中，是采用现代工艺的胶合木为结构件，通过螺栓连接、植筋连接等技术将分段的拱、曲线梁等构件拼接成连续的大跨度构件，或者空间的壳体结构。该类结构体系由于材料自身弹模的限值，在不同的适用跨度范围内，可选择合适的结构形式。

江苏目前竹木结构体系工程的应用中，轻型木结构体系的别墅建筑、重型框架—剪力墙体系的会所、办公建筑居多，同时也有少量的具有代表意义的重型拱、网壳类结构体系的建筑、桥梁。但总体而言，江苏竹木结构体系技术还处于起步阶段，在材料、构件、结构三个层面的相关规范、标准还不完善。尤其是结构体系技术的规范尚缺，目前还达不到建筑产业现代化的技术要求。

3. 关键技术研究

在现有技术体系的基础上，对装配式建筑关键技术开展相关研究工作，为我国建筑产业化深入持续和广泛推进提供强大的技术支撑。

（三）标准化技术在绿色施工中的应用

主要讲述绿色施工标准化之环境保护技术的应用。

1. 固体废弃物回收利用技术

（1）主要技术内容

传统施工中，混凝土、砂浆等建筑余料由于收集困难，利用率较低，多被作为建筑垃圾进行处理。同时建筑垃圾的清理多采用人工装袋、装箱，再利用垂直运输机械进行运输遗弃，造成建筑材料的浪费、人工的浪费、垂直施工机械耗能、电能的浪费，不符合绿色施工的要求。本项目采用混凝土余料及工程废料等固弃物收集系统，将建筑垃圾进行回收，采用碎石机将建筑垃圾进行粉碎，然后作为原料用制砖机生产成小型砌块，合理利用。实现了废物利用、环境保护、绿色施工的目的。

（2）技术指标

破碎粒径 3~15mm，可实现各种砌块生产，强度满足规范要求。

2.室内建筑垃圾垂直清理通道技术

（1）用途及原理

1）用途

室内建筑垃圾垂直清理通道主要适用于高层及超高层每一层的垃圾清理。

2）原理

垃圾通道采用 3mm 厚铁板加工制造成管径 300mm 的圆管，每条圆管长 2m，用法兰扣件拼接在一起，每一层都设一个入口，每两层设置一个凸型缓冲带，减缓高空落物的冲击。

（2）做法及技术参数

每一层都用 10 号工字钢与铁管焊接在一起，架在进口四周梁板上，将铁桶彼此焊接联系成一个上下贯通的通道，致使一至八层形成一个连续的垂直使用通道。再在每层设置一个和整个通道相联系的入口，用来作为各层的垃圾倒运入口。通过通道将建筑垃圾直接倾倒至地下室垃圾指定堆放处，再将垃圾铲入粉碎机里加工。

3.临时设施场地铺装混凝土路面砖技术

（1）用途及原理

本技术利用混凝土路面砖代替现浇混凝土完成临建生活及办公区室外地面，在不影响使用功能的同时，更加美观、整洁，且路面砖可多次周转利用，符合绿色环保的要求。

（2）做法及技术参数

混凝土路面砖是以水泥、集料和水为主要原材料，经搅拌、成型、养护等工艺在工厂加工生产，内未配置钢筋，主要用于路面和地面铺装，具有强度高、防滑和耐磨性能好等特点，其性能参数应符合国家现行相关规范的要求。

4.施工道路自动喷洒防尘装置

（1）主要技术内容

本装置是一种利用施工降水实现工地现场临时施工降尘的自动化喷淋系统；主要由基坑降水系统、集中水箱、加压水泵、喷洒干管、喷洒支管组成。

其特征是：

1）在基础及主体结构施工期间，利用施工降水自有的基坑降水系统，若工程不需要进行降水或工程处于后期的装饰装修阶段已停止降水工作，可利用市政水源。

2）设置2个集中水箱（水箱大小可根据现场的道路面积确定），将地下水提升至水箱。

3）通过增压泵的二次加压对环网进行水源供给。喷洒道路环网干管采用DN50焊接钢管，形成循环回路。

4）根据道路的走向及长短在干管的不同部位设置阀门，通过对阀门的控制来实现分段供水。

5）在干管全长焊接DN15支管，间距5m。支管总长1.25m，其中竖直高度0.75m，朝向临时施工道路弯折45°，长度0.5m。在支管的竖直高度的中上部设置控制阀门，无特殊情况此类阀门处于常开状态。除遇特殊情况只需局部降尘时，可通过手动关闭相应部位的阀门。

6）在支管的末端设置喷洒头，以便水能够均匀喷洒，达到降尘的作用。

（2）技术指标

根据项目的不同设计施工道路旁的防尘装置，通常做法如下：室外喷洒环网给水系统采用了独立的降水给水管道系统，由基坑降水提升至基坑两边的三级沉淀池里，在三级沉淀池里面各设置一台全自动控制的潜水泵与基坑四周喷洒环网相连接，经二次加压对环网进行水源供给。

5.施工现场防扬尘自动喷淋技术

（1）主要技术内容

建筑施工扬尘已成为城市大气污染的主要源头之一，有效控制施工现场扬尘污染环境成为施工现场的重中之重。

自动喷淋防扬尘措施施工的技术关键有以下几点：

1）使喷淋半径与管道长度相符，节约管材，并保证覆盖整个现场。

2）分段供水，确保到喷淋头压力大于2kg。

3）整个喷淋系统分为4组，在现场四周设置4个供水点，主管道采用DN63PPR管，喷淋支管采用DN20PPR管，热熔连接。每隔4m设置一个喷淋头，喷淋头采用扇形发射头，最大喷射半径5m，确保现场降尘无死角且喷洒均匀，节约用水。

4）配管要点：管子的切割应采用专门的切割剪或普通手工锯。剪切管子时应保证切口平整。剪切时断面应与管轴方向垂直。管子末端外表面用刀刮一斜面，在熔焊之前，焊接部分最好用酒精清洁，然后用清洁的布或纸擦干，并在管子上划出需熔焊的长度。将专用熔焊机打开加温至260℃，当控制指示灯变成绿灯时，开始焊接。

5）操作简单方便，只需打开阀门自动喷淋系统就可以使用。

6. 高空喷雾防扬尘技术

（1）主要技术内容

高空喷雾降尘系统的发明是为了克服施工期间所产生大量的扬尘治理的不足和缺点，提供一种比较简单易实施的处理方式，对难以治理的地面和高空扬尘进行有效快速地控制，降低成本，施工简便、安全可靠、绿色节能。高空喷雾降尘系统的管道布置：利用硬防护或楼层外沿做喷洒平台，从水泵房布置一根镀锌钢管至主楼，然后由楼层的水管井上引至硬防护所在楼层或设定的喷洒楼层。然后主管从最近点引至硬防护并沿着硬防护绕一圈。支管为 DN15 的管，根据每个喷头的喷洒距离设置间距为 3m，支管超出硬防护或者楼层外沿 50 厘米，在支管末端接一个 45° 弯头并朝下；再接一段直管，将喷头安装在直管下端。

（2）技术指标

应符合管道安装相关要求等国家现行相关标准和应用技术规程的规定。

7. 工地新型降噪技术

（1）用途及原理

工地新型降噪技术采用从源头和传播过程中安装新的降音及隔音装置，最大限度地减小噪声对周围环境的污染。

（2）做法及技术参数

新型降噪技术应符合国家现行相关标准和应用技术规程的规定。

可通过以下装置来实现降音及隔音：

车辆消声器：汽车的废气离开引擎时压力很大，如果让它直接排出去将会产生令人难以忍受的噪音，因此需要安装消声器，它里面排列着许多网眼的金属隔音盘。当废气从排气总管进入消声器，经过隔音盘从排气管排出后，废气产生的声音就很小了。其消音的原理是通过多通道使主气流分流，再由各分气流相互冲击，使气流流速减缓。经过多次这样的过程，达到废气通过排气管缓慢流出，以达到消音目的。

噪音防护罩：其目的在于为长期在噪声下工作的人们提供一种造价低廉、结构简单、使用方便、效果明显的噪声防护用品。降低噪声传给人耳鼓膜的分贝数，有利于人们的身心健康。其特征在于：由壳体填充在壳内的吸音材料安装在壳体内的微孔板、连接两个壳体的弹性片以及其他联结件所构成。

噪音隔离板：施工区域采用隔离板实施封闭性施工，修建临时隔音屏障，以减少施工噪音对附近居民生活造成的影响。对施工区交通噪声能量集中的 400~800Hz 具有良好的吸、隔声性能，材料具有价格低、自重轻、防水、强度大、美观耐用、施工快速、维护容易等优点。

8. 封闭式降噪砼泵房

（1）用途及原理

砼泵处搭设全封闭式隔音罩，起到隔音降噪的效果。

（2）做法

砼泵处可根据设备和现场情况搭设矩形框架，上方设置防砸措施；根据环境安静要求指标，挑选合适的吸隔声材料，将框架全封闭；料斗处开口，方便入料；挂设泵房标识和安全操作规程，设置灭火器。

（3）实施效果

项目可自行搭设，节约成本；声源处控制噪声，有效地阻隔噪声的外传，减少噪音对环境的影响；有效地减少了尘土的产生，对防尘降尘起到良好的效果。

（4）注意事项

注意定期检查砼泵房的稳固性，并做好防火、安全用电措施。

9. 钢筋混凝土支撑无声爆破拆除技术

（1）主要技术内容

先在钢筋混凝土支撑上钻孔，然后填装 SCA 浆体，浆体经过 10-24h 后的反应，生成膨胀性结晶体，体积增大到原来的 2~3 倍，在炮孔中产生 30-50MPA 的膨胀力，将混凝土破碎。然后利用机械结合人工将混凝土破碎成较小碎块，分离钢筋后清理碎块。

（2）技术指标

爆破拆除施工应符合国家现行相关标准和应用技术规程的规定，施工材料合格，严格按照预先编制的施工方案施工。结合现场施工操作面较小、基坑周边存在地铁等重大安全工程的情况，灵活采用静力爆破拆除，克服了施工难题。静力爆破的施工工艺相对常规的拆除工艺取得了良好的经济效益和社会效益。

10. 地下水自然渗透回灌技术

（1）主要技术内容

通过对施工现场场地环境各项因素分析，合理运用引导、沉淀、排放等措施，将施工降水期间抽取的地下水进行周边土体的自然渗透回灌，以减少补充因施工降水引起的周边地下水位降低而产生的长远影响。

（2）技术指标

地下水自然渗透回灌技术的运用需建立在对场地及周边详细查勘基础之上方可进行，需要考虑因素有以下几个方面：

土体渗透性；

围护型式；

周边环境；

场地条件。

此项技术运用需要利用较多的场地，因此适宜用于施工现场场地资源较为充足的工程项目，不适宜用于城市建筑密集区及场地狭小工程项目。

11. 预制混凝土风送垃圾道技术

（1）主要技术内容

一种预制混凝土风送垃圾道，其侧面被墙体围合，在墙面上开有垃圾投放槽口，其特征在于：

预制混凝土风送垃圾道由一段一段的预制钢筋混凝土管密封连接而成，每段预制钢筋混凝土管的其中一端带有扩口状企口，相邻预制钢筋混凝土管为企口连接。

垃圾投放槽口地面靠内段为斜向滑槽形状，外段的内壁四周固定一个垃圾投放门框，垃圾投放门框与垃圾投放门一侧铰接，在垃圾投放门框与垃圾投放门接触处设有一圈密封凹槽，密封凹槽中嵌有密封条。

（2）技术指标

预制混凝土风送垃圾道技术应符合国家现行相关标准和应用技术规程的规定。比采用滑模进行现浇混凝土管道施工节省工期约 2 个月。

（四）信息化技术在绿色施工中的应用

1. 基于 BIM 的协同设计技术

建筑产业现代化涉及多个专业，在设计阶段没有较好地解决各专业设计间的冲突问题，致使相关问题延伸至施工和运维阶段，从而导致一系列的问题。协同设计被认为是解决这些问题的有效方法。协同设计是指基于信息技术平台，设计参与各方就同一设计目标进行实时沟通与协作。协同设计的主要目的是提高设计效率，减少或消除设计问题。在设计阶段，利用 3D/BIM 技术为协同设计提供必要支持。通过建立信息模型，可为其他专业设计人员提供实时模型数据，实现相互间信息流的高效传输。

标准化设计是降低建筑产业现代化成本和提高产业集成度的重要手段，在设计阶段建立信息模型的过程中，各专业人员应建立具有标准化的户型、产品、构件等信息库。另一方面，利用 BIM 可扩展性强的特点，在建立信息模型的过程中，还应设置预留接口。根据项目后期需求，可通过 C++ 等编程语言，实现信息模型的二次利用。在构件深化设计阶段，利用 BIM 可视化技术实现预制构件节点的三维模型，包括连接节点设计、构件信息模型，并且每个构件设有唯一的身份标识，保证模型文件能精确地提取需要的数据。BIM 的三维技术可以在前期进行碰撞检查，快速、全面、准确地检查出设计图纸中的错误和遗漏，减少图纸中平立剖面之间、建筑图与结构图之间、安装与土建之间及安装与安装之间的冲突问题。依托 BIM 技术开展包括能耗、日照舒适环境、碳排放等在内的建筑性能分析，并根据分析结果进行方案优化设计。

2. 建设阶段 BIM 应用技术

（1）虚拟施工技术

虚拟施工思想提倡全方位的施工过程模拟，不仅模拟施工进度，而且模拟施工资源等信息。借助 BIM 技术可以进行项目虚拟场景漫游，在虚拟现实中身临其境地开展方案体验和论证。可以直接了解整个施工环节的时间节点和工序，清晰把握施工过程中的难点和要点，发现影响实际施工的碰撞点。通过优化方案减少设计变更和施工中的返工，提高施工现场的生产率，确保施工方案的安全性。

（2）4D 模拟技术

4D 建模是 3D 加上项目发展的时间，用来研究可建性（可施工性）、施工计划安排以及优化任务和下一层分包商的工作顺序的。在施工阶段，通过 BIM 直观的掌控项目施工进度，基于 BIM 模型以及工程量清单完成工程进度计划的编制，对工程进度实际值和计划值进行比较，早期预警工程误期，动态控制整个项目的风险，实现了不同施工方案的灵活比较，发现了影响工期的潜在风险。当设计变更时，BIM 亦能迅速更新工程工期。

（3）5D 模拟技术

工程量统计结合 4D 的进度控制，就是 BIM 在施工中的 5D 应用。5D 是基于 BIM3D 的造价控制，工程预算起始于巨量和烦琐的工程量统计。有了 BIM 模型信息，工程预算将在整个设计、施工的所有变化过程中实现实时和精确。借助 BIM 5D 模型信息，计算机可以快速地对各种构件进行统计分析，进行工程量计算，保证了工程量计算的准确性。在对内成本中可进行核算对比和分包班组工程量核对，还可以作为索赔的支撑。5D 模拟为项目部提供更精确灵活的施工方案分析以及优化，BIM 可以实现精确管理，实现实际进度与计划进度对比、进度款支付控制、成本与付款分析等应用。

（4）基于 BIM 技术的数字化加工方式

工厂化构件生产采用 BIM 信息技术，可实现设计与预制工厂的协同和对接，准确表达构件的空间关系、各种参数。通过将 BIM 信息数据输入数字加工系统，可实现对预制构件进行数字加工，能够提高建筑企业的生产效率和产品质量。应用 BIM 技术和数字加工技术，扩大钢筋混凝土构件、钢构件、幕墙、管道等构件与设备的工厂化加工比例，提高建筑产业现代化应用水平。

3. 运维阶段 BIM 应用技术

（1）基于 BIM 技术的运营维护系统

依托 BIM 竣工交付模型，通过运营维护信息录入和数据集成，建立基于 BIM 的运营维护系统。通过该系统对建筑的空间、设备资产进行科学管理，对可能发生的灾害进行预防，降低运营维护成本。通常将 BIM 模型、运维系统与 RFID、移动终端等结合起来应用，最终实现诸如设备运行管理、能源管理、安保系统、租户管理等应用。

（2）数据集成与共享

将规划、设计、施工、运维等各阶段包含项目信息、模型信息和构件参数信息的数据，全部集中于 BIM 数据库中，为 CMMS、CAFM、EDMS、EMS 以及 BAS 等常用运维管理系统提供信息数据，使得信息相互独立的各个系统达到资源共享和业务协同。

（3）运维管理可视化

目前在调试、预防和故障检修时，现场运维管理人员依赖纸质蓝图或者其实践经验、直觉和辨别力来确定空调系统、电力、煤气以及水管等建筑设备的位置。亟待运用竣工三维 BIM 模型确定机电、暖通、给排水和强弱电等建筑设施设备在建筑物中的位置，使得运维现场定位管理成为可能，同时能够传送或显示运维管理的相关内容。

4.BIM 与新技术结合

（1）BIM 与物联网技术

物联网是指通过各种信息传感设备，如射频识别（RFID）装置、红外感应器、全球定位系统（GPS）、激光扫描仪等，按照约定的协议，把任何物品与互联网连接，进行信息交换和通信，以实现智能化识别、定位、跟踪、监控和管理的一种网络。通过装置在各类物体上的电子标签、传感器、二维码等经过接口与无线网络相连，从而赋予物体智能。BIM 与物联网技术的结合是建筑产业现代化发展的未来趋势。

RFID 是一种非接触的自动识别技术，一般由电子标签、阅读器、中间件、软件系统四部分组成。它的基本特点是电子标签与阅读器不需要直接接触，通过空间磁场或电磁场耦合来进行信息交换。通过 BIM 结合 RFID 技术，将构件植入 RFID 标签。每一个 RFID 标签内含有对应的构件信息，以便于对构件在物流和仓储管理中实现精益建造中零库存、零缺陷的理想目标。在运维阶段，对照明、消防等各系统和设备进行空间定位，即把原来的编号或者文字表述变成三维图形位置表示，实现三维可视化查看。把原来独立运行并操作的各设备，通过 RFID 等技术汇总到统一的平台上进行管理和控制，便于对机电设备运行状态进行远程监控。

（2）BIM 与 Web 应用技术

Web 技术是 Internet 的核心技术之一，它实现了客户端输入命令或者信息，Web 服务器响应客户端请求，通过功能服务器或者数据库查询，实现客户端用户的请求。本平台的开发主要运用了 Web 技术中的 B/S 核心架构。B/S 架构对客户端的硬件要求很低，只需要在客户端的计算机上安装支持的浏览器就可以了。而浏览器的界面都是统一开发的，可以降低客户端用户的操作难度，进而实现更加快捷、方便、高效的人机交互。

（3）BIM 与地理信息系统

地理信息系统（GIS）着重于宏观与地理空间资讯的相关应用，呈现建筑物外观及其地理位置。而 BIM 着重于建筑物内部详细信息以及微观空间信息的记录与管理。将 GIS 与 BIM 有机融合,则可以将建筑本身信息和外部环境信息(如地形、邻近建筑、管线设施等)有效集成起来,以达到对外提供建筑物信息和对内整合外部信息,以辅助建筑物规划设计所需等目的。

GIS+BIM 超大规模协同及分析技术,是针对百万平方米以上超大型的园区和城镇设计使用的大规模三维协同技术,包括了市政、道路等公共设施。利用三维模型开展一系列性能化分析(日照、抗震、抗风、交通、疏散、火灾、防汛、节能、环境影响分析等)的集成应用技术。并通过超大项目群性能模拟仿真分析,在项目施工开始之前就将其最优的规划设计方案遴选出来,使得项目建成后既对其周围环境产生的不利影响最小,又能实现单体建筑的使用功能最优。

(4)BIM 与云计算技术

云计算是分布式计算技术的一种新扩展,其最基本的概念,是透过网络将庞大的计算处理程序自动分拆成无数个较小的子程序,再交由多部服务器所组成的庞大系统经搜寻、计算分析之后将处理结果回传给用户。透过这项技术,网络服务提供者可以在数秒之内,达成处理数以千万计甚至亿计的信息,达到和"超级计算机"同样强大效能的网络服务。BIM 与云技术结合意义深远,但是就目前而言,主要有两点作用:其一,减少硬件设备的投入,节约成本。具体实施上,通过使用云计算服务提高约数倍的可视化渲染速度,相当于 1 台计算机完成了多台计算机的渲染任务。云渲染适合对效果要求不太高、数量多、周期短、迅速反馈的场合。其二,云存储增强了异地跨平台协作的可实施性。通过将图纸、BIM 模型、照片、文本等工程资料上传到云空间后,可以通过联网的计算机、手机、平板电脑终端进行快速查阅和批注。无论是设计师、现场施工监理人员还是身在异地的业主都可以实时查阅分级的工程文件。

5.技术体系集成与实践

(1)万科全装修住宅一体化设计技术

万科在成品住宅项目开发全过程中,通过整合各种设计资源和技术资源,研发出资源配置高、产品性能最优化的一体化设计技术。一体化设计通过对规划设计、建筑设计、全装修设计、园林景观设计、设备精细化设计、部品部件标准化设计、供应商产品设计的全方位整合,提供终端设计产品和服务。

万科全装修一体化设计的优势主要体现在:1)通过装修设计与建筑设计同步,项目整体性强、资源共享、节约设计成本;2)通过全装修设计与建筑设计统一,提前发现设计冲突,可减少土建与装修、装修与部品之间的冲突和通病;3)使用空间在全装修设计中得到充分合理利用,如厨房、卫生间储藏收纳功能空间、细节的人性化设计等,实现空间细节人性化;4)设备精细化设计与建筑设计、装修设计同步,中央空调、地暖、净水软水、智能设计、同层排水系统等实现设备配置合理化、配合统一化,提高住宅使用功能；5）通过部品工程化、模数化设计，在确保产品质量的前提下，实现了快速生产；6）通过一体化设计，项目杜绝二次浪费，节能环保、缩短工期，节约了建造和装修成本。

（2）Vision 3D 模块建筑技术体系

Vision3D 模块建筑技术体系由威信广厦模块建筑有限公司开发，指先浇注建筑核心筒体，再将工厂制作的带有精装修的建筑空间模块通过专用连接件与核心筒相连。建筑空间模块上下通过模块中的钢筋焊接连接，形成结构体系。应用 Vision 3D 模块建筑技术体系，可将住宅分成若干个空间，以建筑模块的形式在工厂生产线上组装，精装修、软装甚至连清洁工作均可在工厂完成，在施工现场则像搭积木一样搭建模块，实现了设计、制造、搭建、验收为一体的集成化技术体系。

Vision 3D 模块建筑技术体系主要特点有：1）实行设计标准化，Vision 3D 模块建筑体系是将建筑的功能空间设计划分成若干个尺寸适宜运输的标准化"六面体空间模块"，设计流程标准化，但户型结构灵活多样，不受外立面形状限制；2）实现建筑部品部件生产工厂化，应用 Vision3D 模块建筑技术体系，除了地基、核心筒和外立面，其他工作均可在工厂流水生产线上用工业化的手段完成；3）实现土建装修一体化，Vision 3D 模块在工厂制造的过程中，也同时完成了室内精装修，水电管线、设备设施、卫生器具以及家具安装。Vision3D 模块建筑技术体系主要优势有：1）工业化程度彻底，主体部分 85% 以上的建筑体包括精装修都在工厂完成；2）可以建高层建筑，可以建造楼层较高的建筑，100 米以下精装修住宅性价比最高，适用于主流的住宅市场；3）可采用钢混结构，可以灵活地与传统混凝土现浇方式相结合使用，解决大跨度空间的建造需要，广泛适用于住宅、办公楼、酒店等，特别是保障性住房和精装修住宅；4）可利用异形模块，可以利用异形模块的方式解决户型和外立面个性化设计的需要；建造速度快，施工周期减少约 50%，仅为传统建筑方式的一半。

第三节　绿色建筑设计的程序与方法

一、绿色建筑设计的程序

绿色建筑设计的发展是实现科学发展观、提高质量和效率的必然结果。并为中国的建筑行业及人类可持续发展做出重要贡献。随着建筑技术与经济的不断发展，绿色建筑设计对未来建筑发展将起到主导作用。发展绿色建筑设计逐渐为人们认识和理解。绿色建筑设计贯穿了传统工程项目设计的各个阶段，从前期可研性报告、方案设计初步设计一直到施工图设计，及施工协调和总结等各个阶段，均应结合实际项目要求，最大化地实现绿色建筑设计。

（一）项目委托和设计前期的研究

绿色建筑工程项目的委托和设计前期的研究，是工程设计程序中的最初阶段。通常情况下业主将绿色建筑设计项目委托给设计单位后，由建筑师组织协助业主进行工程项目的现场调查研究工作。其主要的工作内容是根据业主的要求条件和意图，制定出建筑设计任务书。设计任务书是确定工程项目和建设方案的基本文件，是设计工作的指令性文件，也是编制设计文件的主要依据。

绿色建筑工程项目的设计任务书，主要包括以下几方面内容：建筑基本功能的要求和绿色建筑设计的要求；建筑规模使用和运行管理的要求；基地周边的自然环境条件；基地的现状条件、给排水、电力、煤气等市政条件和交通条件；绿色建筑能源综合利用的条件；建筑防火和抗震等专业要求的条件；区域性的社会人文、地理、气候等条件；绿色建筑工程的建设周期和投资估算；经济利益和施工技术水平等要求的条件；工程项目所在地材料资源的条件。

根据绿色建筑设计任务书的要求，首先设计单位对绿色建筑设计项目进行正式立项，然后建筑师和设计师同业主对绿色建筑设计任务书中的要求，详细地进行各方面的调查和分析，按照建筑设计法规的相关规定，以及我国关于绿色建筑的相关要求，对拟建项目进行针对性的可行性研究，在归纳总结出研究报告后方可进入下一阶段的设计工作。

（二）项目方案设计

根据业主的要求和绿色建筑设计任务书，建筑师要构思出多个设计方案草图提供给业主。针对每个设计方案的优缺点、可行性和绿色建筑性能与业主反复商讨，最终确定出一个既能满足业主要求，又符合建筑法规相关规定的设计方案，并通过建筑CAD制图、绘制建筑效果图和建筑模型等表现手段提供给业主设计成果图。业主再把方案设计图和资料呈报给当地的城市规划管理局等有关部门进行审批确认。

项目方案设计是设计中的重要阶段，它是一个极富创造性的设计阶段，同时也是一个十分复杂的问题，它涉及设计者的知识水平、经验、灵感和想象力等。方案设计图主要包括以下几方面的内容：建筑设计方案说明书和建筑技术经济指标；方案设计的总平面图；建筑各层平面图及主要立面图、剖面图；方案设计的建筑效果图和建筑模型；各专业的设计说明书和专业设备技术标准；拟建工程项目的估算书。

（三）工程初步设计

工程初步设计是指根据批准的项目可行性研究报告和设计基础资料，设计部门对建设项目进行深入研究，对项目建设内容进行具体设计。方案设计图经过有关部门的审查通过后，建筑师应根据审批的意见建议和业主提出的新要求，参考相关标准中的相关内容，对方案设计的内容进行相关的修改和调整，同时着手组织各技术专业的设计配合工作。在项目设计组安排就绪后，建筑师同各专业的设计人员对设计技术方面的内容进行反复探讨和研究，并在相互提供各专业的技术设计要求和条件后，进行初步设计的制图工作。初步设计图属于设计阶段的图纸，对细节要求不是很高。但是要表达清楚工程项目的范围、内容等，主要包括以下几方面的内容：初步设计建筑说明书；初步设计建筑总平面图；建筑各层平面图、立面图和剖面图；特殊部位的构造节点大样图；与建筑有关的各专业的平面布置图、技术系统图和设计说明书；拟建工程项目的概算书。

对于大型和复杂的绿色建筑工程项目，在初步设计完成后，进入下阶段的设计工作之前，需要进行技术设计工作，即需要增加技术设计阶段。对于大部分的建筑工程项目，初步设计还需要再次呈报当地的建设主管部门及有关部门进行审批确认。在我国标准的建筑设计程序中，阶段性的审查报批是不可缺少的重要环节。如审批未通过或在设计图中仍存在着技术问题，设计单位将无法进入下一阶段的设计工作。

（四）施工图设计

根据绿色建筑初步设计的审查意见建议和业主新的要求条件，设计单位的设计人员对初步设计的内容应进行必要的修改和调整，在设计原则和设计技术等方面，如果各专业之间不存在太大的问题，可以着手准备进行详细的实施设计工作，即施工图设计。

施工图设计是工程设计的一个重要阶段。这一阶段主要通过图纸，把设计者的意图和全部设计结果表达出来。作为工程施工的依据，它是工程设计和施工的桥梁。施工图设计主要包括建筑设计施工图、结构设计施工图、给排水和暖通设计施工图、强弱电设计施工图、绿色建筑工程预算书。

（五）施工现场的服务和配合

在工程施工的准备过程中，建筑师和各专业设计师首先要向施工单位进行技术交底，对施工设计图、施工要求和构造做法进行详细说明。然后根据工程的施工特点、技术水平和重点难点，施工单位可对设计人员提出合理化建议和意见。设计单位根据实际可对施工图的设计内容进行局部调整和修改，通常采用现场变更单的方式来解决图纸中设计不完善的问题。另外，建筑师和各专业设计师按照施工进度，应不定期地到现场对施工单位进行指导和查验，从而达到绿色建筑工程施工现场服务和配合的效果。

（六）竣工验收和工程回访

建设工程项目的竣工验收，是全面考核建设工作、检查是否符合设计要求和工程质量的重要环节，对促进建设项目及时投产、发挥投资效果、总结建设经验有重要作用。建设工程项目竣工验收后，虽然通过了交工前的各种检验，但由于影响建筑产品质量稳定性的因素很多，仍然可能存在着一些质量问题或者隐患，而这些问题只有在产品的使用过程中才能逐渐暴露出来。因此，进行工程回访工作是十分必要的。

（七）绿色建筑评价标识的申请

按照相关标准进行设计和施工的项目，在项目完成后可申请"绿色建筑评价标识"。绿色建筑评价标识是住房和城乡建设部主导并管理的绿色建筑评审工作。

绿色建筑标识评价有着严格的标准和严谨的评价流程。评审合格的项目将颁发绿色建筑证书和标志。绿色建筑评价标识分为"绿色建筑设计评价标识"和"绿色建筑评价标识"，分别用于对处于规划设计阶段和运行使用阶段的住宅建筑和公共建筑。"绿色建筑设计评价标识"有效期为 2 年，"绿色建筑评价标识"有效期为 3 年。

实施绿色建筑评价标识能推动我国《绿色建筑评价标准》的实施。该评价标识工作经过官方认可，具有唯一性。绿色建筑评价标识的开展填补了我国绿色建筑评价工作的空白，使我国告别了以国外标准来评价国内建筑的历史，在我国绿色建筑发展史上揭开了崭新的一页。

为了进一步加强和规范绿色建筑评价工作，引导绿色建筑健康发展，由建设部科技发展促进中心与绿色建筑专委会共同组织成立绿色建筑评价标识管理办公室（以下简称"绿建办"）。"绿建办"设在建设部科技发展促进中心，成员单位有中国建筑科学研究院、上海建筑科学研究院、深圳建筑科学研究院、清华大学、同济大学等。"绿建办"主要负责绿色建筑评价标识的管理工作，受理三星级绿色建筑评价标识，指导一星级、二星级绿色建筑评价标识活动。

住房和城乡建设部委托具备条件的地方住房和城乡建设管理部门，开展所辖地区一星级和二星级绿色建筑评价标识工作。受委托的地方住房和城乡建设管理部门，组成地方绿色建筑评价标识管理机构，具体负责所辖地区一星级和二星级绿色建筑评价标识工作。地方绿色建筑评价标识管理机构的职责包括：组织一星级和二星级绿色建筑评价标识的申报、专业评价和专家评审工作，并将评价标识工作情况及相关材料交"绿建办"备案，接受"绿建办"的监督和管理。

绿色建筑评价标识的评价工作程序主要包括以下几个方面。

1. "绿建办"在住房和城乡建设部网站上发布绿色建筑评价标识申报通知，申报单位可根据通知要求进行申报。

2. "绿建办"或地方绿色建筑评价标识管理机构负责对申报材料进行形式审查，审查合格后进行专业评价及专家评审。评价和评审完成后由住房和城乡建设部对评审结果进行审定和公示，并公布获得星级的项目。

3. 住房和城乡建设部向获得三星级"绿色建筑评价标识"的建筑和单位颁发绿色建筑评价标识证书和标志（挂牌）；向获得三星级"绿色建筑设计评价标识"的建筑

和单位颁发绿色建筑评价标识证书和标志（挂牌）。

4.受委托的地方住房和城乡建设管理部门，向获得一星级和二星级"绿色建筑评价标识"的建筑和单位颁发绿色建筑评价标识证书和标志（挂牌）；向获得一星级和二星级"绿色建筑设计评价标识"的建筑和单位颁发绿色建筑评价标识证书和标志（挂牌）。

5."绿建办"和地方绿色建筑评价标识管理机构，每年不定期、分批开展评价标识活动。

二、绿色建筑设计的方法

（一）整体环境的设计方法

所谓整体环境设计，不是针对某一个建筑，而是建立在一定区域范围内，从城市总体规划要求出发，从场地的基本条件、地形地貌、地质水文、气候条件、动植物生长状况等方面分析设计的可行性和经济性，进行综合分析、整体设计。整体环境设计的方法主要有：引入绿色建筑理论、加强环境绿化，然后从整体出发，通过借景、组景、分景、添景多种手法，使住区内外环境协调。

（二）建筑单体的设计方法

建筑的体型系数即建筑物表面积与建筑的体积比，它与建筑的热工性能密不可分。曲面建筑的热耗小于直面建筑，在相同体积时分散的布局模式要比集中布局的建筑热耗大。具体设计时要减少建筑外墙面积、控制层高，减少体形凹凸变化，尽量采用规则平面形式。外墙设计要满足自然采光、自然通风的要求，减少对电气设备的依赖。设计时采用明厅、明卧、明卫、明厨的设计，外墙设计要努力提高室内环境的热稳定。采用良好的外墙材料，利用更好的隔热砖代替黏土砖，节省土地资源。采用弹性设计方案，提高房屋的适用性、可变性，具体表现在建筑结构、建筑设备等灵活性要求上，然后尽量采用建筑节能设计和建筑智能设计。

三、互联网＋绿色建筑

1.设计互联网化。目前，我国引进或自主研发的建筑节能软件数量庞杂，但缺少将其整合的云计算平台软件。今后不仅要注重利用云平台进行整合，同时要在建筑新部件、绿色建材、新型材料、新工艺、管理营运新模式等方面大量应用数据化和网络化新技术。

2.新部品、新部件、绿色建材、新型材料、新工艺互联网化。通过互联网，设计师们可以方便地找到各种各样符合当地气候条件或国家标准的新材料、新工艺和新技术。当前新型建筑材料已经到了一个革命性的发展新阶段，几乎每天都有多种新型建筑材料涌现出来。许多新型的建筑材料不仅安全性、防腐性、隔热性非常优异，还能够吸附有害的气体，甚至能够释放出有益于人们身体健康的气体。这些新材料通过互联网可以迅速地在建筑中得到应用。仅新型玻璃一项就处于革命的前端，不仅种类繁多，而且性能优异，能实现高强度、隔热、保温、自动调节光线、冬与夏季性能反差，等等，甚至有些玻璃还可以产能、储能。

3. 标识管理互联网化。绿色建筑标识申请咨询监测评估的网络系统，且提供免费软件，实现标识申请评估管理咨询监管网上一体化和便捷化，能进一步降低绿色建筑咨询评估成本。

4. 施工互联网化。类似于日本丰田公司发明的敏捷生产系统（ustintime），未来的绿色建筑施工就像建造汽车那样实现产业化，整个过程由互联网进行严格监管，各部件、部品生产商与物流系统、施工现场、监理等"无缝"联结，使整个系统达到零库存、低污染、高质量和低成本，这是绿色建筑施工必然要发展的方向。

5. 运营互联网化。首先要引进物联网的概念，即只要安装了相应的传感器，通过个人的智能手机就可方便地实现建筑的节能、节水或家电的遥控。

6. 运行标识管理互联网化。未来，要给每一栋绿色建筑装上一个智能芯片，这个芯片包括上面提到的集成传感器及其相关的软件，并将其联接到云端，便于定时收集电耗、燃气供暖等能耗等数据。同时还要及时运算、比较并警示发布，再加上安全保卫功能，就可以为用户提供周到的服务。不久的将来国家绿建中心可利用该系统加上物联网、大数据等技术手段定期为用户提供分析、诊断、反馈、改进等服务信息。这在物联网时代已不是梦想，且成本可以做到很低。

未来，首先要把绿色建筑设计互联网化，通过用户与设计师的合作来精心设计自己的家园。然后通过众多软件（例如 BIM），实现对绿色建筑的设计、施工、调试、运行全过程的监督和用户参与。这还远不够，未来我们需要更多的像 BIM 这样的系统，更全面、更精细化、更加开源的软件，且这些软件的普及应用可以实现不同气候区、不同条件下的绿色建筑自适应调节。总之，将来每个用户，通过手机终端就可以显示所处环境的空气质量和遥控住宅的性能。

第六章　BIM 技术在建筑工程绿色施工过程中的应用

进入二十一世纪，我国城市化进程不断加速，城市面貌日新月异，建筑市场的规模随之不断扩大，建筑业已经成为国民经济的支柱产业之一。但是，繁荣景象的背后，却存在着巨大的资源浪费和环境问题。推进绿色施工模式已经成为在国家致力于建设"资源节约型和环境友好型社会"，以及倡导"低碳经济""循环经济"的大背景下的必然之选。在本章中我们将就 BIM 技术在建筑工程绿色施工过程中的应用实例进行介绍。

第一节　BIM 技术在建筑工程绿色施工中的应用价值

我国目前正处于城镇化快速推进阶段，建筑业的飞速发展对资源、能源和环境等造成了巨大影响，推行绿色施工势在必行。绿色施工导则提出要加强信息技术在绿色施工中的应用。而 BIM 技术正是其中重要一环。深入研究 BIM 技术在绿色施工中的应用，对更好地实现绿色施工"四节一环保"的目标具有重要意义。

一、BIM 技术绿色施工优势及应用流程分析

（一）BIM 技术绿色施工优势分析

BIM 技术应用于建筑工程绿色施工主要有以下几大优势：

1. 可视化及施工模拟

工程实施阶段利用 BIM 技术进行施工模拟，在可视化条件下检查各过程工作之间的重合和冲突部分，可以方便地观看在下道工序中可能造成的一些过错所造成的损失或延期。还可以通过定期预检方案优化净距、优化布置方案。以可视化视角来指导施工过程。

2. 有效协同

利用 BIM 技术进行虚权施工能够快速直观地将预先制订好的进度计划与实际的情况联系起来，通过对比分析使参与各方有效协同工作，包括设计方。监理力方、施工方甚至并非工程技术出身的业主和领导，都可对施工项目的各方面信息和面临的问题有一个清晰的判断和掌握。

3. 碰撞检查

BIM 技术可以对参建各方的专业信息模型进行一个预先的碰撞检查。包括安装工程各专业之间及安装与结构之间。对查找出的碰撞点对其施工过程进行模拟并在三维状态下进行查看，方便技术人员直观地了解碰撞产生的原因并制定解决方案。

4. 进度管理

基于 BIM 方式，可以充分利用可视化手段，通过进度计划与模型信息的关联，对处于关键路线的工程计划及施工过程进行四维立体的仿真模拟，对非关键路线的重要工作要有一个提前检测的过程，对可能存在的影响因素做好防范应对。还可以对实际的情况通过模拟之后与当前已完成工作进行一个比对校核，发现存在的错误。合理有效地分配建造活动中所需的各类设施，合理调度现场场地变更，保障施工进度正常推进。

5. 资源节约

在节约用地方面。在对项目进行深化设计时应对整个施工场地进行充分调研。利用 BIM 技术进行施工场地模拟布置，使场地布置对建筑的容纳空间达到最大化。提高现场施工的便利程度，进而提高土地利用效率。在节约用水方面，运用 BIM 技术仿真模拟的功能对现场各型设备和各部位等职工用水进行仿真演示，对其正常使用和损耗进行统计，确保对用水进行合理控制。同时汇总现场各型设备和各部位的用水量，运用 BIM 技术协调现场给排水和施工用水以避免水资源浪费。在节约材料方面，利用 BIM 技术对方案进行设计深化、施工方案优化、碰撞检查、虚拟建造、三维可视化交底，精确工程量统计等来促进建筑材料的合理供应（限额领料）及使用过程中的跟踪控制，减少各种原因造成的返工和材料浪费，以达到节材的目的。在节约能源方面 BIM 技术可以实现能源优化使用。在建立项目三维模型的过程中我们设置了多种能源控制参数，在实际施工开展前对项目施工过程中的关键物理现象和功能现象进行数字化探索，有效帮助参建各方进行诸多方面的能源使用和优化性能分析，最大限度地降低低能源损耗。

（二）绿色施工中 BIM 技术具体应用

基于四维图新大厦项目特点，根据设计阶段提供的 CAD 图纸，着重研究项目在实施绿色施工时三维模型建立、施工场地布置、碰撞检查、工程量精确统计及现场材料管理等，推行 BIM 技术条件下绿色施工精细化管理。

根据本项目实际需求，采用 Revit 软件建立建筑、结构、机电模型、并将模型整合在一个项目中，采用 Narie wonh 软件进行碰撞检测、重要节点可视化交底等。针对 BIM 技术在本项目绿色施工中的应用点、主要从施工场地三维布置、建模及图纸审查、施工模拟、管线碰撞检查及深化设计。三维可视化交底砌体排布、基于精确工程量统计的限额领料等方面来研究 BIM 技术在绿色施工中的应用。

1. 施工场地三维布置

基于建立好的四维图新大厦 BIM 模型，对施工场地进行科学的三维立体规划。包括生活区、结构加工区、材料仓库、现场材料堆放场地、现场道路等的布置。可以直观地反映施工现场情况，保证现场运输道路畅通，方恒施工人员的管理，有效避免二次搬运及事故的发生，节约施工用地。

2. 建模及图纸审查

建立 BIM 建模首先需要对工程原方案进行分析，提取工程类型、体量、结构形式、标高信息等。其次要确定统一的项目样板、模型命名规则、公用标准信息设置、模型细度要求等，使各单位在统一标准下建立模型。在建模过程中，技术人员会发现大量图纸问题，分类汇总提出解决方案并在模型中体现。避免材料浪费。

3. 施工模拟

基于建立好的四维图新大厦 BIM 模型，对复杂施工位置，进行可视化查看。发现施工中可能出现的问题，以便在实际施工之前就采取预防措施，从而达到项目的可控性，并降低成本、缩短工期、减少风险。增强绿色施工过程中的决策、优化与控制能力。

4. 管线碰撞检查及深化设计

将各专业建立的 BIM 模型整合在一起，通过 Navie work 软件在电脑中提前查找出各专业（结构、暖通、消防给排水、电气桥架等）空间上的碰撞冲突，提前发现图纸中的问题，电脑自动输出碰撞报告。然后对碰撞点进行深化设计。四维图新大厦发现的碰撞点如下：0 以下共发现 402 处。0 以上共发现 1063 处。其中输出了穿墙、穿板洞口 312 处，其中有效规定了 96 处，输出了 268 个有效管线碰撞点。会同技术人员对机电专业之间的碰撞进行深化设计予以规避。对穿墙、穿板管线预留洞口或预埋套管，减少施工阶段可能存在的返工风险。

5. 三维可视化交底

三维可视化交底可让施工班组清晰直观地明白重难点所在，根据出具的复杂节点创面图，避免让多专业在同位置管道碰撞，避免单专业安装后其余专业管道排布不下需要重新返工的现象。利用管线综合优化排布后的模型，由技术人员以及施工班组进行交底，指导后期管道安装排布。利用创面图更直观地体现复杂节点处管道的排布，避免多工种多专业在施工时出现争议，在提升工作效率的同时也提升了工作质量。

6. 砌体排布

将建立好的土建模型导入鲁班施工软件中，利用施工软件中墙体编号时每堵墙体进行有序编号，并对编号的墙体依次按照设置的具体规格种类和灰缝大小等参数进行排布，从而得出相应编号墙体各种规格砌体用量和排布图。最后形成项目按编号墙体的使用量来指导砌体施工。

7. 基于精确工程量统计的限额领料

运用 BIM 系统强大的数据支撑共享平台。使各班组工作人员可方便快捷提取到工程数据，方便材料用量的提取核对。利用 BIM 系统精确快速地提取实时材料用量。对施工班组的各层材料领用核对，利用 BIM 系统可快速地提取出各楼层的材料用量，并对施工班组提交的领料单进行核对，大大地精确了材料的用量，避免材料多导致的浪费。

（三）经济效益分析

与原设计方案的工期、成本、造价等相比，采用 BIM 技术后可在绿色施工过程中实现以下指标：

1. 碰撞检查

将机电各专业模型合并到一起进行碰撞检查，本项目共检查出碰撞 490 余处。经过筛选后得出有效碰撞检测点 268 处，可有效节省人工的 36 个工日，节约时间 6 天。人工以每人工每工日 200 元计算则避免返工、材料费 19.6 万元。

2. 洞口预留

运用 BIM 技术将机电模型结构模型合并到一起进行碰撞检查，共输出预留洞口的部位共 396 个。其中有效避免现场 97 余处预留洞口遗图，节省人工约 24 个工日，节约时间约 6 天。人工以每人工每工日 200 元计算、则避免返工、材料费 72 万元。

3. 钢筋工程

利用 BIM 技术在钢筋工程施工前对施工班组进行复杂节点的可视化交底，对工序进行合理安排，是免施工过程中的材料浪费。对于地库底板等钢筋构造较复杂区域，推行钢筋数字化加工，方便快捷且钢筋损耗率较低，项目实际施工钢筋用量比原方案节约 46 吨。按均价 40000 元计算，共计节省材料费 184 万元，累计节约人工约 60 工日，节约时间 5 天。人工以每人工每工日 200 元计算，共节约人工费 12 万元。

4. 模板工程

一是利用 BIM 技术精确统计工程量，节省人力、提高效果；二是将复杂的模板节点通过 BIM 技术进行定制排布以反映其错综复杂的平面位置和标高体系。BIM 技术在建筑工程绿色施工过程中的应用实例解决施工的重难点，共节的人工 96 工日，节约时间 5 天。人工以每人工每工日 200 元计算，共节约人工费 1.92 万元。

5 混凝土工程

利用 BIM 技术精确提取出工程各部位工程量，合理安排混凝土进场时间，节省了混凝土运输车的等待费用；浇筑时实施"点对点"供应，既节省了人工也避免了混凝土浪费，共计节省混凝土 390 余立方米。经统计，项目在绿色施工过程中引入 BIM 技术所产生的经济效益在 360 万以上。为施工过程提供了更多解决问题的途径，在保证项目进度和质量的前提下取得了较好的经济效益。

在 BIM 技术条件下开展绿色施工，为绿色施工注入信息化的元素，将促进 BIM 技术在绿色施工领域发挥更大作用。对实现绿色施工"四节一环保"目标，对节约成本。提高效益，增强我国建筑业竞争力具有重要的意义。文章的研究基于项目的实际情况，BIM 技术在绿色施工过程中的应用不限于本书的介绍，仍有待深入挖掘。

二、装饰绿色施工的理论研究

（一）装饰绿色施工的概念

装饰工程绿色施工是指在装饰工程施工全寿命周期中推广绿色的概念，以节约能源为主，同时采取各种施工措施来减少对材料、能源的损耗及环境的污染，同时减少工程成本的输出及人力资源的节约等。人类经过历史上的几次重大的发明和创新使人类的生活水平达到了高速的发展，伴随着人类寿命的延长，开始对影响寿命的一系列健康问题进行探讨。

经济发展带来的虽然有高质量的生活，同样也带来了高能耗、高污染的社会问题。而直接影响人类生存环境的就是室内装修，对人体的危害也是占总危害的 80% 以上。而且装饰所带来的能耗也占整个建筑能耗的 40% 以上，所以研究装饰的绿色施工是这个社会共同需要关注的问题。绿色建筑装饰主要从前期设计，中期施工，后期使用这个全生命周期上着手，对建筑装饰在能耗、环保等方面提供有力的支撑点。绿色建筑装饰体现出对传统建筑装饰类的强大优势，为现今社会各国的共同推荐。

（二）传统装饰工程的标准和目标

1. 传统装饰工程施工工艺流程

建筑装饰是从实用性及观感性等多方面考量，对人类日常活动、工作、来往、娱乐等各种生活所需的内部空间，通过对物质材料的运用及艺术手法的表达，对室内空间进行有组织的一系列建造过程的总称。建筑装饰是建筑形成的重要的一环，也是将人类的技术、人工、美感结合在一起的综合性过程。依据施工部位及工艺流程大体可以分为：吊顶工程施工、墙柱面工程施工、隔墙工程施工、楼地面工程施工、门窗类工程施工及涂料裱糊工程施工等。根据不同材料的专有属性，施工工艺也不尽相同。随着时代的进步，装饰施工中采取的大量新型材料，使传统的施工做法不断优化升级，但全寿命施工流程大体相同。

2. 绿色施工目标

第一质量目标：严格依据国家强制性规范去设计图纸及指导施工，使装饰单位能达到国家规定的质量验收标准、长久优质的装饰工程；第二工期目标：将合同中要求的工期分解，依据装饰公司的成功案例，在达到质量和安全的前提下，确保自身成本，并严格按照施工工艺的流程下完成合同工期的要求；第三安全目标：在施工过程中不间断对所有参与人员进行安全教育，发现危险源，进行动态管理，并对现场人员进行国家安全生产法规的培训，避免发生安全事故；第四文明施工目标：严格按照相关标准达到文明工地标准；第五环境保护目标：根据国家及地方政府所规定的相关环境保护法规的要求，严格要求施工单位对周边环境负责，防止三废污染环境。

3. 绿色施工在装饰工程中的应用

室内环境是人们在日常活动、工作与学习的栖息时间最长的场所，所以室内环境控制尤为重要。建筑装饰材料是室内环境好坏的主要因素，是评价室内环境的好坏标准。室内材料的有害物质对人体的健康往往是致命的，严重地制约了人类的生活质量，甚至可以升华到社会发展的层面。绿色评价标准已经是人类对栖息环境的直接要求所衍生的对环境评价的要求。伴随着人类对生态环境的研究和发展，对室内环境恶化的危害逐渐开始受到各界专家的重视。如今根据各界专家研究的相关数据显示，我们栖息的室内环境中存在的主要污染物质有放射性颗粒及致癌气体等。这些污染物很容易通过我们的呼吸甚至皮肤接触进入到我们体内。在一个家庭室内环境中，家具、墙纸、地毯等建筑材料中或多或少含有各种有害物质。随着时间的推移，挥发至空气中，进而经人体吸收，对健康造成不可磨灭的影响。伴随着人们对室内装饰的热情不断升温，装饰材料中使用的化学材料种类也开始迅猛发展。再加上名目繁多的家用电器越来越普遍，因室内安装使用燃气和空调等因素，致使室内环境的污染越来越严重，这些不良诱因已经对我们的健康状况造成严重的安全隐患。越来越多的人选择使用密封铝制门窗和塑料贴面。特别是那些寒冷或炎热地方，这些化学材料的使用对当地的人们又是一种新的威胁。国内外的很多学者都开始对室内污染产生关注，并已经以此为课题进行了对室内环境的研究和探讨。

根据国内外对室内环境的专家研究调查得出结论：无论是如今如火如荼的工厂，还是城市化道路空间，其空气污染程度远远比我们室内所常呆的空气质量要好。经过科学家的论证，我们生活的地方空气质量严重不足，化学、噪声污染的程度比室外的危害要高得多。有一家比较权威的刊物曾经指出："人类栖息的室内环境污染严重程度远远高于室外环境，而这个结论的罪魁祸首就是装饰材料中所散发的各种对身体有害的气体。这些气体具有很强的致癌性，这是人类健康的最大威胁。"英国专家做了一个关于室内环境的测试实验，在各个很多大的都市的多个房间内进行随机检查，结果表明室内有害气体的密度总是高于室外的，人们摄入的 PM 颗粒的数量比室外空间高数倍。种种迹象表明，室内空气污染问题需要得到高度重视，绿色装饰的推广刻不容缓，努力消除对人体健康构成的严重威胁才是大势所趋。

装饰工程中对环境影响最大的就是材料，国家出台了一系列的评价标准对材料的有害含量进行限制，从而一定程度上缓解了室内材料有害物质的含量。而装饰中对环境的影响除了材料因素外，施工过程中所产生的废水、废气、噪声、光污染等都是影响环境的主要因素。绿色施工管理标准就是针对施工过程中管理提供评价的标准。

（1）在施工管理上的应用

据相关规定，所有建造行业包含建筑和装饰，均以绿色施工作为一种施工的规范，全国各地均以这本规范作为施工单位的行为规范，从而实现装饰行业的绿色目标。该规定主要是针对环境的污染、材料的浪费以及水和能源的浪费而建立起来的制度。本规定的主要内容是从项目整体规划开始，经过人力资源调配、施工手段、安全生产及标准评价等五个阶段规定的：第一，绿色施工管理中的组织管理。首先从架构组织上进行整体层面的调整，成立专门的工作小组对绿色装饰施工进行指挥，进一步明确施工目标、管理手段及系统的指标体系，确保工作质量。保证污染气体排放量符合相关标准。实行项目经理责任制，将绿色施工目标进行任务分解，建立施工现场组织人员的管理制度，予以配合项目施工的目标实施。制度中将管理人员划分为监控小组和施工管理小组，不仅要对施工现场进行管理，还要对进场材料进行把控。整个组织构架共同以绿色装饰标准作为目标，实现绿色施工的要求。第二，绿色施工管理中的规划。管理绿色施工的规划管理是以制订科学的绿色施工方案为前提的。应当由专业的环保工作人员和经验丰富的施工技术人员综合研究科学的绿色施工方案，并从低碳环保措施以及如何对空间有效利用等各方面进行细化，使施工单位在实际的施工操作中有标准可参考，为房屋所有者的安全提供保障。第三，绿色施工管理中的实施。管理绿色施工的管理，只有从施工全过程实行动态管理才能保障施工设计质量的高标准完成。不仅要把控材料质量和现场施工的质量，也要强化对绿色施工的监管，确保各个阶段达标。在实际操作中，要根据具体装修工程的特点，针对性地加强绿色施工理念的宣传，提高员工的绿色意识，营造和谐的绿色施工环境。也可以通过激励政策的制定，提高员工投身绿色施工的积极性和主动性。第四，绿色施工管理中的人员安全健康管理。为了保障管理人员的安全和健康，要了解严格的防毒、防尘等措施。以最低排放量为标准来采购装饰材料，科学合理地布置现场，以免有害气体发散影响施工人员的身体健康。制度的建设需要在整个装饰施工周期内进行不断的完善。建立健康的保健机制和急救方案，以保证在事故发生时，能够积极及时地提供相应救助。尽量为现场人员提供良好的工作环境，加强施工人员在饮食、住宿等方面的卫生环境管理，提高生活区环境质量，为施工人员提供干净舒适的生活环境。第五，绿色施工管理中的评价管理。

在项目运营决策阶段，在项目管理成员中组成绿色施工考核小队，对项目的材料、过程施工、策划以及各方面进行考核。考核可以无定期考察作为标准，对项目现场进行监督，确保项目能健康稳定地完成。实现在过程管控的评价管理，对绿色施工保驾护航。

（2）在环境保护上的应用

第一，施工现场防尘措施：1）现场施工过程中所造成的垃圾，采用不定期进行清理。清理时采取适当的措施去避免注意对周围环境的影响。如采用专用的容器吊运，严禁从楼层向下抛撒；2）诸如水泥、黄沙、石膏粉等容易产生扬尘的材料，最好安排在密封的房间内储存。若条件有限必须在室外存放时，必须对其存放采取遮盖措施，减少扬尘的同时还减少材料的损害；3）诸如室内乳胶漆等有害成分较多的材料，通常采用品牌的生产供应商。品牌供应商所生产的产品虽然价格略微贵一点，但是由于其企业在市场的份额和口碑，其产品不得不严格依照国家相关标准生产。进场存放的区域最好是选择通风较好，尽量在现场安置排气扇、空气净化器等设备设施，确保良好的室内环境。第二，减少扰民噪音措施：1）树立文明施工的理念，健全对噪声的管理制度，培养施工人员防噪声扰民的自觉意识，减少噪声对周围居民的打扰；2）噪声可以在声源出口进行削弱，从传播过程中减弱。尽量选用优质的设备和新型的工艺进行施工；监督施工现场的石材切割应设棚做围护处理，以减轻场界噪声，也可采取吸声、隔声等方法来降低噪声。第三，对光污染控制的措施：对施工场地的直射光线、电焊眩光等强光进行有效遮挡，尽可能避免对周围区域产生干扰。第四，对水污染控制的措施：对于施工过程中所产生的污水也要进行处理，可以采用建沉淀池、隔离池等污水处理设施，防止污水未经处理直接排放污染环境。同时施工过程中所使用的油料、装饰涂料、溶剂以及有毒材料也要做好严格的隔离保护措施，以防止其渗漏污染水。第五，施工现场垃圾管理：1）现场会产生各种固体废物，对这些垃圾进行分类处理，将可回收的垃圾进行重新加工，降低材料成本；2）对于影响环境的材料进行回收或者集中存放后，对其进行集中处理。

（3）在材料上的应用

原材料的选择和使用是装饰工程确保质量的必要途径。这样装饰工程项目在前期策划的过程中，对物质材料的选用进行严格的评估和精细的选控，根据实际需要量进行采购，并严格按照标准进行施工，避免浪费。此外在原材料的搬运过程中也要小心谨慎，减小对材料的损坏。采用符合绿色环保标准的绿色原材料，很多传统的装修材料已经渐渐被社会所摒弃，比如很多一次性材料不仅会造成浪费现象严重，而且会伴随大量有害有毒物质的释放，这些释放的有害气体对人类的身体产生严重的损害。材料的耐久性标准也是材料选择时必须要考虑的因素，直接与项目的经济挂钩，选择材料时尽量选择有益于装饰装修工作以及人们工作生活的原材料。

（4）在节水、节能、节地上的应用

以装饰工程节水为主要目的，在装饰装修施工开始的时候，对施工过程中所需要消耗的能源进行科学的规划和设计，并列出详细的实施计划，事前控制，从而在施工过程中提高能源利用率；装饰施工在设备和工具的挑选上，要优先选择高效、环保、节能的施工器具；在装饰材料的选择上，要优先选择具有环保、节能特性的材料；在选择施工方法上，要优先采用能源消耗量低、资源浪费量少的施工工艺。施工器具要保持其良好的工作性能，积极保养，使其有一个很好的工作状态，才能更好地处于一种高性能、低消耗的状态。在能源消耗过多的时候，要及时采取修正措施。

（5）装饰工程绿色施工在工程中的难点

绿色装饰施工除了具有普通装饰装修工程的特点外，由于其对设备和材料节能环保的要求，在对材料的高标准、高要求的同时，材料的实际成本也会变大。由于评价标准的繁琐，检查材料的过程变得冗长，对项目的整体工期有所影响。绿色施工与现实产生的矛盾会变得日趋复杂，使很多绿色施工的标准难以达到。经过行业内丰富的施工人员的总结，我们将矛盾难以解决的主要问题划分为以下几点：

第一，组织管理。组织管理即是对人的管理，施工过程中包含劳务队伍及现场管理人员。由于装饰工程的特殊性，劳务队伍又分为木工、瓦工、油工、水电工、电焊工、空调、地暖等工种，不仅如此工地现场还有包括土建、消防单位的工人，各个工种之间的交叉配合尤为重要。整个装饰工程需要将所有工种进行管理调配，难度可想而知。开工前进行项目的组织策划，将所有人员岗位进行调配，编制人员施工任务计划，制定绿色施工标准化目标，提高全员环保意识。对于这个庞大的组织，在执行中是有较大难度的，特别是在确定节能减排、低碳环保的目标上执行起来难度较大。第二，绿色装饰装修材料。绿色环保材料的选用不仅要对质量达到标准要求，而且还要对人体的健康达到标准要求，这样的材料选用才是装饰装修绿色施工的前提。装饰材料中不乏生产标准低于国家标准的，在我国市场经济的大环境下，市场竞争激烈。由于执行国家环保标准会产生较多的费用，很多低成本材料的存在是不可避免的，这就为国家的绿色施工标准带来了极大的困难。因此材料环保不达标，也导致装饰工程室内环境达不了标。经济条件决定了这个项目是否能按照绿色标准实施，所以经济较发达的地区，如上海、广州、北京等大型城市的装饰项目会特别提出环保要求，但这些都不能反映一个社会室内的环境能达标。绿色施工不仅会增加材料的成本，人工的成本也会相应提升。人们受经济条件的限制，使绿色施工推广受到了极大地限制。第三，施工工艺难点。装饰施工工艺中与绿色环保标准有关的措施，通常包括采光、取暖、通风、节水等，能够通过工艺做法对室内能耗进行减少。但是装修工程不同于土建工程那样粗犷，装修精度必须达到 3mm 以内，导致工艺难度大，并且增加环保标准后工艺更加繁琐，可能会增加一道甚至几道工序。若在施工过程中操作的不恰当，反而给传统工艺的操作带来麻烦。轻则质量不好，重则造成返工。而对材料和人工都是极大的浪费，也违背了绿色施工的核心理念。第四，多种相关专业的协调配合。麻雀虽小五脏俱全，专业间的配合协调是每个项目的管理核心。而且在整个项目管理过程中，最为困难的也就是专业间的协调配合。节能环保并不是针对单一专业的，但是一旦两个专业发生了矛盾，那么协调配合就尤为重要。如土建专业与装修专业、消防与装修、水电与空调等人员需要交叉作业，所以在进行施工前期组织策划时要综合考虑各个专业的协调配合情况。

三、BIM 技术的应用研究

(一)BIM 的概念的引入

建筑信息模型，是一项全新的思维方式和技术模式，正受到建筑行业的高度重视。通过 BIM 技术实现建筑项目各个阶段的信息管理与集成，对建筑单体及群体进行性能模拟并分析处理，可提高经济效益与环境品质。为了实现我国工程项目管理整体水平的提高，在相关文件中，已经明确要求将深入应用 BIM 技术，完善协同工作平台以提高工作效率、生产水平与质量。

(二)BIM 技术对绿色建筑的意义

在当今全球化发展的背景下，建设工程正朝着减少环境污染的方向发展。绿色建筑装饰通过科学的设计，以低能耗无污染为目标，使生活环境更加舒适、生态环保，并且以高端科技为主导，是以可持续发展设计理论的高端科技为主导，合理地利用自然资源和能源，展示出建筑和生态环境、人与自然的高度统一。同样以绿色施工理论的 BIM 虚拟施工技术为方向，通过整体模拟施工，对材料的使用量得到了质的控制，精细化管理所需资源，不浪费、不返工。面对复杂的、高尖的装饰设计理念得心应手，BIM 技术也成为建筑业第二次革命性变化，让建筑产生更多种可能性和有效性。由于目前国际国内在建筑市场的残酷竞争以及现在建筑相关技术的进步，建筑企业不得不要求自身改进经营模式和管理方法，适应目前市场竞争的新趋势，提高自身的管理水平。当前，我国的工程项目是世界上最多的，工程建筑业的产值约占 GDP 的三成。但是目前信息化管理的普及还不算乐观，大部分单位的信息处理仅仅用于一般性的事务处理，建筑单位只有大约 40% 采用信息化标准。

(三)BIM 技术与绿色施工的关系

BIM 技术引发了建筑行业一场历史性的革命，它可以使每个项目的参与方都能提高生产效率，获得更大的收益，它的出现改变了项目各方的协作模式。同样，在实现绿色设计与施工、可持续设计和施工方面，BIM 也可以提供非常明显的优势：在分析包括是否会产生光污染、能源是否有效利用和材料是否具有可持续性等建筑性能的方方面面都可以应用 BIM；BIM 可以对比数据、保证资源利用率高。并且通过模拟风向条件、光学条件、气象条件等项目，实现建筑工程设计施工的绿色发展。

中国建筑科学研究院副院长林海燕表示，"BIM 技术对工程项目绿色施工整体表象方面提升很有益处"。目前，我国的绿色建筑理念虽然发展非常迅速，但是效率却并不是很高，经常会出现只关注设计不关注运营、实施结果达不到设计目标等问题。在一个建筑工程项目中，虽然很多问题在设计的时候就能够发现和预测，但是毕竟一个项目包括了设计、施工、运维等多个阶段，所以即使在设计的时候考虑得再全面，也还是一种理想的情形，并不能真实模拟 365 天所有细节的表现，因此施工中经常会出现与设计初衷并不一致甚至与设计目标背道而驰的情况。如果可以添加一些信息模拟工具建成一个模型供设计师进行参考，那么很多细节问题，包括性能表现是否合理、是否符合绿色三星这样一些认证体系等问题就变得可以预知。

（四）BIM 技术对绿色建筑的影响

1.BIM 技术在设计领域的影响

（1）对现代设计思维模式的影响

我国能源和资源的可持续发展战略，重要的一步就在于建筑行业发展绿色节能项目、推进节能、减少污染等重要措施。更合理地更有效地利用资源、贴近大自然、创造令人愉悦的生活氛围是绿色建筑的设计初衷和目标。这个目标就需要设计师们综合性地跨专业性地进行全过程的设计，BIM 技术就可以满足这个要求。通过 BIM 可以模拟现实的应用，模拟建设项目在实际施工过程中的建筑朝向、温度和湿度、光能，全年的能源资源的利用及建筑环境噪声、风场等环境因素的影响，将环保、绿色、低碳、节能的概念，从方案一开始，就始终贯穿设计全过程。同时，不一样的设计软件操作的实际技术方法和理念会改变设计的实际效果。工程项目对于本来的设计理念也开始发生一系列的变化。由最开始二维表达方法例如绘图，演变成了现在更加实用的建筑信息化。到了国外，可以发现绿色建筑基本上都利用 BIM 软件来设计和施工。原因是如果单单运用二维软件去进行相关的资源利用分析，分析出来的结论只可能是理论上的数据。假如分析的内容做了稍微的变化，分析者就会变得无法确定资源利用的数量与效率，而必须得靠自己的经验来猜测，那么猜测的内容就肯定不会那么的准。但是利用了建筑信息模型，分析人士就能够非常准确并且详尽地分析工程项目的实际资源利用。在施工过程当中，更加能够运用一系列的软件对资源利用和能源消耗进行有效监督。操作人员可以利用模型反映出的数据，合理地控制资源利用，甚至包括光能、风向、湿度等具体内容的改变。建筑信息模型可以为绿色建筑设计提供的非常有利的一点就是不用等到实际施工，就可以分析出建筑物的整个资源消耗能力，而且非常精准也非常详细，能够提高其环保能力，尤其能够使其整个外表面的资源利用率大幅度增加。BIM 技术本来就是充满了可持续发展的理念和绿色的概念，如果再运用几个现在市面上应用的一些关于绿色建筑的技术，二者一起使用，能得到更加理想的效果。

（2）从传统思维模式到数字化思维的发展

由于电脑在建筑行业得到越来越广泛使用，在绘图、进行项目策划、信息的传递和保护等方面的使用变得更加平常。将这部分越来越明显的成果结合在一起看，大家便能够探索出一种新理念的雏形；它远远超出曾经的仅仅是靠施工蓝图进行信息交流，而是运用计算机网络完成各方面的沟通。无论是最开始平面的表示方法，例如绘图，还是现在已经普遍认可的建筑信息化模式，都可以说是一种视觉思维。利用绘制蓝图的方式将建筑生动地描述到纸面上，再运用平面视觉能力进行一遍一遍确认，最后实现实际方案的确定和进一步的研究目的。

目前，我们的创造性视觉思维已经开始被新的数字化和信息化技术直接影响。大家可以通过一些为人熟知的技术为例来证明这个问题，在数字化模型技术的帮助下，设计人员绝对可以模拟出非常生动且具体的实际建筑物样子，直接进入建筑物内，而不需要再在脑中进行着建筑物蓝图和实际形象的复杂的转换和翻译。这类软件一直努力地告诉世人，并不是非得需要这种转换和翻译，因为软件带给人的绝对不仅仅是一套辅助设计系统。

2.BIM 技术在建筑施工管理领域的影响

（1）传统施工过程中的问题

传统的施工和设计阶段所产出和依据的东西是由抽象的图形和数据等不够形象和不够直接的方式来达到。整个工程项目设计和施工包含了土建、给排水、暖通、电、装饰等各个部分，还有信息交流、传递方式、资源控制等一些相关的事项。各个部分和事项虽然都有自己的分工但是缺乏共同协作，从而使各个专业所掌握的信息很可能互相矛盾，导致的结果就是在施工中出现各种各样的问题。各专业之间交流的欠缺、在施工现场的联系的断裂等一系列的情况肯定会造成错误频发。例如：土建单位的施工蓝图与机电单位的图纸相互矛盾；图纸不一致，造成同一位置各个专业矛盾，由此导致的结果就是会有源源不断的问题出现。有问题就会有变更，而变更带来的后果就是在结算的时候增加恐怖的工作量。显而易见，上述内容大都由施工过程中信息交流的不完全性造成的后果。但是建筑信息模型可以很好地处理这些问题。

（2）BIM 技术对施工管理的影响

管理需要的是靠数据说话，管理人员的核心任务就是对数据进行整理和分析，因此可以说既精准又及时的数据就是管理人员最重要的东西。而且，如果不借助于BIM，工程项目的信息肯定做不到全面地、准确地、及时地获取，并且没有那么准确和完整。因此施工企业就没有办法了解项目部的实际的花费、工期、资源利用率等一系列的内容，工程项目对于风险的掌控能力当然会变得非常差。而且建设工程项目越来越多，位置的分布也越来越广，总部有关于工程风险的掌控只能是依靠这个工程项目项目经理自身的水平、经验与职业操守，单位就根本无从立足。但是 BIM 理念就可以解决这一难题，它可以实现以下几点：1）提高项目质量性能。运用建筑信息模型的建模能力建立出建筑物的模型。在设计阶段就可以准确地分析出不同方案所带来的结果，从而得到高性能的建筑方案；2）协助指导项目施工管理。运用 BIM 软件，模拟出项目实施过程中的模型，同时可以根据现场实际情况对模型进行调整，然后通过对模型的分析与研究，实现指导项目管理；3）合理掌控项目变更行为。用 BIM 建立模型，提前预知此项目在施工阶段会发生的工程变更，并提前做好可行性研究以及变更工程量的统计，从而更加合理地掌控项目变更；4）整合散落的工程信息。当施工模型建立出来之后，所有的信息都会在模型当中呈现出来，各方就可以很方便又很准确全面地掌握所有有关工程的信息。

3.BIM 在绿色装饰中的优点及难点

（1）应用 BIM 技术的优点

BIM 相关软件建立的装饰模型系统，颠覆了曾经的思维方式。整个工程的全部内容，包括各个专业各个部门，在这个系统内都可以呈现出来，它就是一个进行资源交流的平台，模型里面可以说能查找到项目有关的全部信息数据。目前的项目管理一般还是把一个大型的复杂的项目划分成若干个小型的不复杂的项目，还是处于模块式管理阶段，只有进行内部人员的相互交流才可以实现信息的传递，经常会造成错误的信息传递或者不及时的信息传递。施工企业项目部天天开内部生产会议却不解决实际问题，造成现场大量的修改返工。利用 3D 信息模型的设置，在装修领域能够带来的好处之一就是可以提升工作质量，减少问题以及返工次数。Revit 建模可以让施工蓝图跟着模型自动更正，不需要设计人员再重复更改施工图纸，降低了很多设计人员不必要的工作量。设计人员可以有时间参与到其他对项目更有益处的地方，而不至于总是浪费时间在施工图纸的修改上。建筑信息模型建立使得工程整个生命周期都处于 3D 可视化的状态，可以为工程的施工和其他方面带来直接的准确的信息，一般的重点工程和一些特大工程都需要先做样板间，发现问题、分析问题然后找到解决方案，才可以进行大面积的开工。但是运用 BIM 技术和理念，施工中的问题都可以在建模当中发现，避免了财力物力的损失和节省了时间。通过建模，可以更精确地得到所需材料和构配件的尺寸，而且可以协调各个构件之间的联系，在模块化工厂加工中增加加工精度。

（2）应用 BIM 技术的难点

BIM 的理论和方法必定会对建筑装饰产生重大的影响，只要从 BIM 对建筑装饰的意义来看就可以知道。目前暂时没有呈现出太多的效果，因此有的人也不支持，他们坚持装修领域对比于工程项目的其他专业有其自己的特色。装修的形状各异，并且施工材料类别太多，规范标准也是各式各样，BIM 应用起来肯定会非常艰难，真正使用起来会出现诸多的不便。比如说肯定会增加项目成本，就是说就算是建立了装饰装修工程的模型，花费的成本又能不能够转化为足够多的回报。就中国现在的一些工程来看，BIM 应用的成果比较好的重点工程例如中国尊、上海中心等，都是只在土建施工、水电暖通管线安装等施工内容上面运用了 BIM，在装修过程当中基本用不上。在装饰施工过程中 BIM 还仅仅是处在一个想象的阶段。到底哪些因素阻碍了 BIM 在装饰行业的应用呢？

建设单位并不重视在装修阶段应用 BIM，虽然国家已经制定了一些有关于 BIM 的标准和规范，并且在大力推广，但是相当一部分的开发商与地产商只是将建模当作一个表面工程，并没有实现具体的作用和效果。有一部分开发商甚至觉得运用 BIM 只能处理标高的问题，关于标高的问题，由于涉及的专业和项目参与方太多，协调难度太大，并且各参与方对项目的认识和理解程度都不一样，自己的立场也不一样，因此一直是项目施工过程中最常遇到的问题，也是比较难处理的问题。实话实说，BIM 在装饰装修项目可以处理的事情根本就不只是标高，BIM 技术真正要处理的问题就是设计师在设计时就可以提前处理好水电管线的安装和防止碰撞等问题，以及处理好各个装饰成活面之间的矛盾。所以如果开发商并不明白 BIM 的实际作用，就必须要请专业人员来处理。

BIM 应用人才的短缺，也是我国 BIM 发展的阻力之一。由于研究和推广 BIM 的时间比其他国家迟了一些，而且研究 BIM 的人员还是主要集中在学校和科研机构，因此具有实战经验的 BIM 人才太少，给 BIM 的推广带来了阻力。

三、大数据背景下建筑施工现场智慧管理

（一）大数据的涵义

大数据指的是一种在一定时间范围内采用常规软件进行捕捉、管理及处理的数据集合，在新的处理模式下才能发挥出更好作用的海量、高增长率的信息资产，也就是人们理解的海量数据。在信息数量快速增长的背景下，互联网等技术的发展也逐渐加快，这给大数据的普及建立了一定的基础。各个行业在运行中会产生大量的数据信息，这对行业的信息处理提出了更多的要求。在大数据背景下，数据搜集的问题逐渐得到了解决，但要想在海量数据中查找到对企业有价值的数据，应采用有效的技术方式。由于数据涵盖范围大、分类多，如果人们采用以往的人工方式或者单一的计算机设备进行搜集，难以实现对信息高效全面的搜集。因此，需要对信息进行大范围整合，利用数据库来实现数据的搜集及处理，为企业的管理运行带来帮助，使企业能够有效利用信息，充分挖掘信息的价值。

（二）建筑施工现场智慧管理内容

1.对施工现场人员进行智慧化管理

当前，施工人员在现场管理中，借助大数据等技术构建安全管理模式，能够提升人员管理水平，还可加强对安全的控制，减少安全事故的产生。借助信息技术将登记的信息在电脑中分类、整理，管理人员能够随时查找信息，了解工人的工作情况。利用开发、处理大数据平台来对统计数据进行分析，能够得到在各项施工阶段中发生的倒班、工种及工作日信息，使负责人能够有全面的了解。经过对数据的分析，可查询到加班及危险作业等情况下的数据，将查询得到的结果传输到终端，并且自动报警，联动其他的通知方式，避免工作人员产生疲劳工作的情况从而导致安全问题，为施工的安全带来保障，还可减少管理人员的工作量，提升了管理的效率。例如，劳务实名制一卡通是基于信息化及智能化技术给施工人员发放的一种智能卡，借助该卡可实现对人员的全面管理，了解人员的考勤、工种情况、安全教育落实及违规情况等信息，使管理更加精细可靠，不仅涉及人员的工作情况还可对其日常开展管理。利用智能卡进行管理可加强安全性，通过CPU卡的应用可避免数据被篡改等问题，能够使用手机APP来查看工地进场人数，为施工人员的管理提供了便捷的条件，适用于施工现场管理。

再比如，能够借助移动的红外对射装置在临近危险区域的位置放置便捷式周界防护系统，实现对人员的防护。当有人员进入了防区，遮断红外光束时，会触发报警功能。还可采用人工智能技术，减少误报的情况，通过智能功率发射来感知周围环境的变化，将对射的发射功率进行调节，能够有效地延长发射管的使用寿命，还可降低电能消耗。

2.对施工现场机械进行智慧化管理

施工现场的机械智慧化管理能够保证机械的操控管理具有更好的效果，减少机械故障带来的问题。可通过安装智能控制装置的方式来实现对机械的有效管理，对机械进行动态监控，收集机械设备运行中的零件信息，并且借助BIM技术建立相应的三维模型，以不同的颜色来区分机械设备的使用状态。当机械零部件存在保养不及时或者损坏等问题时，可通过智能系统进行预警，避免对施工产生影响，减少机械带来的安全问题。通过建立智能控制设备的传输系统，将信息发送到云端，形成相应的监控报告，对设备的情况有更加全面的了解，及时发现异常问题。例如，使用高支模变形监测系统来进行机械管理，使用传感器及智能数据采集设备等，对高大模板支撑系统的沉降、支架变形等情况进行监测，能够保证高支模施工的安全性，实现对危险的预警。借助自动监测功能能够实时监测模板的沉降、立杆轴力状态，并且提前将参数设置好。当超出了标准范围之后会进行报警，可在施工现场设置报警器，实现自动报警功能，并且采用多种报警方式，使人员及时发现问题。再比如，借助塔吊运行监控系统来进行塔吊机械监控管理，实时获取运行的参数，监控其运行状态，实现交叉作业，并且进行碰撞危险报警，保证作业的安全性。利用风速超限防护系统来采集风速信息，当其大于安全标准时，会发起报警功能，避免对塔吊作业造成影响。使用群塔碰撞保护系统进行计算，当塔吊间距小于设定的数值，可能会产生碰撞的情况，这时也会进行报警，保障了人员施工的安全。

3.对施工现场材料进行智慧化管理

在大数据技术的支持下，可对施工现场材料建立采购及仓储管理系统，实现智慧化管理，借助 BIM 技术及 ISGP 算法来分析施工现场建筑空间情况，制订最佳的临时存储方案，并且对施工空间进行充分利用，预测出材料的采购情况。材料管理人员可登陆系统随时对材料进行清点抽查，保证材料库数据的准确性。应对施工材料的市场价格变化进行密切关注，还应及时更新管理系统，使材料管理得到保障。在施工部门需要购入材料时，管理系统可比较价格，选择适合的采购方案，为采购工作的进行提供相应的依据。通过对材料的规范管理，可避免材料使用浪费的问题，使材料的利用效率提升，为工程建设成本控制带来帮助，有效实现效益目标。例如，使用棒材计数系统来对施工现场的材料进行计数，借助便携式棒材技术设备，通过对钢筋等棒材端面图像的拍摄，使进场棒材的数量得到准确的计算，能够提升统计的速度。

第二节　BIM 技术在建筑工程绿色施工中的具体应用

经过多年的发展，建筑行业从业人员对 BIM 已经由陌生转向了熟悉，工作中的接触机会和使用频率也渐渐增多，BIM 正在影响着整个建设行业的发展。同时，如何更好地在建设项目的设计、施工、运营、维护中使用 BIM，更好地提高工程的设计水平、施工质量，减少建设成本和缩短项目周期，这成为了建筑从业者面临的新课题。不同于传统的二维设计，BIM 是借助三维模型中的相关信息对建筑物进行设计、建造、运行维护等各个阶段的管理。其中信息是核心，在项目整个生命周期内要注意对信息的收集、整理、利用。BIM 技术为整个建筑行业带来了巨大的变革。

一、BIM 技术在预制装配式住宅设计中的应用

(一)BIM 技术对建筑设计思维模式的影响

1.传统二维设计的思维局限性

计算机辅助建筑设计开始于 20 世纪 60 年代，这一技术充分发挥了计算机高效快速的优势。建筑设计师利用相关软件对建筑进行设计与分析，不仅提高了设计精度，

工程质量也有了保障，这在当时的工程领域引起了巨大的变革。现如今，相信每个建筑设计师的电脑里都会装有 AutoCAD 这款制图软件。CAD 技术是计算机二维设计的代表技术，因为其本身对计算机软硬件水平要求的不断提高，一定程度上加快了计算机技术的进步，相关领域的技术更新也层出不穷。在一次次更新中，软件使用更加方便，逐渐被建筑领域接受，传统的手绘图纸的工作模式发生了巨大变化。20 世纪 80 年代开始，部分有世界眼光的中国建筑师越发觉得手工二维绘图已无法准确表达设计构思，他们借鉴国外技术，在实践中逐渐使用 CAD 技术，但相对来说应用范围较小。计算机技术发展迅速，其对 CAD 的限制也越来越小。CAD 技术在工程领域的优点不断被人们所认识，加之国家政策的鼓励，我国建筑师集体经历了一次甩图板，这在大大提高设计效率的同时也存在一些不容忽视的问题。设计相关数据需要建筑师通过手动进行输入，这对建筑师的职业素养和基础提出了很高的要求，相当长一段时间内建筑行业从业人员严重不足。建筑师往往被大量繁琐重复的工作压榨了创造力，设计只重量不重质。此外，各专业间相对封闭，容易出现施工时图纸打架的现象。因为无法预先通过计算机模拟建筑的性能，设计师大多凭经验判断方案的优劣，无法获得数据支持。

我国在 CAD 基础上进行了设计软件的二次开发，开发了诸如天正 ADT 等优秀的汉语语境下的辅助设计软件。这类软件不同于 CAD 需要用基本构图元素去绘制图纸，它将各种建筑构件定义为图形块，建筑师可以直接选择按设计要求插入图纸中，设计效率又一次得以提升。但是，如 Auto CAD 这类软件只能在二维空间里表达设计，无法准确可靠的传递信息，建筑师还要借助实体模型来展示设计意图。归根到底，CAD 改变的只是成果交付的工具，并没有改变成果交付的内容—图纸。

为了更好地向业主展示设计构思，设计师开始通过三维软件建立模型，此类软件众多，如 3D MAX、Rhino 等，模型经渲染出图后可生成逼真的效果。但这类软件更多地在设计阶段使用，无法将信息准确传递到下一环节，还需要借助 CAD 生成二维图纸。

2.BIM 技术带来的建筑数字化思维模式

CAD 时代，是用 2D 的图纸来阐释 3D 的建筑，在转化过程中错误易出，这种情况随着设计水平的提高和建设项目复杂性的增加有愈演愈烈之势。BIM 为建筑界提供了一种创新性的设计工具，带来了建筑界的巨大变革。BIM 技术下项目各个参与方可以在同一平台下工作、交流信息，解决了传统模式下各专业配合不畅的难题。BIM 将继 CAD 后给设计业带来第二次革命，它将在建筑工程的全生命周期中发挥作用。

建筑全生命周期中 BIM 具体发挥什么作用呢？美国 Building SMART 联盟总结了建筑全生命周期各个阶段中 BIM 的 25 种应用，从中可以看出，项目前期，利用 BIM 技术对整个项目进行统筹，可以提高其经济、社会、环境效益；在设计阶段应用 BIM，不仅能满足建筑的基本设计功能需求，对提升其品质、控制建筑造价也有巨大的作用；施工单位应用 BIM 技术，可以控制项目进程，提高施工质量；项目建设完成投入使用，BIM 可以监测相关数据并进行反馈，使建筑更好地服务于业主。BIM 技术的贡献是以建筑全生命周期为对象的，其所得到的收益并非在各阶段本身体现。譬如，设计阶段 BIM 应用的贡献，其价值最终会体现在施工和运营阶段。不难看出，业主是BIM 技术应用中经济上的最大受益者。施工方从 BIM 技术上得到了效率上的巨大提升，而设计方借助 BIM 技术提高了设计的质量，其成果直接决定了前两者的收益大小。但设计方的收益不是直接在经济上体现的，或者说不能带来设计费的快速增加，因此需要有长效的激励机制促进设计企业推广 BIM。设计企业需要看到的是 BIM 所带来的长效影响，通过不断地信息积累，企业的构建库会越来越健全，经历初建的艰辛后设计效率会大大提高。

（二）BIM 在装配式绿色施工中的应用

为贯彻落实可持续发展的基本战略，促进我国建筑业走向绿色化，随着建筑行业越来越重视绿色施工，各地也相应出台了众多地方标准，要求施工过程中做到"四节一环保"（节能、节地、节水、节材和环境保护）的绿色施工总原则。除此之外，施工过程中如何减少对环境的影响及科学的施工管理，也是评价绿色施工的重要指标。

BIM 技术应用于项目施工中，可以准确地预估该项目建设过程中的资源能源消耗量，为施工企业制定节能措施提供依据。运用 BIM 技术模拟施工方案，可以提前排查可能出现的问题，将可能的损失降到最低。将 BIM 技术应用于预制装配式住宅施工的综合管理中，优化施工方案，控制项目施工进度，对施工的安全措施进行模拟，排除安全隐患。此外，当工程出现变更时，借助 BIM 模型可以实现便捷管理。BIM 技术有利于提高工程质量、加强施工管理，符合绿色施工的要求。

1.绿色施工综合评价要素研究

建筑工程绿色施工应注意节约资源，减少浪费，这是绿色施工提倡的基本原则。资源节约包括对材料的节约使用、对水资源的保护与利用、对能源的节约与利用、对施工用地的保护和节约土地资源等。当前我国的施工过程中对材料的利用率还达不到绿色施工的要求：

（1）工地建设临时施工设施时，没有将其与固定设施合理结合，同一项目不同工期的临时施工设施不能兼容使用，需要重复建设，造成浪费；

（2）旧建筑拆除过程中产生的渣土、施工过程中的残留物以及建筑垃圾、工业废渣，本可以作为建筑回填材料使用，但实际施工中没能保证其利用率，建设过程中可再生材料的使用比重不足；

（3）现场浇筑混凝土时，所用混凝土强度等级过低，不得不加大构件体积。大体积构件加工使用塔吊、手推车等方式，运输过程中损耗率高；

（4）由于对工程总量没有具体的把控，工程中模板没有统一的标准，不能多次利用，需加大其数量以弥补周转次数不足的情况，无形中造成了浪费；

（5）钢筋、水泥等建材如果不能就近取材，在其运输过程中难免会出现损耗且造成能源的消耗。加工场地布局不合理，施工搬运费时费力。

为了在施工中提高材料使用率，应在以下环节做出调整：

（1）对材料损耗

率高的施工工艺做出改进，减少浪费，对施工中产生的废料进行收集利用。施工工艺对材料的利用率有很大的影响，如现阶段钢筋笼的绑扎多采用搭接，钢筋的用量巨大，建议用焊接方式代替。除此外，还可开发新的工艺，对钢筋接头进行重新设计，减少钢筋浪费。要做好废弃材料收集工作，对建筑垃圾进行分类。混凝土现浇时使用泵送方式运输，减少其配送过程中的浪费。多使用滑模，增加浇筑模板的反复使用率；

（2）项目中的材料种类及用量要有详细的统计，并实时掌握使用情况，以达到合理利用的目的。建材确定要以环保为首要原则，多选用绿色可再生的建材。为了缩小构件体积，增加其物理性能，施工过程中应增加高强度混凝土的使用比例。目前我国常采用 C25、C30、C40 的混凝土，相比于发达国家普遍使用的 C40、C50 强度偏低。为了减小构件尺寸以增加房屋面积，提高土地使用率，应在高性能混凝土方面加大研究力度。同时，工程中要多使用散装水泥，减少袋装水泥的比例，以降低其带来的包装材料浪费，减少损耗。材料使用中要本着循环再利用的原则，并且建设过程中尽量节约。目前常见的可循环使用材料包括：钢材、铜铝等金属，木材、玻璃、石膏成品等可回收材料；

（3）施工过程中，对现有设施要充分利用，施工场地布置时要考虑场地周围的道路、水暖电等市政工程管线的位置，合理安排施工设施的摆放。在施工过程中注意节约水资源，提高其利用率，这是绿色施工的重要内容。

当前我国施工中对水的利用还有很多非绿色因素：

（1）由于缺乏维护措施，加之工人使用过程中不注意保护，输水管线出现破损，有渗漏发生；

（2）节水型产品普及率较低，施工现场生活用水存在浪费；

（3）施工环节中产生的废水经处理后本可以重复使用，但现阶段往往直接排放；

（4）大体积混凝土构件浇筑完成后直接浇水养护，利用率低，水泥面层养护也存在同样的问题。

2.绿色施工综合管理

绿色施工综合管理是保证绿色施工高效、有序进行的关键，施工中要做好对组织的建立，做好施工计划，注意施工安全，绿色施工综合管理贯彻于施工从开始到结束的整个过程。现阶段施工管理中尚有一些不足，使项目管理达不到绿色施工的要求：

（1）施工计划制定时考虑不够全面，未将项目情况、外界因素统筹进施工计划中，对施工各环节分开考虑，做不到系统化；

（2）没有任命专人去管理绿色施工各项内容，相关负责人职责不明确，缺乏有效管理手段；

（3）对工程总量没有准确的把握，多靠经验去预估，存在误差；

（4）项目组没有在施工前调研现场环境，环境保护方案存在不足；

（5）建筑施工过程中由于工艺、工法的限制，存在质量把控不到位的情况；

（6）因施工现场不确定因素太多，工作人员的素质良莠不齐，在未能提前排除危险源及安全措施不到位时安全事故易发；

（7）因技术手段所限，无法向工人准确传达施工方案，建成结果往往与设计结果有出入。

为了加强对施工过程的管理，实现施工绿色化，需采取以下措施：

（1）绿色施工领导小组从项目一开始就应建立起绿色施工管理体系，明确目标责任制，明确绿色施工的指标、策划及费用投入计划，施工时间节点和实施人也应具体明确。规划管理时应按项目实际情况有针对性地编制绿色施工方案，编制完成后上报有关部门审批，通过后方可实施。该方案应阐明施工过程中"四节一环保"的具体措施；

（2）施工过程中充满变化，这就要求绿色施工领导小组应动态管理施工全过程，从施工策划与准备、建材采购到现场施工、成果验收各阶段都应有相应的管理和监督机制；

（3）为保证施工人员远离危险源，领导小组应提出相应的职业危害预防手段，使施工人员远离粉尘、有毒物质、辐射等的危害。还要合理地布置施工场地，这不仅是保证施工绿色高效的方法，也能保护办公及生活区不受施工活动的影响；

（4）根据项目自身特点有针对性地编制绿色施工管理计划，提出项目绿色施工的目标，做好环境保护，严把施工质量关，掌握好施工进度，在项目进行过程中做到"四节一环保"。施工过程中不同的管理水平和管理强度，会直接影响到绿色施工的实施情况。只有提高管理水平，才能确保绿色施工达到预期目标。

3.施工对环境的影响

建筑施工难以避免地会给城市环境带来污染，其中包括大气污染、噪声、水污染、光污染、固体垃圾等，绿色施工要求尽量降低施工过程对环境的负面影响。

（1）大气环境影响

建筑施工会产生扬尘和废气，处理不当易污染环境。施工单位要编制相应的环境保护方案，对潜在的污染物进行控制。其中扬尘是主要大气污染物，多产生于旧建筑爆破拆除、土方挖掘、机械振捣、混凝土拌和，施工土方没有遮掩措施也会造成扬尘。此外，易生扬尘物料运送使用过程中也会生成扬尘造成污染。为控制施工各环节产生的扬尘，应采取以下措施：对易产生扬尘的工艺、工法进行改进，如打磨、抛光、凿孔等，尽量降低扬尘产生量，并做好施工过程中的防尘措施。大体积混凝土浇筑时要对混凝土进行预拌，条件不允许时可以在施工现场搅拌，但要将其置于封闭环境中。施工现场要做好绿化工作，尽量减少土地裸露率，减少扬尘源。容易产生扬尘的材料在运输及存放过程中要注意做好保管工作，用篷布覆盖，此类材料包括水泥、沙土、石灰石等。施工现场垃圾要做好分拣回收工作，施工脚手架用密目网环绕，保证安全的同时可以有效阻止扬尘扩散。施工场地定时进行撒水清扫，容易产生扬尘的作业面可直接做硬化处理。

（2）噪声污染控制

噪声污染无形危害却很大，如闹市区的施工场地发出的噪音，不仅对周边居民造成了干扰，也影响了城市形象。施工机械是建筑项目噪声的主要来源，施工机械包括搅拌机、打桩机、钢筋切割机、风机、水泵等。此外，施工过程中打桩、爆破、钢筋切割等也会产生噪声。为将建筑施工对场地周边居住区的影响降到最低，绿色施工领导小组要合理安排施工进度，尽量排除深夜施工。为降低现场施工噪音，机械选择时多使用低噪声、低振动的机具。改进工艺、工法，对噪声较大的施工环节进行优化。减少现场作业量，多使用预制加工件。注意施工场地布置，尽量将噪声大的施工放到周边影响小的区域。

（3）减少水污染

项目建设施工，需要大量用水，现阶段施工现场还存在很多浪费水、污染水的现象，不符合绿色施工的基本要求。施工现场的水污染主要来源于工地生活污水和废水，施工场地中没有设置必要的污水处理设备，施工过程中产生的污水直接排放，造成自然水体的污染。不同工艺环节产生的废污水经同一管道收集以及排放，形成二次污染。混凝土现浇的构件施工结束后的养护过程中，采取直接洒水的方式，利用率较低。为提高水资源利用率，防止水污染，在施工过程中要严格执行相关规定。施工现场应安装小流量的节水型设备和器具，用水表监控自来水的用量。对污水废水要重复循环利用，可在施工现场设雨水和施工污水的循环渠道、雨污水经沉淀过滤后的中水用于混凝土的养护等。对于污染严重、不宜重复使用的污水，接入生物处理池处理后再排入市政管网，保证污水排放达标，保护地下水环境。施工现场要设置污水处理池沉淀池等，对污染原因不同的污水分开处理。生活污水若存在动植物油，应在处理后再行排出。

（4）光污染控制

建设施工过程中，光污染控制也是需要重视的一环。施工中光污染分为以下几种：施工现场钢材切割、焊接时引起的强光；施工围挡材料自身存在反光现象；夜间施工时安装的大型照明灯具。施工现场光污染不仅会对交通造成影响，诱发交通事故，还会影响周围居民的情绪及身体健康。项目组本着绿色施工的原则，应采取必要措施对其进行控制。钢材加工时为防止强光外泄，应设置一定的围挡或在相对隔离的环境中进行加工。对表面反光的维护材料，可提前对其表面进行处理，施工完成后再撤除。尽量减少夜间施工，不得已夜间施工时要在场地周围做好遮蔽，调整照明设备角度，避免直射光线直入空中。除以上几项污染之外，施工对环境的影响还包括建筑垃圾等固体污染物、施工对周围环境的破坏等。施工场地内垃圾分为建筑垃圾和生活垃圾两类，应采取不同的措施分别处理。首先要尽量避免建筑垃圾的产生，已产生的建筑垃圾回收后再利用，严禁建筑垃圾未经处理无序倾倒。工人生活区应注意生活垃圾的分类回收，保持环境整洁。

综上所述，要想确定施工过程是否绿色化，需从资源能源的节约、施工管理环境影响三个方面进行量化评估。其中资源能源的节约利用、绿色施工综合管理更多的是控制项目自身，通过提高建材能源的利用率，加强施工过程中对工序人员的管理来实现项目施工的绿色化。环境影响要素则更多地强调了项目施工对外界环境的影响，要想减弱环境影响度，还需要在施工过程中加强前两项的控制力度，如改进工艺工法、使用清洁能源、控制建材用量、合理调度机械人员等。将 BIM 技术应用到建筑绿色施工中，有助于节约资源能源，优化施工管理，进而达到减小甚至消除环境影响的目的。

(三)BIM 的预制装配式施工综合管理

施工过程中的综合管理是预制装配式住宅绿色施工顺利进行的保障，施工方应通过对项目的统筹规划，尽力在管理过程中做到环境友好、资源节约，达成绿色施工的目的。将 BIM 技术应用于施工综合管理，借助其信息化的平台，可以提前模拟施工方案，清楚直接地完成对项目组的技术交底；借助 4D 虚拟施工，控制项目的进程；模拟脚手架的搭建方案，提高施工安全系数；当工程出现变更时，做好变更统计，方便复查。在施工管理中应用 BIM 技术，有利于施工的绿色化。

1. 预制装配式住宅施工方案模拟

二维设计时代，建筑各专业间的设计冲突很难在图纸上识别。当施工进行到一定阶段时发现就为时已晚，不得不进行纠错后重新施工，造成浪费。统一的 BIM 平台下，各专业在设计阶段即相互配合，出现设计冲突的地方可以及时纠正，避免将设计错误带到施工中去。这不但提高了设计效率，施工进度也大大加快，避免了因设计错误带来的施工材料的浪费。利用 BIM 技术对施工方案模拟，可优化施工方案。借助 BIM 软件能够将项目施工进度计划作为第四维添加到模型中，从而动态地分析施工流程，模拟现场状况。对潜在的问题提前进行排查，合理布置施工场地，做好设备人员调度，确保足够的施工安全措施。通过施工模拟可以提前规划起重机、脚手架、大型设备等施工器材的进出场时间，有助于系统的优化施工进度。

BIM 技术支持下，传统的纸质施工图被虚拟三维模型所代替，施工人员可以借助模型进行施工方案模拟，通过调整 BIM 模型，在电脑上将最优的施工方案确定下来，这样就避免了传统的工法实验，节省了人力物力财力的同时，将工程质量提高了一个档次，施工错误带来的返工减少。施工方案交底时通过形象的三维 BIM 模型向工人展示施工方案，便于其理解，沟通效率提高的同时，侧面提高了施工的质量和安全性。施工模拟的具体操作过程如下：首先用 BIM 核心建模软件 Rveit 创建项目 BIM 模型，为了得到建筑的各项性能指标需要相关软件进行模拟分析，比对分析结果调整方案，做出最优选择。建筑模型完成后在此基础上进行结构深化，依据结构深化成果提出该项目施工组织方案，排定合理的施工工序，尤其是预制装配式住宅的构件安装顺序要做到提前规划，将确定的施工进度计划通过 Autodesk Navis work 添加到 BIM 模型中，使其具有四维性，包含施工全流程。

业主及施工方即可通过该模型查看任一时间节点上项目的计划进度。借助 BIM 进行仿真模拟，可以在实际施工前展示项目的施工全过程，模拟施工能展示目前的施工状态和施工方法，便于施工人员把握施工顺序，调配好预制构配件的安装。同时，通过仿真模拟可以提前排查施工中可能存在的问题，有利于及时对施工方法做出可行性调整。施工模拟还能验证既定施工方案的可行性，提出优化措施，提高项目控制程度，也利于工程安全。在预制装配式住宅项目中应用 BIM 技术模拟施工全流程这一个复杂的系统的过程，要求不同专业的工作人员要在统一的平台下相互合作相互协调。要想保证预制装配式住宅施工过程模拟的真实性、细致性、高效性和全面性，必须确保预制构件的安装顺序、吊装路线进场组织等环节合理。通过设定符合实际情况的模拟参数，BIM 模拟结果才能保证其合理性，才具有指导施工的实际意义。

2. 预制装配式住宅施工进度控制

BIM 技术是一种信息化的辅助手段，要在预制装配式住宅的施工进度控制中应用 BIM 技术还需要已有的管理理论、技术方法的支持。目前对施工进度的控制多是应用单独的技术手段，集成度较低。BIM 技术构建了一个信息共享与传递的平台，带来了技术集成效应，对提升项目管理效率实现施工进度控制信息化作用巨大。

BIM 控制施工进度的第一步是辅助制订项目计划。项目计划对施工进程做了预先的规划，在 BIM 模型中将项目进程与预制构件的三维信息和属性信息相关联，并做好每个时间节点的资源配置，保证恰当的材料配给，这就构建了模拟施工的 4D 模型。通过 4D 施工模型，项目参与方即可查看选定时间节点或特定工序的施工进度模拟情况，排查可能出现的工期延误。通过对具体的项目进展、人员、资源和工期等布置进行调整，实现对施工计划的优化目的。各段施工方可以将 4D 施工模型作为指导自身工作的标准，研究清楚前后工序的内容和进度，制订本专业的详细工作计划。BIM 技术下的 4D 施工模型包含了项目从开始到结束的所有进度情况以及工序前后实施顺序，具有相当的弹性。项目进展过程中应该实时对比实际完成工程量与施工计划的偏差，分析原因并对施工计划做出适应性调整，确保项目进度总目标的实现。

预制装配式住宅项目施工过程中，施工进度受不可控因素影响可能出现与原定计划的偏差，因此施工方在项目进行过程中应对其进行实时监控，阶段性地记录实际施工进度，比较其与计划进度间的偏差，对不合要求部分做出调整。对施工进度信息可采取拍照、红外扫描与人工判断相结合的方式采集，经过分析，生成实际进度与计划进度的对比图，项目组根据工程实际进度决定是否要调整施工计划。BIM平台下的计划调整相比传统的方式效率大大提高，免去了出现问题后的层层上报，各参与方直接在同一可视化的数据平台上商讨协调解决方案，省时高效。方案调整后又可将信息反馈到4D施工模型中生成新的施工计划，指导后续施工。

BIM技术支持下，预制装配式住宅施工结束后还要对施工进度计划进行综合性的评价，以此来检查各参与方的配合度、工作效率、计划的正确性及计划执行情况，以便企业开展相似项目时可借鉴经验。评价可以通过对比初始模型与竣工时的4D模型来查看其区别，由BIM生成相应报表，对项目进行过程中的调整及其效果进行评估、分析施工过程中材料的利用效率等。进度完成评价涉及所有的参与方，各方在该项目中的工作、效率和责任一目了然。不仅施工单位可以借鉴该项目的经验，各参与方都可以以此为案例指导今后的工作。4D虚拟施工是BIM技术调控施工进程的主要方式。4D虚拟施工模型是在3D模型的基础上结合施工进度表形成的动态性的模型，它用构件的使用情况来表示施工进度，可以通过模型形象地展示施工进程。项目的实际已建部分、在建部分和工程延误都能用不同的颜色在模型中清晰地标示。4D施工模型可以形象地表达施工进度、配合图例，非专业人士不需要解读就可以明白工程进展情况，大大减少了沟通的时间。

3.预制装配式住宅工程变更管理

工程变更是项目施工过程中的常见现象，好的变更有利于改善建筑的质量、降低造价、加快施工进度。现阶段许多项目工程因为没有可以参考的标准，变更管理非常混乱，负面效果远大于正面效果。借助BIM平台，预制装配式住宅工程变更管理更加便捷高效。项目所有参与方在同一平台上交流，当工程因设计改变出现变更时，设计方修改BIM模型，其他各参与方的图纸数据也会随之及时更新，大大减少了传统变更管理手段变更管理信息传递不及时的缺点，工期加快的同时管理效率也有了较大提高。

传统模式下，工程出现变更时诸如合同价款、材料采购费用、施工预算等数据需要重新结算，繁琐而耗时。通过BIM模型可以直接生成变更数据统计表，量化显示的工程变更方便参与各方对其进行比较分析。BIM竣工模型能够详细记录所有的工程变更数据，方便施工造价的结算。

二、施工面临的挑战与绿色施工的要求

（一）施工面临的挑战

施工中存在着巨大浪费现象。城市化浪潮正在席卷全国，随着经济的迅速增长，我国建筑业正处于一个蓬勃发展的阶段。建筑业粗放的管理模式正带来越来越多的问题，如生产效率低下、浪费现象严重和信息化程度低等问题，其中浪费现象最为严重。由于施工效率不高等原因，我国建筑业大概存在着 30%~40% 的浪费情况。建筑资源的浪费存在于建筑的各个环节，十分普遍。尤其施工过程中的浪费十分严重，主要体现在以下几个方面：

1. 许多施工部门的管理不精细，施工各部门之间的配合不协调，容易造成施工各工序之间的脱节而浪费人力、物力、财力。

2. 项目施工时，符合质量和数量要求的设备不能及时地到达现场，造成对工期的延误而造成巨大浪费。

3. 施工现场混乱，物资的摆放和保管不够科学，从而造成场地资源的浪费，给施工带来麻烦。

4. 盲目追求建筑物的新颖而忽略造价的因素，在项目的设计阶段，由于对建筑节能方面考虑得比较少，在建筑施工中造成人力资源及材料的浪费，不符合绿色建筑、绿色施工的要求，造成极大浪费。

施工面临新的挑战，我国建筑业不停地在发展，建筑物越来越新颖，造型越来越独特，与我国文化紧密相连。同时，随着抗震与高层建筑的理论愈显成熟，建筑的高度也越来越高，超高层的建筑越来越多。这些给施工带来了新的挑战：

1. 超高层建筑越来越多，随着经济的快速增长，我国建筑物的高度也越来越高，高层、超高层建筑越来越多。建筑设计的技术也越来越精湛，相关的规范也越来越完善。建筑施工对新型材料的使用也逐渐增多，这些全部给施工带来了新的挑战。因此相应的施工技术、施工工艺、施工机械也在不断地更新以满足建筑物的要求。

2. 建筑物异型程度高，现代建筑物不仅要满足人们的生活、办公要求，而且还要展现当地特色，甚至国家文化，如上海中心、北京鸟巢、水立方、中国尊等。这些建筑要考虑与周围环境的协调和空间人们的审美需求。这些独特的造型给施工带来了极大的挑战。

3. 城市建筑物越来越多，国家城市化如火如荼地发展，越来越多的人涌入城市，我国"家"的概念根深蒂固，这与我国的文化息息相关。买了房子才算有了家，越来越多的人选择到城市买房。我国城市化的迅速发展，建筑物也越来越密集，新建筑物的施工很可能在场地狭小、人流密集的地区，这给施工带来了新的挑战。

（二）绿色施工的要求

1.绿色施工的背景

"绿色"这个词实质是为了实现人类生存环境的有效保护和促进经济社会的可持续发展，其本质强调的是对原生态的保护。对建设工程施工行业而言，在施工过程中要强调对资源的节约与贯彻以人为本的概念，充分利用资源，使得行业的发展具有可持续性。绿色施工强调在施工中对环境的污染进行控制和对资源的节约，是我国可持续发展战略的重大举措。我国也正在大力提倡保护环境与绿色施工，绿色施工的提出为我国建筑业发展方式的转变开辟了一条重要途径。伴随着绿色节能和绿色建筑的推广，在施工行业推行绿色化也开始受到关注。基于这样的背景，绿色施工在我国被提出并持续推进，正在逐渐成为建筑施工方式转变的主旋律。

2.绿色施工在建筑全生命周期中的地位

施工阶段是建筑全生命周期的阶段之一，属于建筑产品的物化过程。从建筑全生命周期的视角，我们能更完整地看到绿色施工在整个建筑生命周期环境影响中的地位和作用。

（1）绿色施工有助于减少环境的污染

相比于建筑产品几十年甚至几百年运行阶段的能耗总量而言，施工阶段的能耗总量也许并不突出，但施工阶段能耗却较为集中。同时产生大量粉尘、噪声、固体废弃物、水消耗和土地占用等多种类型的环境影响，对现场和周围人的生活和工作有更加明显的影响。施工阶段环境影响在数量上并不一定是最多的阶段，但具备类型多、影响集中和程度深等特点，是人们感受最突出的阶段。绿色施工通过控制各种环境影响，节约资源能源，能有效减少各类污染物的产生和减少对周围人群的负面影响，取得突出的环境效益和社会效益。

（2）绿色施工有助于改善建筑绿色性能

规划设计阶段对建筑物整个生命周期的使用性能环境影响和费用的影响最为深远。然而规划设计的目的是在施工阶段来落实的，施工阶段是建筑物的生成阶段，其工程质量影响着建筑运行时期的功能、成本和环境影响。绿色施工的基础质量保证有助于延长建筑物的使用寿命，实质上提升了资源利用效率。绿色施工是在保障工程安全质量的基础上保护环境、节约资源，对其环境的保护将带来长远的环境效益，有力促进了社会的可持续发展。推进绿色施工不仅能减少施工阶段的环境负面影响，还可为绿色建筑形成提供重要支撑，为社会的可持续发展提供保障。

（3）绿色施工是建造可持续的支撑

建筑在全生命周期中是否是绿色是否具有可持续性是由其规划设计、工程施工和物业运行等过程是否具有绿色性能是否具有可持续性所决定的。一座具有良好可持续性的绿色建筑的建成，首先需要工程策划思路正确，符合可持续发展要求；其次规划设计必须达到绿色设计标准。物业运行是一个漫长的过程，必须依据可持续发展思想，运行绿色物业管理。在建筑的全生命周期中，要完美体现可持续发展思想，各环节、各阶段都必须凝聚目标，全力推进和落实绿色发展理念，通过绿色设计、绿色施工和绿色运维组成可持续发展建筑。绿色施工的推进，不仅能有效地减少施工阶段对环境的负面影响，对提升建筑全生命周期的绿色性能也具有重要支撑和促进作用。推进绿色施工有利于建设环境友好型社会，是具有战略意义的重大举措，而这正与 BIM 的理念相一致。通过 BIM 技术，结合绿色施工的理念要求，将对我国可持续发展和人们生活环境的改善做出贡献。

三、BIM 技术的未来展望

（一）BIM 技术的推广

建筑信息模型是应用于建筑行业的新技术，为建筑行业的发展提供了新动力。但是由于 BIM 技术在我国发展比较晚，国内建筑行业没有规范的 BIM 标准，加上技术条件的局限性，中国建筑业 BIM 技术的应用推广遇到了阻碍，很难进一步研究与发展，需要政府制定相应政策推动其发展。本节分析了国内建筑行业 BIM 技术的应用现状，对 BIM 技术的特点进行了讨论，寻找限制 BIM 技术应用的主要阻碍因素，并制定出相关的解决方案，为推动 BIM 技术在国内建筑业应用提供指导。

1.项目管理中 BIM 技术的推广

（1）BIM 技术的综述

1）BIM 技术的概念

BIM 其实就是指建筑信息模型，它是以建筑工程项目的相关图形和数据作为其基础而进行模型的建立，并且通过数字模拟建筑物所具有的一切真实的相关的信息。BIM 技术是一种应用于工程设计建造的数据化的一种典型工具，它能够通过各种参数模型对各种数据进行一定的整合，使得收集的各个信息在整个项目的周期中的得到共享和传递，对提高团队的协作能力以及提高效率和缩短工期都有积极促进的作用。

2）项目管理的概念

项目管理其实就是管理学的一个分支，它是指在有限的项目管理资源的情形下，管理者运用专门的技能、工具、知识和方法对项目的所有工作进行有效的、合理的管理，来充分实现当初设定的期望和需求。

3）项目管理中 BIM 技术的推广的现状

虽然 BIM 技术的应用推动和促进了建筑业的各项发展，但是当前技术仍然存在着诸多问题，这些问题也在 BIM 技术的推广和实际应用中产生了极为严重的影响。在我国因为 BIM 技术刚刚出现且尚未成熟,因此许多技术人员不能够全面掌握该项技术。另外,我国应用该项目的也不很多,技术人员们也就不太愿意花费诸多的精力来掌握 IBM 技术。同时 BIM 开发成本过高也导致其售价颇高,也使得众多的技术人员望而却步。而高素质的、高技能的技术人员的缺乏长期以来都是 BIM 技术推广与应用所面临的一项重大的问题。

（2）项目管理中 BIM 技术推广存在的问题

1）BIM 专业技术人员的匮乏

BIM 技术所涉及的知识面非常广泛,因此,需要培养专门的技术人员对 BIM 软件进行系统操作。而目前,我国 BIM 技术的应用推广还属于初级发展阶段,大多数的建筑企业的项目中还没有运用到该项技术,这也使得相关的人员不愿意花更多的时间和费用来进行 BIM 技术的学习和培训,而技术人员的匮乏确实大大地阻碍了 BIM 技术的应用和推广。

2）BIM 软件开发费用高

因为其研发成本很高,政府部门对 BIM 软件的研发的资金投入就非常的不足。相较于其他的行业,资金投入量太少,这就严重阻碍了 BIM 技术的应用和推广。BIM 的软件和核心技术被美国垄断,所以我国如果需要这些软件和技术,就不得不花费高额的代价从国外引进。

3）软件兼容性差

由于基础软件的兼容性差,就会导致不同企业的操作平台的 BIM 系统在操作的时候就对软件的选择时存在很大的差异,这也大大地阻碍了 BIM 技术的应用推广。目前,对于绝大多数的软件,在不同的系统中运行的时候需要重新进行编译工作,非常繁琐。甚至,有些软件为了适应各种不同的系统,还需要重新开发或者是发生非常大的更改。

4）BIM 技术的利益分配不平衡

BIM 技术在项目管理中的应用需要多个团体的分工合作,包括施工单位、业主、规划设计单位和监理单位,等等。各个团体虽然是相互独立的,但是 BIM 技术又会使得这些相应的团体形成一个统一体,而各个团体之间的利益分配是否平衡对于 BIM 技术的应用有非常大的影响。

（3）BIM 技术的特点

1）模拟性

模拟性是其最具有实用性的特点,BIM 技术在模拟建筑物模型的时候,还可以模拟确切的一系列的实施活动。例如,可以模拟日照、天气变化等状况,也可以模拟当发生危险的时候,人们撤离的情况等。而模拟性的这一特性让工作者在设计建筑时更加具有方向感,能够直观地、清楚地明白各种设计的缺陷,并通过演示的各个特殊的情况,对相应的设计方案做出一些改变,让自己所设计出的建筑物更加具有较强的科学性和实用性。

2）可视化

BIM技术中最具代表性的特点则是可视化，这也是由它的工作原理而决定的。可视化的信息包括3个方面的内容：三维几何信息、构件属性信息以及规则信息。而其中的三维几何信息却是早已被人们所熟知的一个领域了，这里不一一的做过多的介绍。

3）可控性

而其可控性就更加体现得淋漓尽致，依靠BIM信息模型能实时准确地提取各个施工阶段的材料与物资的计划。而施工企业在施工中的精细化管理中却比较难实现，其根本性的原因在于工程本身的海量的数据。而BIM的出现则可以让相关的部门更加快速地、准确地获得工程的一系列的基础数据，为施工企业制定相应的精确的机、人、材计划而提供有效、强有力的技术支撑，减少了仓储、资源、物流、环节的浪费，为实现消耗控制以及限额领料提供强有力的技术上的支持。

4）优化性

不管是施工还是设计抑或是运营，优化工作就一直都没有停止，在整个建筑工程的过程中都在进行着优化的工作，优化工作有了该技术的支撑就更加地科学、方便。影响优化工作的3个要素为复杂程度、信息与时间。而当前的建筑工程达到了非常高的复杂的程度，其复杂性仅仅依靠工作人员的能力是无法完成的，这就必须借助一些科学的设备设施才能够顺利地完成优化工作。

5）协调性

协调性则是作为建筑工程的一项重点内容，在BIM技术中也有非常重要的体现。在建筑工程施工的过程中，每一个单位都在做着各种协调工作，相互之间合作、相互之间交流，目的就是通过大家一起努力，让建筑工程可以胜利完成。而其中只要出现问题，就需要进行协调来解决，这时就需要考量，通过信息模拟在建筑物建造前期对各个专业的碰撞问题进行专业的协调和一系列的模拟，生成相应的协调数据。

（4）项目管理者BIM技术推广应用的策略

1）成立BIM技术顾问服务公司

我国的软件公司集推广、开发和销售于一体，彼此之间并没有明确的分工，而导致各部门之间职责界限不清楚，工作效率也非常低下。而BIM技术顾问服务公司成立之后，主要负责销售和推广的工作，尤其注重该技术的推广和发展。而软件公司也可以和BIM技术顾问服务公司一起注重BIM技术的推广和发展，主要负责销售和推广工作，更加注重BIM技术的各种形式的推广。

2）政府要扶植BIM技术的推广

在我国存在缺乏核心竞争力和软件开发费用高的问题，政府就应该相应加大财政资金投入，增加研发费用，扶植BIM技术的推广和开发。自主研究BIM的核心的技术，避免高价向国外引进技术的这种非常尴尬的局面。同时我们还可以聘请高水准的国外的专家对我们国内的建筑企业进行 BIM 专业培训。

3）提高 BIM 软件的兼容性

当下大多数的软件需要在各种不同的操作平台上进行操作，甚至有些软件需要重新编译和编排，这就给用户带来非常多的困难。而与发达国家相比，我国企业对 BIM 研发和使用就存在不合理使用，造成机械设备故障。

4）加强 BIM 在项目中的综合运用

BIM 技术应该在项目管理中的实践中去充分运用，加强对各个项目的统筹规划、对项目的一些辅助设计和对工程的运营，从而来实现 BIM 技术在项目管理中的一系列的综合运用。而要使 BIM 技术在项目管理中发挥出更加强大的效用，建筑单位就必须建立一系列的动态的数据库，将更多的实时数据接入 BIM 的系统，并且对管理系统进行定期的维护和管理。

2.BIM 在国内的发展阻碍以及应对建议

（1）BIM 技术在国内的推广阻碍因素

通过 BIM 的宣传介绍以及国内外应用 BIM 技术的一些大型项目案例，我们都能深刻体会 BIM 的价值。宏观上，BIM 能贯彻到建筑工程项目的设计、招投标、施工、运营维护以及拆除阶段全生命周期，有利于对成本、进度、质量 3 大目标的控制，提高整个建设项目的经济效益。微观上，BIM 的功能包含 4D 和 5D 模拟、3D 建模和碰撞检测、材料统计和成本估算、施工图及预制件制造图的绘制、能源优化、设施管理和维护等。在国内，推广 BIM 技术以及运用 BIM 的建设工程项目案例当中，我们会发现很多阻碍 BIM 发展的因素。通过分析总结，包括法律、经济、技术，实施、人员 5 个方面，为了进一步了解以上阻碍因素对 BIM 技术在国内发展的影响程度，采取了问卷调查的方式，由房地产建筑行业的 BIM 专家进行作答，并采用 SPSS 分析法对以上阻碍因素按影响程度进行排序，总结出以下 16 个关键阻碍因素：

1）缺少实施的外部动机；

2）缺少全国性的 BIM 标准合同示范文本；

3）对分享数据资源持有消极态度；

4）经济效益不明显；

5）国内 BIM 软件开发程度低；

6）没有统一的 BIM 标准和指南；

7）未建立统一的工作流程；

8）业务流程重组的风险；

9）未健全 BIM 项目中的相关方争议处理机制；

10）缺少 BIM 软件的专业人员；

11）缺乏系统的 BIM 培训课程和交流学习平台；

12）各专业之间协作困难；

13）缺少保护 BIM 模型的知识产权的法律条款与措施；

14）与传统的 2D、3D 数据不兼容，工作量增大；

15）国内缺少对 BIM 技术的实质性研究；

16）应用 BIM 技术的目标和计划不明确。

针对以上的 16 个关键阻碍因素，可根据内外部因素分类，说明外部和内部因素对 BIM 技术在国内推广的阻碍程度是差不多的，所以需要同时重视内外部阻碍因素，双管齐下，方能从根本上解决推进 BIM 技术在国内建筑行业的应用问题。

（2）促进 BIM 技术推广的建议

针对目前我国建筑业 BIM 技术应用推广存在的关键阻碍因素，结合诸多学者提出的促进方案和发展战略，以及访谈专家，总结出以下建议。

1）法律方面

经过多年的发展，BIM 技术已然成为建筑业的热门话题，住建部也发文推进建筑信息模型的应用，但仍没有实质性的推广措施。当前，政府应制定统一的 BIM 标准和指南以及合同示范文本，以便全国各地区参考并推广。相关法律部门应该针对 BIM 技术的特点，制定保护 BIM 模型的知识产权的法律条款与措施，健全 BIM 项目中的相关方争议处理机制等相关法律法规，营造一个有益于 BIM 技术推广的法律环境。

2）经济方面应用

BIM 技术的目的在于对建筑工程项目的成本、进度、质量 3 大目标以及全生命周期的控制，可能存在经济效益不明显、投资回报期比较长等问题。项目各参与方应从本质上认识到 BIM 的价值，投入一定的资金和时间，团结合作，从而优化整个建设项目的经济效益。

3）技术方面

在技术层面，我国对 BIM 的掌握还处于初级阶段，不能只停留在 BIM 的概念介绍、3D 效果演示、碰撞识别等浅层次应用。政府应加大对 BIM 技术的实质性研究，研发适应我国建筑行业的 BIM 软件，完善构建 BIM 模型的数据库，建立 BIM 技术交流平台，创造良好的技术环境。项目各参与方应当正确认识 BIM 的价值，改变思维方式，尝试分享数据资源，顾全大局，促成共赢。

4）实施方面

在 BIM 技术推广的实施过程中，我国建筑行业遇到很多问题。政府和业主应该运用自己的优势，为建筑企业等项目相关方创造足够的外部动力，建立统一的工作流程。项目各参与方应壮大自己的 BIM 技术力量，制订应用 BIM 技术的目标和计划，消除业务流程重组的风险，加强各专业的交互性，携手共进。

5）人员方面

随着 BIM 项目数量增加以及项目的复杂程度提升，对 BIM 人才数量和质量的要求也随之提高。高校作为建筑人才输送的重要场所，应该设立相关的 BIM 课程，并定期组织学生前往 BIM 项目积累实践经验，以满足建筑行业的需求。此外，建筑行业相关部门应该在社会上建立系统的 BIM 培训课程和交流学习平台，以供企业人员学习与提升，壮大 BIM 技术人员的队伍，并参与到 BIM 项目的建设当中去。

（二）BIM 技术在建筑施工领域的发展

BIM 技术的发展不仅仅只是特定的领域或者特定的组织熟练应用的一种技术，更不指某些项目工程的成功应用。实现 BIM 技术的发展，应该提升整个建筑业的 BIM 应用水平，让所有的建筑业参与方能够普遍地、充分地利用 BIM 技术，以提高工作效率、减少资源浪费，从而达到创新和环保的目的，这才是 BIM 发展的核心。

1. 对于关键阻碍因素的应对方案

（1）保护数据模型内部的知识产权

BIM 数据模型包括与建筑、结构、机械以及水电设备等各种专业有关的数据资源。数据模型除了这些专业的物理及非物理属性以外，还包括取得专利的新产品或者施工技术的信息。BIM 数据模型是一种数据集成的数据库。模型里集成的数据越多，其应用范围越广，价值就越高。由于 BIM 数据模型的完整度不仅仅取决于建模工作的精准度，还取决于数据模型内在的数据资源输入的情况。因此在 BIM 项目中，更多的项目参与方需要提供大量的数据资源。由于在 BIM 项目参与方之间使用 BIM 数据模型来进行协同工作，因此项目的一方提供的数据资源则容易被其他参与方所使用。如果项目参与方没有保护知识产权的意识，就难以保护其他参与方提供的数据模型里的知识产权。

政府加以强化保护个人和企业的数据资源的力量。通过设立检查 BIM 数据的技术部门，如知识产权局，设定标准判断项目中数据资源的不正确的使用、套用、盗用他人的数据的行为；再与行政和法律部门结合，建立配套的经济和行政上的惩罚措施，如罚款、公示、列入招标黑名单等；最终确立"上诉 - 审查 - 惩罚"的机制。

在 BIM 项目中，建议业主方专门指定"数据模型管理员"来控制数据模型的滥用。他按使用者的专业和身份授权，在被许可的平台上允许使用其他使用者提供的数据模型。比如，"数据模型管理员"只允许结构设计师参考建筑和设备的数据模型，而不可改动模型里的任何属性。企业和个人都需要提高自身的防御意识，在 BIM 项目中互相监督，防止侵犯知识产权的行为。

（2）解决聘用 BIM 专家及咨询费用问题

据此项调查结果分析：除了业主之外，项目参与方大部分依靠自身的 BIM 团队来进行工作。然而，随着 BIM 项目数量的增加，现有用户对 BIM 技术的使用要求迅速增长时，将会出现对 BIM 外包服务的大量需求。当企业选择 BIM 外包服务时，他们会面临两个问题：费用的标准问题；费用的承担问题。

对于 BIM 外包服务的费用标准，目前还没有可以参考的。由于 BIM 技术服务的种类多，难以规定费用标准。依据 BIM 项目的实践经验来看，政府或者权威的企业研究机构需要为企业或者个人提供互相交流的平台，即分享有关 BIM 外包服务的信息，建立 BIM 外包服务的费用体系。

目前大部分工程项目中，是否使用 BIM 技术具有一定的选择性。在企业内部没有 BIM 团队的前提下，聘用 BIM 专家以及咨询会成为经济上的负担。在聘用 BIM 专家和咨询的过程中产生的费用应该由项目的参与方共同分担，特别是项目的业主方需要理解采用 BIM 技术所带来的经济效益，来分担其他项目参与方的经济压力。

（3）如何分担设计费用

由于中国施工图审查标准还是 2D 的，大部分设计工作还是以 2D 的绘图为主。在 BIM 项目的实施过程中，自然会出现传统的 2D 工作和 BIM 的 3D 工作相重复的现象，从而造成设计费用的增加。而且由于设计方直接承担软（硬）件的购买、计算机升级以及聘用 BIM 专家等的一系列费用，设计方向业主方要求更高的设计费是合理的。

在 BIM 项目中各参与方都是 BIM 技术的受益者。因使用 BIM 技术而产生的费用应该由所有项目参与方共同承担，业主方也是 BIM 项目的直接受益者。借助于项目中 BIM 技术的应用，业主可以获得高质量、低成本的建筑设施，并且能够降低在项目结束后的运营和管理阶段所产生的费用。业主方作为项目的买方必须得考虑项目其他参与方在引进 BIM 技术时所承担的费用。政府或者企业制定 BIM 标准时，需要考虑 BIM 设计费的定价问题，为 BIM 项目的业主方提供使用 BIM 技术的支付标准。

（4）增强 BIM 技术的研究力量

中国拥有世界最大规模的建筑市场。虽然设计院、高校的研究所以及个人等在建筑业不同领域进行有关 BIM 技术的研究，但是其研究力度不够。

在 BIM 技术的研究方面，政府机构可以起导向性的作用。在欧美发达国家的建筑业中，政府竭力帮助对于 BIM 技术方面的研究。为了强化 BIM 研究的力量，中国政府在这方面也可提供大力支持。比如，通过制定政策鼓励相关研究。政府机构也可以提供部分经费，补助企业和高校对 BIM 技术进行研究。政府还可以设立相应的科研奖项并帮助宣传优秀的研究成果，鼓励成果产业化。在 BIM 研究中也需要企业的参与。企业在实施 BIM 项目的过程中可以进行相关的研究，得出宝贵的研究成果。从 BIM 项目中得到的这些研究成果可以直接应用到其他的 BIM 项目里，创造更多的经济效益。

在研究 BIM 技术的路上对外的合作与交流是一种有效的方法，是实现 BIM 的一条最佳捷径。国外建筑业已经有几十年的研究历史，通过和他们的合作，可以切身感受到更为丰富的、更有深度的研究成果。在研究 BIM 技术的过程中，最重要的是政府、企业以及个人之间的交流。研究成果的共享能够推动 BIM 技术的普及和应用。

2. 建筑施工安全管理中 BIM 技术的运用

科学技术和经济的发展让建筑行业越来越意识到建筑施工安全管理的重要性，开展建筑施工安全管理不仅能保障施工安全，更能保障建筑的质量和延长使用年限。同时，开展建筑施工安全管理是国家要求，也是对建筑行业负责。但是，即使越来越多的建筑企业意识到建筑施工安全管理的重要性，仍有部分建筑企业片面追求经济效益和节约成本，不顾施工安全和施工质量，导致了大量的建筑施工事故发生。这些事故给人民生命财产造成重大损失，产生了不良的社会影响，也阻碍了企业的经营和发展。在这样的前提下，BIM 技术应运而生，将 BIM 技术运用于建筑工程中，不仅能保障施工安全，更能保障建筑质量。为此，笔者查阅大量的资料，并聆听了多次 BIM 推广讲座之后，简要阐述建筑施工安全管理和 BIM 的相关概念，分析当前我国建筑行业在施工安全管理过程中存在的问题。结合 BIM 技术，探讨 BIM 技术在建筑施工安全管理过程中的运用。

BIM 技术是 CAD 技术之后又一项在建筑行业领域被广受关注的计算机应用技术，随着 BIM 技术的推广，它将代替 CAD 技术在建筑工程行业中普及，并为设计和施工提供使用价值。BIM 技术逐渐取代了 CAD 技术，BIM 技术可以将工程项目的规划、设计、施工等流程通过三维模型实现资源共享。在完成三维模型的过程中，BIM 技术还可以对整个建筑项目进行预算，预测工程项目实施过程中可能存在的问题及风险性。它的这一功能，为工程设计解决方案提供了参考价值，减少了工程施工过程中可能产生的损失，同时提高了效果，缩短了工程流程。由此可知，BIM 技术可以运用到整个工程项目的生命周期，即勘察、设计阶段，运行、维护阶段以及改造、拆除等三个阶段。BIM 技术可以在工程项目的整个生命周期实现建立模型、共享信息以及应用，保持各个施工单位的协调一致。

BIM 技术可以对工程项目的建筑、结构、设备工程等进行设计，在设计过程中 BIM 技术建立三维模型，实现每个环节之间的共享。例如设计方按照客户要求完成建筑模型的建立后，可以将建筑模型转交给结构工程师，让结构工程师在原有基础上进一步设计。设计之后，再转交设备设计工程师，工程师将设计数据录入。在这一过程中，每个环节衔接顺畅，且效率较快。在以往的工程项目设计过程中，设计方、结构工程师分属不同的企业或部门，两者由于某些因素的制约难以时时进行交流，因而在进行工程项目设计中，也容易出现意见分歧问题。而 BIM 技术的引进，为两者建立了沟通桥梁。同时，BIM 技术的引进，让工程项目的设计流程更加有序和规范化。

在传统的手绘图纸中，一般需要借助二维软件（autocad）完成工程设计图，二维设计图完成后再导入 3Dmax 软件进行三维模型构建，这一设计过程不仅浪费时间，更浪费资源。而利用 BIM 技术可以直接跳过二维图纸设计，利用 BIM 相关技术直接完成三维模型构建，既节省了时间，又避免重复工作。使用 BIM 技术软件可以对设计过程中出现的问题进行审核和纠正，也可以自动将三维数据导入各个分析软件中。如对绿色建筑等进行模拟分析。BIM 技术能实现快速建立工程模型，预算工程所需要成本，协助工程造价师完成工程的预算、估算等。总之，在工程项目的设计阶段，应用 BIM 技术不仅可以规范项目设计流程、简化设计过程，更可以针对设计过程中出现的问题及时纠正，辅助工程造价师对工程进行预算。

BIM 技术完成了三维模型后，对整个工程建筑进行了虚拟构建。虚拟构建建筑最主要的目的是对整个建筑施工过程进行演示，及时发现施工过程中的问题，结合问题及时改进。例如在建筑模拟构建过程中，构件出现问题，特别是各专业之间的碰撞问题，可以及时提出解决方案，并更改设计方案，避免实际施工过程中出现问题。这样的演示方式不仅节省了工程实际施工时间，更节约了成本，缩短了工期。而在传统的工程施工阶段，由于没有引进 BIM 技术，难以发现工程后期可能存在的施工问题。在正式施工之后，也会出现种种预料不及的问题。这些问题的出现，不仅打乱工程进度，更影响工程项目质量。将 BIM 技术引进工程项目的施工阶段，可以预示工程施工中可能存在的问题，降低施工事故发生概率。

BIM 技术在工程的运维阶段主要应用在几个方面，第一，有利于建筑管理，增加建筑商业价值。现当代建筑为了满足经济需要楼层建设往往比较高，且每一楼层为了满足不同的需求设计也不同。BIM 技术的引进方便对每一楼层进行管理，BIM 技术可以模拟再现每一楼层的结构和框架；第二，前期整合信息为后期运维提供保障和支持。在建筑施工前期，利用 BIM 技术建模后可以保留建筑的相关信息资料。当建筑投入使用之后出现问题，可以使用 BIM 技术保留的相关信息对建筑进行维护；第三，BIM 技术提供和互联网接口。BIM 技术需要三维数字设计和工程软件支持，同时它支持和互联网进行连接。BIM 技术和互联网连接后可以将建筑结构展示在屏幕中，全面地展示建筑的相关信息；第四，运营过程中利用 BIM 技术可以获取故障发生在建筑物里面的方位，便于尽快地解决问题。BIM 技术不仅具有 CAD 技术的功能，更具有定位功能，建筑建设完毕投入使用之后，若出现问题，BIM 技术可以快速准确地定位故障点，为故障的处理提供指导。

经济的发展推动了我国建筑行业的发展，它们在面临机遇的同时势必面临竞争和挑战，建筑行业在生产运营过程中必须将安全生产放在首位。利用 BIM 技术，将 BIM 技术投入到建筑施工过程的设计阶段、施工阶段以及运维阶段。只有将 BIM 技术全面地应用到建筑施工项目的整个施工周期中，才能保障建筑施工项目的安全施工，也才能保证建筑施工项目的质量。但需要提出的一点是，BIM 技术虽然有诸多优点，也不乏缺点。在 BIM 技术下，当前大多数建筑施工企业利用 BIM 技术的便利直接设计工程图纸，减少专业人才和技术人才的投入使用，这一现状无疑会使我国建筑专业设计师面临挑战。同时，大多数建筑企业在应用 BIM 技术时，没有意识到 BIM 技术只是辅助工具，混淆了专业人才和 BIM 技术的地位和价值。建筑企业必须认识到，在建筑施工安全管理过程中，必须坚持专业人才为主导，BIM 技术为辅助手段。只有这样，才能更好地发挥 BIM 技术的作用。

3. 促进中国建筑业 BIM 引进和应用的流程

通过文献调查、问卷调查以及专家访谈，可以得知 BIM 技术在中国建筑业中才刚刚起步，并且面临着众多的阻碍因素。目前中国建筑科学研究院和中国建筑设计研究院等中央企业、欧特克、广联达和鲁班等软件开发公司、中建国际设计顾问有限公司和北京市建筑设计研究院等建筑设计咨询机构以及一些高校正在推动中国建筑业引进并应用 BIM 技术，但是从整个中国建筑业 BIM 发展的现状来看，其推动力仍然不足。

研究根据关键阻碍因素的 15 个应对方案和 5 个"阻碍因素"的特点，提出了促进中国建筑业 BIM 引进和应用的阶段流程。BIM 促进方案分成"推动 BIM 引进的阶段""BIM 应用的过渡阶段"以及"推动 BIM 应用的阶段"三个阶段。

第一阶段：在"推动 BIM 引进的阶段"中，最关键的是增加中国建筑市场对于 BIM 技术的需求量。由于政府具有直接带动建筑市场变化的优势，所以建议政府在公共项目中率先规定使用 BIM 技术，要求项目参与方具有一定的 BIM 应用实力。同时，从项目立项开始，邀请研究机构进行对 BIM 技术的应用展开跟踪研究，其主要目的在于分析 BIM 技术所带来的经济效益。企业通过自身的试点项目尝试 BIM 项目，不仅仅提高技术上的操作能力，而且熟悉 BIM 工作模式以及业务流程。为了有效地实施 BIM 项目，政府的行业主管部门首先需要研制并颁发 BIM 标准和指南，建立 BIM 应用的框架。政府的标准和指南为企业和个人提供具体的 BIM 应用指导。

根据政府颁发的 BIM 标准和指南，按企业和项目的特殊要求，企业可以根据自身的情况编制企业 BIM 标准和指南。企业的 BIM 标准和指南包括更具体的 BIM 应用方法，比如，BIM 应用的目的、使用 BIM 的主体、BIM 应用范围、BIM 模型建模方法、BIM 模型详细程度、协同工作程序以及模型的评价方式等有关项目的 BIM 应用准则。同时，软件开发商需要提供切实可用的软件，以保证 BIM 项目正常运行。此阶段，由于缺乏可用的国内软件，可先使用从外国引进的 BIM 软件。在"推动 BIM 引进阶段"，建筑业各参与方之间，即政府、企业、个人以及行业协会等，需要以团体或者个人的方式进行交流并共享有关 BIM 技术的知识。在推动 BIM 引进的过程中，虽然政府和企业的项目在 BIM 技术的应用范围上会有一定的限制，但不管其项目的成果怎样，政府、企业以及个人都能够积累 BIM 项目的实践经验。而实践经验的互相交流和对 BIM 技术的定量分析以及结果的分享，都将会成为中国建筑业 BIM 引进的驱动力。

第二阶段："BIM 应用的过渡阶段"是政府、企业以及个人在引进 BIM 技术以后，适应 BIM 的工作模式以及业务流程的过渡阶段。借助于 BIM 实践经验和 BIM 效益的定量化进行评价，企业方面尤其是项目的业主方，了解并认可 BIM 技术的优点，从而开始要求项目参与方使用 BIM 技术。企业和个人在参与 BIM 项目的过程中积累一定的技术和管理方面的经验，潜移默化地适应 BIM 工作模式。通过 BIM 项目的参与和 BIM 技术的应用，企业和个人不仅得到一定的经济收益，而且也能够应对 BIM 技术所带来的变化，从而他们对 BIM 技术的抵触心理就会逐渐减少。同时，"老设计员"通过参与 BIM 项目，也适应了 BIM 的 3D 思维模式。在"BIM 应用的过渡阶段"，业主方对于 BIM 技术的认可、消除企业和个人的心理障碍以及向 3D 思维模式的转变都需要有足够的适应时间。

第三阶段：在"推动 BIM 应用的阶段"，关键是扩大政府和民营企业的项目中 BIM 的适用范围，还包括硬（软）件投资、教育体系的确立以及 BIM 合同文本的研制等。在扩大政府和民营企业的项目适用范围的过程中，把 BIM 标准和指南更具体化、更体系化。政府和企业对 BIM 项目的执行中所遇到的一系列问题进行详细分析并反映在 BIM 标准的指南里，补充并改正，使其完善。在进行 BIM 项目中，项目的业主方向 BIM 使用者提出了更高的要求，从而促使企业和个人具备更高水准的 BIM 操作和管理能力。企业通过对于员工的培训和再培训来培养 BIM 人才，而对于个人使用者来说也需要不断地开发自己的能力，来适应 BIM 的发展。

同时，BIM 使用者对于软件功能的要求也需要提高。BIM 软件不但需要满足使用者更为复杂的需求，而且要符合国内建筑业的使用标准。从长期的中国建筑业 BIM 发展的远景来看，国产 BIM 软件的开发是必需的环节。在开发国产 BIM 技术产品的过程中，政府对于软件盗版市场加以强化管制，保护开发商的权益。企业和个人基于健全的购买意识分担软件购买的费用，支持国产 BIM 软件的开发。除了国产 BIM 软件以外，也需要研究符合中国建筑业的标准规范的 BIM 数据交换标准，以提高中国建筑业的国际竞争力。

在 BIM 应用中所追加的硬件购买的费用、聘用 BIM 专家及咨询费用以及设计费用由所有项目参与方共同承担。尤其是项目的业主方按照其他参与方提供的 BIM 服务水平需要付相应的费用。通过企业和个人的投资，坚定 BIM 应用的物理环境基础。政府和项目的业主可以采取奖励政策，扩大 BIM 使用者的范围。比如，选定承包商的时候，采用加分制，鼓励项目参与方使用 BIM 技术，或者对他们进行强制性的要求来促使项目参与方使用 BIM 技术。

随着 BIM 项目数量的增加，对于 BIM 人力资源的需求也在增加。公共教育部门确立 BIM 教育体系，从在校的学生开始进行基于 BIM 技术的教育，培养 BIM 技术的人才。而私人教育机构也与公共教育部门同步，承担 BIM 人才培养的工作，以为 BIM 研究和应用提供丰富的人力资源。

　　在 BIM 项目中，基于 BIM 技术的协同工作，因此数据模型里的知识产权存在被误用、套用以及盗用的可能性。为了保护项目参与方所提供的信息，政府和企业在 BIM 项目中专门聘用管理员来防止数据模型的不正确使用、套用和盗用。政府通过设立检查 BIM 数据的技术部门来制定判断标准、接受投诉、解决争端、实施经济和行政上的处罚。为了促进数据资源的交流和分享，企业和个人需要保持积极的、开放的态度，但是也需要保护自身的权益。在与合作伙伴进行交流并分享信息的同时，要提高自身的防御意识，在 BIM 项目中互相监督，防止侵犯他人知识产权的行为。

　　为了推动更多企业和个人的参与，政府委托行业协会和研究机构共同制定 BIM 标准合同文本。在制定合同文本的过程中，建筑业的所有领域参与并提出自己的意见和要求，都反映在 BIM 标准合同文本中。政府和企业在自身 BIM 项目中使用 BIM 标准合同文本，从而把所发现的问题进行反馈，来完善 BIM 标准合同。在 BIM 标准合同文本中有必要制定有关 BIM 数据模型的条款，条款应包括数据模型的所有权及责任方等问题，从而应对一些 BIM 项目中所出现的争议问题。从长远方面来考虑，需要建立 BIM 项目的争议处理机制。

　　总而言之，促进中国建筑业 BIM 引进和应用需要政府、企业以及个人三方的共同努力。在促进过程中，政府、企业以及个人有阶段性地、有针对性地应对所面临的问题，才能奠定中国建筑业 BIM 引进和应用的基础。

第七章 绿色建筑设计的技术支持

通过分析我国绿色建筑发展的情况，可以得知我国绿色建筑在推进过程中存在一系列问题。因此，我们理应对绿色建筑设计的技术进行系统的分析。通过了解这些技术，为绿色建筑设计提供更为具体的技术指导。

第一节 绿色建筑的节地与节水技术

《绿色建筑评价标准》中对绿色建筑的节地与节水技术进行了明确论述。通过对节地与节水技术的论述，有利于更好地保护环境与节约资源。

一、绿色建筑的节地技术

《绿色建筑评价标准》指出，节地技术主要关注的是场地安全、土地利用、交通设施与公共服务、场地设计与场地生态。由于本书是从技术的角度而言的，因此弱化了土地利用这一内容，而重点对场地安全、交通设施与公共服务等技术进行论述。

（一）土壤污染修复

根据相关规定，土壤修复是指采用物理、化学或生物的方法固定、转移、吸收、降解或转化场地土壤中的污染物，使其含量降低到可接受水平，或将有毒有害的污染物转化为无害物质的过程。土壤污染修复可按照以下流程进行操作。

1. 场地环境调查。场地环境调查包括三个阶段。

2. 场地风险评估。场地风险评估包括危害识别、暴露评估、毒性评估、风险表征以及土壤风险控制值计算。

3. 场地修复目标值确定。场地修复的目标值详见前述"技术指标"中规定的土壤污染风险筛选指导值。

4. 土壤修复方案编制。场地修复方案编制分为三个阶段：选择修复模式、筛选修复技术和制订修复方案。

5. 实施土壤修复。依据制订的土壤修复方案实施土壤修复程序，并在修复后进行评估。

（二）交通设施设计

交通设施设计又称"交通组织"，是指为解决交通问题所采取的各种软措施的总和，具体包括四点内容：一是城市道路系统、公交站点及轨道站点等的布局位置及服务覆盖范围；二是道路系统、公交站点及轨道站点等到场地入口之间的衔接方式，包括步行道路、人行天桥、地下通道等；三是场地出入口的位置、样式、方向等；四是场地出入口与建筑入口之间的交通形式布设及安排等。交通组织的技术设计的要点如下。

1.公交站点设计

公交站点规划时宜根据相关规定标准合理设置公交站点形式及服务设施，最大化以安全、便利服务居民。

2.场地对外交通设计

场地出入口在满足各标准、规范指标要求的同时，出入口设计应不影响城市道路系统，保障居民人身安全。场地应有两个及两个以上不同方向通向城市道路的出口，且至少有一面直接连接城市道路，以减少人员疏散时对城市正常交通的影响。

3.自行车停车场设计

自行车是常用的交通工具，具有轻便、灵活和经济的特点，且数量庞大。自行车停车场指停放和储存自行车的场地。为满足民用建筑自行车停车需求，不同类建筑应结合自身的情况合理设置一定规模的自行车停车位，为绿色出行提供便利条件。

4.立体停车场设计

立体停车场是指通过多层停车空间斜坡将汽车停放在立体化停车场，这种停车方式决定了车位应该置于主体建筑底部靠近地面的数层，因此此种停车方式也被称为"多层停车库"。

二、绿色建筑的节水技术

《绿色建筑评价标准》中节水与水资源利用主要关注给水排水系统节水、节水器具与设备、非传统水源利用三个方面。下面主要从绿色建筑节水技术的角度来阐述，重点介绍节水系统的技术内容。

（一）给水系统

建筑给水系统是将城镇给水管网或自备水源给水管网的水引入室内，选用适用、经济、合理的最佳供水方式，经配水管送至室内各种卫生器具、水龙头嘴、生产装置和消防设备，并满足用水点对水量、水压和水质要求的冷水供应系统。

室内给水方式指建筑内部给水系统的供水方式，一般根据建筑物的性质、高度、配水点的布置情况以及室内所需压力、室外管网水压和配水量等因素，通过综合评判法确定给水系统的布置形式。

给水方式的基本形式有：

1. 依靠外网压力的给水方式：直接给水方式、设水箱的给水方式；

2. 依靠水泵升压的给水方式：设水泵的给水方式、设水泵水箱的给水方式、气压给水方式、分区给水方式。

根据各分区之间的相互关系，高层建筑给水方式可分为水泵串联分区给水方式、水泵并联给水方式和减压分区给水方式。

（二）热水供应系统

热水供应系统按热水供应范围，可分为局部热水供应系统、集中热水供应系统和区域热水供应系统。

热水供应系统的组成因建筑类型和规模、热源情况、用水要求、加热和贮存设备的情况、建筑对美观和安静的要求等不同情况而异。典型的集中热水供应系统，主要由热媒系统（第一循环系统）、热水供水系统（第二循环系统）、附件三部分组成。热媒系统由热源、水加热器和热媒管网组成；热水供水系统由热水配水管网和回水管网组成；附件包括蒸汽、热水的控制附件及管道的连接附件，如温度自动调节器、疏水器、减压阀、安全阀、自动排气阀、膨胀罐、管道伸缩器、闸阀、水嘴等。

（三）超压出流控制

超压出流是指给水配件阀前压力大于流出水头，给水配件在单位时间内的出水量超过确定流量的现象。该流量与额定流量的差值，为超压出流量。

超压出流现象出现于各类型建筑的给水系统中，尤其是高层及超高层的民用建筑。因此，给水系统设计时应采取措施控制超压出流现象，合理进行压力分区，并适当地采取减压措施，避免造成浪费。

目前常用的减压装置有减压阀、减压孔板、节流塞三种。

第二节　绿色建筑的节能与节材技术

在建筑物使用过程中，使用节能与节材技术，可以有效提高能量利用率，节省材料，是绿色建筑的重要方面。

一、绿色建筑的节能技术

（一）绿色建筑屋面节能技术

1.倒置式保温屋面

倒置式保温屋面是将传统屋面构造中的保温层与防水层颠倒，把保温层放在防水层的上面，对防水层起到一个屏蔽和保护的作用，使之不受阳光和气候变化的影响，不易受到来自外界的机械损伤，是一种值得推广的保温屋面。

2.蓄水屋面

蓄水屋面是指在屋面防水层上蓄一定高度的水，起到隔热作用的屋面。其原理是在太阳辐射和室外气温的综合作用下，水能吸收大量的热而由液体蒸发为气体，从而将热量散发到空气中，减少了屋盖吸收的热能，起到隔热和降低屋面温度的作用。

（二）绿色建筑门窗节能技术

1.控制窗墙面积比

通常窗户的传热热阻比墙体的传热热阻要小得多，因此，建筑的冷热耗量随窗墙面积比的增加而增加。作为建筑节能的一项措施要求在满足采光通风的条件下确定适宜的窗墙比。因全国气候条件各不相同，窗墙比数值应按各地建筑规范予以计算。

2.提高窗户的隔热性能

窗户的隔热就是要尽量阻止太阳辐射直接进入室内，减少对人体与室内的热辐射。提高外窗特别是东、西外窗的遮阳能力，是提高窗户隔热性能的重要措施。通过建筑措施，实现窗户的固定外遮阳，如增设外遮阳板、遮阳棚及适当增加南向阳台的挑出长度都能够起到一定的遮阳效果。而在窗户内侧设置如窗帘、百叶、热反射帘或自动卷帘等可调节的活动遮阳装置同样可以实现遮阳目的。

3.提高门窗的气密性

在设计中应尽可能减少门窗洞口，加强门窗的密闭性。可在出入频繁的大门处设置门斗，并使门洞避开主导风向。当窗户的密封性能达不到节能标准要求时，应当采取适当的密封措施，如在缝隙处设置橡皮、毡片等制成的密封条或密封胶，提高窗户的气密性。

4.选用适宜的窗型

门窗是实现和控制自然通风最重要的建筑构件。首先，门窗装置的方式对室内自然通风具有很大的影响。门窗的开启有挡风或导风作用，装置得当，则能增加室内空气通风效果。从通风的角度考虑，门窗的相对位置以贯通为好，尽量减少气流的迂回和阻力。其次，中悬窗、上悬窗、立转窗、百叶窗都可起调节气流方向的作用。

二、绿色建筑的节材技术

（一）绿色建筑用料节材技术

1. 采用高强建筑钢筋

我国城镇建筑主要是采用钢筋混凝土建造的，钢筋用量很大。一般来说，在相同承载力下，强度越高的钢筋，其在钢筋混凝土中的配筋率越小。相比于 HRB335 钢筋，以 HRB400 为代表的钢筋具有强度高韧性好和焊接性能优良等特点，应用于建筑结构中具有明显的技术经济性能优势。经测算，用 HRB400 钢筋代替 HRB335 钢筋，可节省 10%~14% 的钢材；用 HRB400 钢筋代换 q12 以下的小直径 HPB235 钢筋，则可节省 40% 以上的钢材。同时，使用 HRB400 钢筋还可改善钢筋混凝土结构的抗震性能。可见，HRB400 高强钢筋的推广应用，可以明显节约钢材资源。

2. 采用强度更高的水泥及混凝土

我国城镇建筑主要是采用钢筋混凝土建造的，所以我国每年混凝土用量非常巨大。混凝土主要是用来承受荷载的，其强度越高，同样截面积承受的重量就越大；反过来说，承受相同的重量，强度越高的混凝土，它的横截面积就可以做得越小，即混凝土柱、梁等建筑构件可以做得越细。所以，建筑工程中采用强度高的混凝土可以节省混凝土材料。

3. 采用商品混凝土和商品砂浆

商品混凝土是指由水泥、砂石、水以及根据需要掺入的外加剂和掺合料等组分按一定比例在集中搅拌站（厂）经计量、拌制后，采用专用运输车、在规定时间内、以商品形式出售，并运送到使用地点的混凝土拌合物。我国目前商品混凝土用量仅占混凝土总量的 30% 左右。我国商品混凝土整体应用比例的低下，也导致大量自然资源浪费。因为相比于商品混凝土的生产方式，现场搅拌混凝土要多损耗水泥 10%~15%，多消耗砂石 5%~7%。商品混凝土的性能稳定性也比现场搅拌好得多，这对于保证混凝土工程的质量十分重要。商品砂浆是指由专业生产厂生产的砂浆拌合物。商品砂浆也称为预拌砂浆，包括湿拌砂浆和干混砂浆两大类。相比于现场搅拌砂浆，采用商品砂浆可明显减少砂浆用量。对于多层砌筑结构，若使用现场搅拌砂浆，则每平方米建筑面积需使用砌筑砂浆量为 0.20 ㎡。而使用商品砂浆则仅需要 0.13 ㎡，可节约 35% 的砂浆量；对于高层建筑，若使用现场搅拌砂浆，则每平方米建筑面积需使用抹灰砂浆量为 0.09 ㎡。而使用商品砂浆则仅需要 0.038 ㎡，可节约抹灰砂浆用量 58%。目前，我国的建筑工程量巨大，世界上几乎 50% 的水泥消耗在我国，但是我国商品砂浆年用量就显得很少。

4. 采用散装水泥

散装水泥是相对于传统的袋装水泥而言的，是指水泥从工厂生产出来之后不用任何小包装直接通过专用设备或容器从工厂运输到中转站或用户手中。多年来，我国一直是世界第一水泥生产大国，但却是散装水泥使用小国。

5. 采用专业化加工配送的商品钢筋

专业化加工配送的商品钢筋是指在工厂中把盘条或直条钢线材用专业机械设备制成钢筋网、钢筋笼等钢筋成品，直接销售到建筑工地，从而实现建筑钢筋加工的工厂化、标准化及建筑钢筋加工配送的商品化和专业化。由于能同时为多个工地配送商品钢筋，钢筋可进行综合套裁，废料率约为2%，而工地现场加工的钢筋废料率约为10%。现行混凝土结构建筑工程施工主要分为混凝土、钢筋和模板三个部分。商品混凝土配送和专业模板技术近几年发展很快，而钢筋加工部分发展很慢，钢筋加工生产远远落后于另外两个部分。我国建筑用钢筋长期以来依靠人力进行加工，随着一些国产简单加工设备的出现，钢筋加工才变为半机械化加工方式，加工地点主要在施工工地。这种施工工地现场加工的传统方式，不仅劳动强度大，加工质量和进度难以保证，而且材料浪费严重，往往是大材小用、长材短用，加工成本高、安全隐患多，占地多、噪声大。所以，提高建筑用钢筋的工厂化加工程度，实现钢筋的商品化专业配送，是建筑行业的一个必然发展方向。

（二）绿色建筑结构节材技术

1. 房屋的基本构件

每一栋独立的房屋都是由各种不同的构件有规律按序组成的，这些构件从其承受外力和所起作用上看，大体可以分成结构构件和非结构构件两种类别。

（1）结构构件。起支撑作用的受力构件，如板、梁、墙、柱。这些受力构件的有序结合可以组成不同的结构受力体系，如框架、剪力墙等，用来承担各种不同的垂直、水平荷载以及产生各种作用。

（2）非结构构件。对房屋主体不起支撑作用的自承重构件，如轻隔墙、幕墙、吊顶、内装饰构件等。这些构件也可以自成体系和自承重，但一般条件下均视其为外荷载作用在主体结构上。

2. 建筑结构的类型

（1）砌体结构

砌体结构的材料主要有砖砌块、石体砌块、陶粒砌块以及各种工业废料所制作的砌块等。建筑结构中所采用的砖一般指黏土砖。黏土砖以黏土为主要原料，经泥料处理、成型、干燥和焙烧而成。黏土砖按其生产工艺不同可分为机制砖和手工砖；按其构造不同又可分为实心砖、多孔砖、空心砖。砖块不能直接用于形成墙体或其他构件，必须将砖和砂浆砌筑成整体的砖砌体，才能形成墙体或其他结构。砖砌体是我国目前应用最广的一种建筑材料。

砌体结构的优点是：能够就地取材价格比较低廉、施工比较简便，在我国有着悠久的历史和经验。砌体结构的缺点是：结构强度比较低，自重大比较笨重，建造的建筑空间和高度都受到一定的限制。其中采用最多的黏土砖还要耗费大量的农田。

（2）钢筋混凝土结构

钢筋混凝土结构的材料主要有砂、石、水泥、钢材和各种添加剂。通常讲的"混凝土"一词，是指用水泥作胶凝材料，以砂、石子作骨料与水按一定比例混合，经搅拌、成型、养护而得的水泥混凝土，在混凝土中配置钢筋形成钢筋混凝土构件。钢筋混凝土结构的优点是：材料中主要成分可以就地取材，混合材料中级配合理，结构整体强度和延展性都比较高，其创造的建筑空间和高度都比较大，也比较灵活，造价适中，施工也比较简便，是当前我国建筑领域采用的主导建筑类型。钢筋混凝土结构的缺点是：结构自重相对砌体结构虽然有所改进，但还是相对偏大，结构自身的回收率也比较低。

（3）钢结构

钢结构的材料主要为各种性能和形状的钢材。钢结构的优点是：结构轻质高强，能够创造很大的建筑空间和高度，整体结构也有很高的强度和延伸性。在现有技术经济环境下，符合大规模工业化生产的需要，施工快捷方便，结构自身的回收率也很高，这种体系在世界和我国都是发展的方向。钢结构的缺点是：在当前条件下造价相对比较高，工业化施工水平也有比较高的要求，在大面积推广的道路上，还有一段路程要走。

（三）绿色建筑装修节材技术

我国普遍存在的商品房二次装修浪费了大量材料，也有很多弊端。为此，应该大力发展一次装修到位。商品房装修一次到位是指房屋交钥匙前，所有功能空间的固定面全部铺装或粉刷完成，厨房和卫生间的基本设备全部安装完成。一次性装修到位不仅有助于节约，而且可减少污染和重复装修带来的扰邻纠纷，更重要的是有助于保持房屋寿命。一次性整体装修可选择菜单模式（也称模块化设计模式），由房地产开发商、装修公司、购房者商议，根据不同户型推出几种装修菜单供住户选择。考虑到住户个性需求，一些可以展示个性的地方，如厅的吊顶、玄关、影视墙等可以空着，由住户发挥。从国外以及国内部分商品房项目的实践来看，模块化设计是发展方向。业主只需从模块中选出中意的客厅、餐厅、卧室、厨房等模块，设计师即刻就能进行自由组合。然后综合色彩、材质、软装饰等环节，统一整体风格，降低设计成本。家庭装修以木工、油漆工为主，而将木工、油漆工的大部分项目在工厂做好，运到现场完成安装组合，这种做法目前在发达城市称为家庭装修工厂化。传统的家装模式分为以下两种。

1.根据事先设计好的方案连同所需家具一同在现场进行施工，这样只能使家具与居室内其他细木工制品（如门套、暖气罩、踢脚等）配色成套。但这种手工操作的方式避免不了噪声、污染以及各种因质量和工期问题给消费者带来的烦恼，刺耳的铁锤、电锯声，满室飞舞的尘埃和锯末，不仅影响施工现场的环境要求，关键是一些材料（如大芯板、多层板等）和各种油漆、黏结剂所散发出的刺鼻气味，直接影响消费者的身心健康，况且手工制作的木制品极易出现变形、油漆流迹、起鼓等质量问题。

2.很多消费者在经过简单的基础装修后，根据自己的感觉和设计师的建议到家具城购买家具，而采用这种方式购买的家具经常不能令人十分满意，会出现颜色不匹配、款式不协调、尺寸不合适等一系列问题，使家具与整个空间装饰风格不能形成有机统一，既破坏了装修的特点，又没起到家具应有的装饰作用。鉴于此，一些装饰公司通过不断地探索与实践，推出了"家具、装修一体化"装修方式，很受欢迎。"一体化"生产在环保方面令人放心，用户在装修完毕后可以马上入住，免去了因装修过程中所遗留、散发的化学物质对人体造成的损害。在时间方面，现场开工的同时，工厂进行同期生产（木工制品）。待现场的基础工程一完工，木制品就可以进入现场进行拼装，打破了传统的瓦工、木工、油漆工的施工顺序，大大节省了施工周期，为消费者装修节省了更多的时间和精力。

三、绿色建筑施工管理

（一）绿色施工管理概述

绿色施工是指在保证质量、安全等基本要求的前提下，通过科学管理和技术进步，最大限度地节约资源，减少对环境负面影响，实现"四节一环保"（节能、节材、节水、节地和环境保护）的建筑工程施工活动。绿色施工要求以资源的高效利用为核心，以环境保护优先为原则，追求高效、低耗、环保，统筹兼顾，实现经济、社会、环境综合效益最大化的施工模式。在工程项目的施工阶段推行绿色施工主要包括选择绿色施工方法、采取节约资源措施、预防和治理施工污染、回收与利用建筑废料四个方面内容。

要实现绿色施工，实施和保证绿色施工管理尤为重要。绿色施工管理主要包括组织管理、规划管理、目标管理、实施管理、评价管理五大方面。以传统施工管理为基础，文明施工、安全管理为辅助，实现绿色施工目标为目的。在技术进步的同时，完善包含绿色施工思想的管理体系和方法，用科学的管理手段实现绿色施工。

1.绿色施工组织管理

（1）绿色施工管理体系

1）公司绿色施工管理体系

施工企业应该建立以总经理为第一责任人的绿色施工管理体系，一般由总工程师或副总经理作为绿色施工领头人，负责协调人力资源管理部门、成本核算管理部门、工程科技管理部门、材料设备管理部门、市场经营管理部门等管理部室。

①人力资源管理部门：负责绿色施工相关人员的配置和岗位培训；负责监督项目部绿色施工相关培训计划的编制和落实以及效果反馈；负责组织国内和本地区绿色施工新政策、新制度在全公司范围内的宣传等。

②成本核算管理部门：负责绿色施工直接经济效益分析。

③工程科技管理部门：负责全公司范围内所有绿色施工创建项目在人员、机械、周转材料、垃圾处理等方面的统筹协调；负责监督项目部绿色施工各项措施的制定和实施；负责项目部相关数据收集的及时性、齐全性与正确性，并在全公司范围内及时进行横向对比后将结果反馈到项目部；负责组织实施公司一级的绿色施工专项检查；负责配合人力资源管理部门做好绿色施工相关政策制度的宣传并负责落实在项目部贯彻执行等。

④材料设备管理部门：负责建立公司《绿色建材数据库》和《绿色施工机械、机具数据库》并随时进行更新；负责监督项目部材料限额领料制度的制定和执行情况；负责监督项目部施工机械的维修、保养、年检等管理情况。

⑥市场经营管理部门：负责对绿色施工分包合同的评审，将绿色施工有关条款写入合同。

2）项目绿色施工管理体系

绿色施工创建项目必须建立专门的绿色施工管理体系。项目绿色施工管理体系不要求采用一套全新的组织结构形式，而是建立在传统的项目组织结构的基础上，要求融入绿色施工目标，并能够制定相应责任和管理目标以保证绿色施工开展的管理体系。

项目绿色施工管理体系要求在项目部成立绿色施工管理机构，作为总体协调项目建设过程中有关绿色施工事宜的机构。这个机构的成员由项目部相关管理人员组成，还可包含建设项目其他参与方，如建设方、监理方、设计方的人员。同时要求实施绿色施工管理的项目必须设置绿色施工专职管理员，要求各个部门任命相关的绿色施工联络员，负责本部门所涉及的与绿色施工相关的职能。

（2）绿色施工责任分配

1）公司绿色施工责任分配

①总经理为公司绿色施工第一责任人。

②总工程师或副总经理作为绿色施工牵头人负责绿色施工专项管理工作。

③以工程科技管理部门为主，其他各管理部室负责与其工作相关的绿色施工管理工作，并配合协助其他部室工作。

2）项目绿色施工责任分配

①项目经理为项目绿色施工第一责任人。

②项目技术负责人、分管副经理、财务总监以及建设项目参与各方代表等组成绿色施工管理机构。

③绿色施工管理机构开工前制订绿色施工规划，确定拟采用的绿色施工措施并进行管理任务分工。

④管理任务分工，其职能主要分为四个：决策、执行、参与和检查。一定要保证每项任务都有管理部门或个人负责决策、执行、参与和检查。

⑤项目主要绿色施工管理任务分工表制定完成后，每个执行部门负责填写《绿色施工措施规划表》报绿色施工专职管理员。绿色施工专职管理员初审后报项目部绿色施工管理机构审定，作为项目正式指导文件下发到每一个相关部门和人员。

⑥在绿色施工实施过程中，绿色施工专职管理员应负责各项措施实施情况的协调和监控。同时在实施过程中，针对技术难点、重点，可以聘请相关专家作为顾问，保证实施顺利。

2.绿色施工规划管理

（1）绿色施工图纸会审

绿色施工开工前应组织绿色施工图纸会审，也可在设计图纸会审中增加绿色施工部分。从绿色施工"四节一环保"的角度，结合工程实际，在不影响质量、安全、进度等基本要求的前是下对设计进行优化，并保留相关记录。

现阶段绿色施工处于发展阶段，工程的绿色施工图纸会审应该有公司一级管理技术人员参加，在充分了解工程基本情况后，结合建设地点、环境、条件等因素提出合理性设计变更申请，经相关各方同意会签后，由项目部具体实施。

（2）绿色施工总体规划

1）公司规划

在确定某工程要实施绿色施工管理后，公司应对其进行总体规划。规划内容包括：

①材料设备管理部门从《绿色建材数据库》中选择距工程500km范围绿色建材供应商数据供项目选择。从《绿色施工机械、机具数据库》中结合工程具体情况，提出机械设备选型。

②工程科技管理部门收集工程周边在建项目信息，对工程临时设施建设需要的周转材料、临时道路路基建设需要的碎石类建筑垃圾以及在工程如有前期拆除工序而产生的建筑垃圾就近处理等提出合理化建议。

③根据工程特点，结合类似工程经验，对工程绿色施工目标设置提出合理化建议和要求。

④对绿色施工要求的执证人员、特种人员提出配置要求和建议；对工程绿色施工实施提出基本培训要求。

⑤在全公司范围内（有条件的公司可以在一定区域范围内），从绿色施工"四节一

环保"的基本原则出发，统一协调资源、人员、机械设备等，以求达到资源消耗最少、人员搭配最合理、设备协同作业程度最高、最节能的目的。

2）项目规划

在进行绿色施工专项方案编制前，项目部应对以下因素进行调查并结合调查结果做出绿色施工总体规划。

①工程建设场地内原有建筑分布情况

A. 原有建筑需拆除：要考虑对拆除材料的再利用。

B. 原有建筑需保留，但施工时可以使用：结合工程情况合理利用。

C. 原有建筑需保留，施工时严禁使用并要求进行保护：要制定专门的保护措施。

②工程建设场地内原有树木情况

A. 需移栽到指定地点：安排有资质的队伍合理移栽。

B. 需就地保护：制定就地保护专门措施。

C. 需暂时移栽，竣工后移栽回现场：安排有资质的队伍合理移栽。

③工程建设场地周边地下管线及设施分布情况

制定相应的保护措施，并考虑施工时是否可以借用，以避免重复施工。

④竣工后规划道路的分布和设计情况

施工道路的设置尽量跟规划道路重合，并按照规划道路路基设计进行施工，避免重复施工。

⑤竣工后地下管网的分布和设计情况

特别是排水管网。建议一次性施工到位，施工中提前使用，避免重复施工。

⑥本工程是否同为创绿色建筑工程

如果是，考虑某些绿色建筑设施，如雨水回收系统等提前建造，施工中提前使用，避免重复施工。

⑦距施工现场 500km 范围内主要材料分布情况

虽然有公司提供的材料供应建议，但项目部仍需要根据工程预算材料清单，对主要材料的生产厂家进行摸底调查。距离太远的材料考虑运输能耗和损耗，在不影响工程质量、安全、进度、美观等前提下，可以提出设计变更建议。

⑧相邻建筑施工情况

施工现场周边是否有正在施工或即将施工的项目，从建筑垃圾处理、临时设施周转材料衔接、机械设备协同作业、临时或永久设施共用、土方临时堆场借用甚至临时绿化移栽等方面考虑是否可以合作。

⑨施工主要机械来源

根据公司提供的机械设备选型建议，结合工程现场周边环境，规划施工主要机械的来源，尽量减少运输能耗，以最高效使用为基本原则。

⑩其他

A. 设计中是否有某些构配件可以提前施工到位，在施工中运用，避免重复施工。

例如，高层建筑中消防主管提前施工并保护好，用作施工消防主管，避免重复施工；地下室消防水池在施工中用作回收水池，循环利用楼面回收水等。

B. 卸土场地或土方临时堆场：考虑运土时对运输路线环境的污染和运输能耗等，距离越近越好。

C. 回填土来源：考虑运土时对运输路线环境的污染和运输能耗等，在满足设计要求前提下，距离越近越好。

D. 建筑、生活垃圾处理：联系好回收和清理部门。

E. 构件、部品工厂化的条件：分析工程实际情况，判断是否可能采用工厂化加工的构件或部品调查现场附近钢筋、钢材集中加工成型、结构部品工厂化生产、装饰装修材料集中加工、部品生产的厂家条件。

（3）绿色施工专项方案

在进行充分调查后，项目部应对绿色施工制订总体规划，并根据规划内容编制绿色施工专项施工方案。

1）绿色施工专项方案主要内容

绿色施工专项方案是在工程施工组织设计的基础上，对绿色施工有关的部分进行具体和细化，其主要内容应包括：

①绿色施工组织机构及任务分工。

②绿色施工的具体目标。

③绿色施工针对"四节一环保"的具体措施。

④绿色施工拟采用的"四新"技术措施。

⑤绿色施工的评价管理措施。

⑥工程主要机械、设备表。

⑦绿色施工设施购置（建造）计划清单。

⑧绿色施工具体人员组织安排。

⑨绿色施工社会经济环境效益分析。

⑩施工现场布置图等。

2）绿色施工专项方案审批要求

绿色施工专项方案要求严格按项目、公司两级审批。一般由绿色施工专职施工员进行编制，项目技术负责人审核后，报公司总工程师审批，只有审批手续完整的方案才能用于指导施工。

绿色施工专项方案有必要时，考虑组织进行专家论证。

3.绿色施工目标管理

绿色施工必须实施目标管理。目标管理实际上属于绿色施工实施管理的一部分，但由于其重要性，因此将其单独成节，作详细介绍。

绿色施工的目标值应根据工程拟采用的各项措施，结合相关条款，在充分考虑施工现场周边环境和项目部以往施工经验的情况下确定。

目标值应该从粗到细分为不同层次，可以是总目标下规划若干分目标，也可以将一个一级目标拆分成若干二级目标，形式可以多样，数量可以多变。每个工程的目标值应该是一个科学的目标体系，而不仅是简单的几个数据。

绿色施工目标体系确定的原则是：因地制宜、结合实际、容易操作、科学合理。

因地制宜——目标值必须是结合工程所在地区实际情况制定的。

结合实际——目标值的设置必须充分考虑工程所在地的施工水平、施工实施方的实力和施工经验等。

容易操作——目标值必须清晰、具体，一目了然，在实施过程中，方便收集对应的实际数据与其对比。

科学合理——目标值应该是在保证质量、安全的基本要求下，针对"四节一环保"提出的合理目标，在"四节一环保"的某个方面相对传统施工方法有更高要求的指标。

项目实施过程中的绿色施工目标控制采用动态控制的原理。

动态控制的具体方法是在施工过程中对项目目标进行跟踪和控制。收集各个绿色施工控制要点的实测数据，定期将实测数据与目标值进行比较。当发现实施过程中的实际情况与计划目标发生偏离时，及时分析偏离原因，确定纠正措施，采取纠正行动。对纠正后仍无法满足的目标值，进行论证分析，及时修改，设立新的更适宜的目标值。

在工程建设项目实施中如此循环，直至目标实现为止。项目目标控制的纠偏措施主要有组织措施、管理措施、经济措施和技术措施等。

4.绿色施工实施管理

绿色施工专项方案和目标值确定之后，进入到项目的实施管理阶段，绿色施工应对整个过程实施动态管理，加强对施工策划、施工准备、现场施工、工程验收等各阶段的管理和监督。

绿色施工的实施管理其实质是对实施过程进行控制，以达到规划所要求的绿色施工目标。通俗地说就是为实现目的进行的一系列施工活动，作为绿色施工工程。在其实施过程中，主要强调以下几点：

（1）建立完善的制度体系

"没有规矩，不成方圆"。绿色施工在开工前制定了详细的专项方案，确立了具体的各项目标。在实施工程中，主要是采取一系列的措施和手段，确保按方案施工，最终满足目标要求。

（2）配备全套的管理表格

绿色施工应建立整套完善的制度体系，通过制度，既约束不绿色的行为又指定应该采取的绿色措施，而且，制度也是绿色施工得以贯彻实施的保障体系。

绿色施工的目标值大部分是量化指标，因此在实施过程中应该收集相应的数据；定期将实测数据与目标值进行比较，及时采取纠正措施或调整不合理目标值。

另外，施工管理是一个过程性活动，随着工程的竣工，很多施工措施将消失不见。为了考核绿色施工效果，见证绿色施工效益，及时发现存在的问题，要求针对每一个绿色施工管理行为制定相应的管理表格，并在施工中监督填制。

（3）营造绿色施工氛围

目前，绿色施工理念还没有深入人心，很多人并没有完全接受绿色施工概念。绿色施工实施管理，首先应该纠正职工的思想，努力让每一个职工把节约资源和保护环境放到一个重要的位置上，让绿色施工成为一种自觉行为。要达到这个目的，结合工程项目特点，有针对性地对绿色施工做相应的宣传，通过宣传营造绿色施工的氛围非常重要。

绿色施工要求在现场施工标牌中增加环境保护的内容，在施工现场醒目位置设置环境保护标识。

（4）增强职工绿色施工意识

施工企业应重视企业内部的自身建设，使管理水平不断提高，不断趋于科学合理；加强企业管理人员的培训，提高他们的素质和环境意识。具体应做到：

1）加强管理人员的学习，然后由管理人员对操作层人员进行培训，增强员工的整体绿色意识，增加员工对绿色施工的承担与参与。

2）在施工阶段，定期对操作人员进行宣传教育，如黑板报和绿色施工宣传小册子等。要求操作人员严格按已制定的绿色施工措施进行操作，鼓励操作人员节约水电、节约材料、注重机械设备的保养、注意施工现场的清洁，文明施工，不制造人为污染。

（5）借助信息化技术

绿色施工实施管理可以借助信息化技术作为协助实施手段，目前施工企业信息化建设越来越完善，已建立了进度控制、质量控制、材料消耗、成本管理等信息化模块。在企业信息化平台上开发绿色施工管理模块，对项目绿色施工实施情况进行监督、控制和评价等工作能起到积极的辅助作用。

5.绿色施工评价管理

绿色施工管理体系中应该有自己评价体系。根据编制的绿色施工专项方案，结合工程特点，对绿色施工的效果及采用的新技术、新设备、新材料和新工艺，进行自我评价。自评价分项目自评价和公司自评价两级，分阶段对绿色施工实施效果进行综合评价，根据评价结果对方案、措施以及技术进行改进、优化。

（1）绿色施工项目自评价

项目自评价由项目部组织，分阶段对绿色施工各个措施进行评价，自评价办法可以参照相关规定进行。

绿色施工自评价一般分三个阶段进行，即地基与基础工程、结构工程、装饰装修与机电安装工程阶段。原则上每个阶段不少于一次自评，且每个月不少于一次自评。

绿色施工自评价分四个层次进行：绿色施工要素评价、绿色施工批次评价、绿色施工阶段评价和绿色施工单位工程评价。

1）绿色施工要素评价

绿色施工的要素按"四节一环保"分五大部分，绿色施工要素评价就是按这五大部分分别制表进行评价。

2）绿色施工批次评价

将同一时间进行的绿色施工要素评价进行加权统计，得出单次评价的总分。

3）绿色施工阶段评价

将同一施工阶段内进行的绿色施工批次评价进行统计，得出该施工阶段的平均分。

4）单位工程绿色施工评价

将所有施工阶段的评价得分进行加权统计，得出本工程绿色施工评价的最后得分。

（2）绿色施工公司自评价

在项目实施绿色施工管理过程中，公司应对其进行评价。评价由专门的专家评估小组进行，原则上每个施工阶段都应该进行至少一次公司评价。

每次公司评价后，应该及时与项目自评价结果进行对比。差别较大的工程应重新组织专家评价，找出差距原因，制定相关措施。

绿色施工评价是推广绿色施工工作中的重要一环，只有真实、准确、及时地对绿色施工进行评价，才能了解绿色施工的状况和水平，发现其中存在的问题和薄弱环节，并在此基础上进行持续改进，使绿色施工的技术和管理手段更加完善。

（二）绿色建筑施工管理的内涵

进行建筑绿色施工管理时，一定要遵循一定的管理原则，做好建筑节能设计的管理、做好节能材料的管理、做好建筑绿色施工的管理。设计中要考虑到建筑的面积、建筑的朝向、建筑的平面结构设计、太阳的照射情况、当地的风向情况、外部空间和环境的变化情况等。施工中注重对材料的节约，使用先进的节能技术，加强现场用水用电的管理，强化对污染、噪音的管理，达到绿色施工的管理目的，有效降低建筑能源的消耗。

一个工程项目从立项、规划、设计、施工、竣工验收和资料归档管理，整个流程、环环相扣，每个环节都很重要。其中，施工是将设计意图转换为实际的过程。其施工过程中的任何一道工序均有可能对整个工程的质量产生致命的缺陷，因此施工管理也是绿色建筑非常重要的管理环节。

绿色施工管理可以定义为通过切实有效的管理制度和工作制度，最大限度地减少施工管理活动对环境的不利影响，减少资源与能源的消耗，实现可持续发展的施工管理技术。绿色施工管理是可持续发展思想在工程施工管理中的应用体现，是绿色施工管理技术的综合应用。绿色施工管理技术并不是独立于传统施工管理技术的全新技术，而是用"可持续"的眼光对传统施工管理技术的重新审视，符合可持续发展战略的施工管理技术。

绿色施工管理主要包括组织管理、规划管理、实施管理、评价管理和人员安全与健康管理五个方面。

1. 组织管理是绿色施工管理的基础

组织管理就是通过建立绿色施工管理体系，制定系统完整的管理制度和绿色施工整体目标，将绿色施工的工作内容具体分解到管理体系结构中，使参建各方在项目负责人的组织协调下各司其职地参与到绿色施工过程中，使绿色施工规范化、标准化。由于项目经理是绿色施工第一负责人，所以承担着绿色施工的组织实施和设计目标实现的责任。施工过程中，项目经理的工作内容就成了组织管理的核心。

2. 规划管理是绿色施工管理的保障

规划管理主要是指编制执行总体方案和独立成章的绿色施工方案，实质是对实施过程进行控制，以达到设计所要求的绿色施工目标。

3. 实施管理是绿色施工管理的核心

实施管理是指绿色施工方案确定之后，在项目的实施管理阶段，对绿色施工方案实施过程进行策划和控制，以达到绿色施工目标。

4. 评价管理是绿色施工管理的完善

绿色施工管理体系中应建立评价体系。根据绿色施工方案，对绿色施工效果进行评价。评价应由专家评价小组执行，制定评级指标等级和评分标准，分阶段对绿色施工方案、实施过程进行综合评估，判定绿色施工管理效果。根据评价结果对方案、施工技术和管理措施进行改进、优化。常用的评价方法有成分分析、模糊综合评价方法、数据包络分析法、人工神经网络评价法、灰色综合评价法等。

5. 人员安全与健康管理是绿色施工管理的关键

贯彻执行 ISO14000 和 OHSAS18000 管理体系，制定施工防尘、防毒、防辐射等措施，保障施工人员的长期职业健康。合理布置施工场地，保护生活及办公区不受施工活动的有害影响。提供卫生、健康的工作与生活环境，加强对施工人员的住宿、膳食、饮用水等生活与环境卫生管理，改善施工人员的生活条件。施工现场建立卫生急救、保健防疫制度，并编制突发事件预案，设置警告提示标志牌、现场布置图和安全生产、消防保卫、环境保护文明施工制度板、公示突发事件应急处置流程图等。

随着社会经济的增长，人们对生活环境的要求越来越高，促进了绿色建筑工程的发展。建筑工程施工中必须加强绿色管理，达到理想的施工目标。绿色施工管理中涉及的内容较多，比如对原材料质量检查、对建筑材料生产与建筑构配件加工进行管理、对现场施工进行管理、对建筑物进行后期的运行维护等。除此之外，还要做好技术方面的管理，例如提高建筑技术、节约建筑能耗问题、提高建筑的维护结构、对屋面和墙体应用保温隔热技术、使用节能门窗和遮阳节能技术等。在建筑施工中，大量运用了太阳能、地热能和风能，对建筑垃圾进行分类处理。在建筑设计中，工程师要对项目进行初步的评估。评估内容有采光、照明和环境，有针对性地提出建设性意见，协助设计部门完成建筑方案设计。在建筑施工中加强管理，利用完善的管理制度，对现场施工进行细致化的管理，将绿色施工的工作内容具体分解到管理体系结构中去，使参建各方在项目负责人的组织协调下各司其职地参与到绿色施工过程中，使绿色施工规范化、标准化。

（三）绿色建筑施工案例

1. 工程概况

核电宣教中心（核电科技馆）建筑安装工程施工项目坐落于海盐县城的西南面，距县城约3公里。靠近秦山大道和核电大道的交叉口。基地北侧为城市主干道核电大道，东侧为秦山大道。

工程建设单位为秦山核电，核电联营，秦山第三核电有限公司。设计单位为深圳市天华建筑设计有限公司，监理单位为北京四达贝克斯工程监理有限公司，建设单位为中国核工业二四建设有限公司。

本工程东西方向长度80.46m，南北方向长度80.66m，为地下一层、地上三层、局部四层。地下一层层高4.0m，首层层高7.0m，二、三层层高6.5m，四层层高3.65m。结构最高高度24.70m，建筑最高高度30.0m，工程±0.000相当于绝对标高3.550m。

2. 绿色施工定义

绿色施工是指工程建设中，在保证质量、安全等基本要求的前提下，通过科学管理和技术进步，最大限度地节约资源与减少对环境负面影响的施工活动，实现四节一环保（节能、节地、节水、节材和环境保护）。

（1）绿色施工方案的原则

最大限度地保护环境和减少污染，防止扰民，节约资源（节能、节地、节水、节材）。在确保工期的前提下，贯彻环保优先为原则，以资源的高效利用为核心的指导思想，追求环保、高效、低耗，统筹兼顾，实现环保（生态）、经济、社会综合效益最大化的绿色施工模式。

（2）绿色施工方案的意义

施工企业建立绿色施工管理。实施绿色施工是贯彻落实科学发展观的具体体现；是建设可持续发展的重大战略性工作；是建设节约型社会、发展循环经济的必然要求；是实现节能减排目标的重要环节，对造福子孙后代具有长远的重要意义。

3. 绿色施工目标

（1）环境保护目标

1）扬尘控制目标：

基础施工阶段，扬尘目测指标≤1.5m；主体、装饰装修及安装阶段，扬尘目测指标≤0.5m；工地沙土100%覆盖；工地路面100%硬化；出工地车辆100%冲洗车轮；拆除作业100%洒水降尘；暂不开发处绿化及砂石覆盖率100%。

2）噪声控制目标：严格依照国家标准的规定，对施工现场的噪声进行管理监控。使用低噪音、低振动的机具，采用隔音与隔振措施，避免或减少施工噪声和振动。白天控制在70dB以内，夜间控制在55dB以内。

3）污水控制目标：施工现场应针对不同的污水，设置相应的处理设施，污水排放检测PH酸碱度在6~9之间。对于化学品等有毒材料、油料的储存地，应有严格的防漏水措施，做好渗漏液收集处理。

4）光污染控制目标：尽量避免或减少施工过程中的光污染。夜间室外照明灯加设灯罩，透光方向集中在施工范围。电焊作业采取遮挡措施，避免电焊弧外泄，达到国家标准。

4）建筑垃圾控制目标：建筑垃圾产生量不大于750t，再利用率和回收率达到50%，有毒有害废弃物分类回收率达到100%。

（2）节地目标

1）根据施工规模及现场条件等因素合理确定临时设施（临时加工厂、现场作业棚及材料堆场、办公区及设施等）的占地指标。临时设施的占地面积应按用地指标所需的最低面积设计。

2）平面布置合理、紧凑，在满足环境、职业健康与安全及文明施工要求的前提下尽可能减少废弃地和死角。

3）节能目标。机械设备完好率达到100%，采用节能照明灯具的数量达到100%以上，节电率大于4.5%，万元产值目标用油小于9L/万元。

4）节水目标

单位用水量小于3.32m/万元产值，节水设备（设施）配制率100%。一般非市政水利用量占总用水量>50%，节水器具配置达到100%。

5）节材目标

钢材损耗率≤2%；商品混凝土节约率≥1.5%；加气块节约率≥1.5%。模板平均周转次数为不少于 6 次，临时设施及安全设施可重复使用率达到 85%。

4. 绿色施工组织机构

（1）公司绿色施工组织体系职责

1）公司绿色施工指导小组职责

认真学习国家及地方上关于绿色施工的文件，按照最新文件精神及时下发本企业关于贯彻最新绿色施工文件的通知；建立健全项目绿色施工组织体系，明确各部门及架构组成人员职责；制定绿色施工示范工程目标值，审定绿色施工方案，抓好绿色施工的宣传教育及申报衔接工作；对项目的绿色施工全过程进行跟踪、指导，注重现场管理、数据监控的检查、督导工作，确保各环节达标；审定绿色施工总结报告，参加企业绿色施工的检查与评审工作。

2）公司绿色施工课题研究小组职责

科技研发部主要职责：组织成立绿色施工课题研究小组，促进项目对十项新技术的理解和应用，同时对新技术、新方案的落实进行指导。根据国家、地方标准、规范及企业与项目的要求，组织相关人员对施工过程中的工艺流程进行优化，以达到节能降耗的目的。根据绿色施工领导小组的指导思想和项目绿色施工目标，组织相关人员编制绿色施工方案，包括各专项施工方案及应急预案，经公司（或区域公司）总工审批或专家论证后由项目上组织实施。组织相关人员对项目的绿色施工方案实施情况特别是对新技术、新材料、新设备、新工艺的推广应用进行跟踪检查并形成记录。进行绿色施工总结，对现场收集数据与绿色施工计划数据进行分析对比，建立本企业绿色施工经验数据库。

3）公司安全运营部主要职责

指导编制绿色施工方案，参与绿色施工方案会审；组织项目绿色施工规划或专项方案交底，审核现场技术交底内容，保证施工方案落地的准确性；协助培训部门进行绿色施工方案培训，提升小组及作业人员的技术应用及数据收集能力；协助绿色施工资料填报，指导收集技术数据；指定人员参加绿色施工检查、评比与评审工作。

4）物资部职责

协助编制绿色施工方案，参与绿色施工方案会审。执行国家有关安全的法律法规，实施地方安全规定，落实企业安全要求，特别是可视化标准在绿色施工方案中的实施。

协助培训部门进行绿色施工方案培训，加强小组及作业人员有效利用给水系统、排水系统、排污系统、消防系统、空调系统、照明系统、电力系统、弱电系统在绿色施工中的应用理念，提升各系统数据收集能力，同时能够进一步提高安全意识。

组织人员全过程跟踪绿色施工的实施情况，注重各系统正常准确运行，将文明施工、标化工地、安全教育有效地与绿色施工相结合，发现问题及时提出整改建议并督查整改；协助系统运行资料的收集；指定人员参加绿色施工的检查、评比与评审。

5）开发经营部职责

参与绿色施工目标值制定工作，提供绿色施工计划数据与表单；协助培训部门进行绿色施工方案中材料采购、数据收集与整理分析、表单填报等培训，提升小组及作业人员对材料消耗、数据对比的认知；全过程跟踪项目材料采购范围、项目材料周转、工程废料的利用等情况，协助各种数据的收集；对收集数据进行分析，与计划数据进行对比，为绿色施工总结提供资料；指定人员参加绿色施工的检查、评比与评审。

6）综合办公室职责

按照绿色施工方案要求安装信息系统；按照公司要求实施视频监控系统及其他系统设备的管理并形成记录；对信息化办公平台及项目管理软件进行维护；有效地保存现场截图及其他影像资料。

7）人力资源部职责

按照公司绿色施工指导小组及项目需求制定绿色施工培训计划；组织绿色施工培训、观摩等活动；做好培训、观摩、会审等的协助工作。

（2）项目部绿色施工小组职责

1）绿色施工小组组长（项目经理）职责

项目经理为绿色施工目标达成的第一责任人，对所承包项目的绿色施工全面负责。建立绿色施工项目管理小组，贯彻公司绿色施工小组关于绿色施工管理的精神，细化目标值并制定绿色施工管理责任制；组织编制并审核上报公司指导小组绿色施工方案及紧急预案；组织绿色施工的教育培训，增强小组及现场施工人员的绿色施工意识；组织对施工现场绿色施工的自检、考核和评比、评审工作；保证绿色施工专项费用的实施。

2）绿色施工专职负责人职责

按照细化的绿色施工目标值指定目标负责人并跟踪实施；组织人员按照审定的绿色施工方案付诸实施并跟踪检查形成记录；带领小组成员进行"四节一环保"数据汇总，协助技术中心进行数据分析；定期或分段总结现场绿色施工情况并及时上报项目经理。

3）绿色施工的一般规定

定期组织绿色施工教育培训，增强施工人员绿色施工意识。定期对施工现场绿色施工实施情况进行检查，做好检查记录。项目部由安全部门组织对进入施工现场的所有自有员工、工程承包单位的领导及所有施工人员进行绿色施工知识及有关规定、标准、文件和其他要求的培训并进行考核。特别注重对环境影响大（如产生强噪声、产生扬尘、产生污水、固体废弃物等）的岗位操作人员的培训，以保证这些操作人员具有相应的环保意识和工作能力。

在施工现场的办公区应设置明显的有节水、节能、节约材料等具体内容的警示标识，并按规定设置安全警示标志。

分包单位应服从总包单位的绿色施工管理，并对所承包工程的绿色施工负责。总包与进入施工现场的各工程承包方签订合同中应包含绿色施工有关条款要求。

管理人员及施工人员除按绿色规程组织和进行绿色施工外，还应遵守相应的法律、法规、规范、标准以及地方的相关文件等。

5.资源节约

（1）节地与土地资源利用

现场总平面布置做到科学合理、紧凑，在满足安全文明施工要求的前提下尽可能减少废弃地和死角。

1）施工现场的临时设施建设禁止使用黏土砖。

2）土方开挖施工采取先进的技术措施，减少土方的开挖量，最大限度地减少对土地的扰动。

3）按照相关要求在一定的场地范围内进行施工。

4）制定现场交通措施，现场道路按照永久道路和临时道路相结合的原则布置，尽量减少道路占地面积。

5）混凝土浇筑均采用商品混凝土。

6）现场办公区搭设 2 层装配式活动板房，减少了土地占用面积，从而使土地得到充分利用。

7）基坑阶段土地使用规划。

8）主体结构阶段土地使用规划。

9）装修阶段土地使用规划。

保护用地

1）场地四周围墙采用 1.8m 的废旧砂加气砌块砌筑，场地内开挖一条主排水沟进行排水，并设置沉淀池等，同时做好场地内的临时绿化工作，减少水土流失。

2）本工程土方回填所使用的土全部为开挖用土。

3）对遭到破坏的植被在施工完后应及时恢复，并采取相应保护措施。

4）优化深基坑施工方案，减少土方开挖和回填量，保护用地，降低成本。

5）在生态脆弱地区施工完成后，及时进行地貌复原，并做好相应保护工作，保护环境。

（2）节能与能源资源利用

1）优先使用国家、行业推荐的节能、高效、环保的施工设备和机具。

2）规定合理的温、湿度标准和使用时间，提高空调和采暖装置的运行效率。

3）期间应关闭门窗，室外照明宜采用高强度气体放电灯。

4）施工现场机械设备管理应满足下列要求：

施工机械设备应建立按时保养、保修、检验制度。施工机械宜选用高效节能电动机，对塔吊、施工电梯、办公场所等主要耗能施工设备、部位应定期记录单独挂表。合理安排工序，提高各种机械的使用率和满载率。

实行用电计量管理，严格控制施工阶段的用电量。必须装设电表，办公区与施工区应分别计量。用电电源处应设置明显的节约用电标识，同时施工现场应建立照明运行维护和管理制度，及时收集用电资料，建立用电节电统计台账，提高节电率。施工现场分别设定生产、办公和施工设备的用电控制指标，定期进行计量、核算、对比分析，并有预防与纠正措施。

充分利用太阳能，减少用电量。规定仓库区、办公区围墙通道和防护通道照明采用太阳能灯具。利用太阳光照射在太阳能电池板上产生电能并储存，日照一天可以使用 8~12 小时。所有灯具为防水灯具，拆、装方便，无须敷设电线；控制简单为带光控开关，天亮自动熄灭，天暗自动点亮。

建立施工机械设备管理制度，开展用电、用油计量，完善设备档案，及时做好维修保养工作，使机械设备保持低耗、高效的状态。选择功率与负载相匹配的施工机械设备，避免大功率施工机械设备低负载长时间运行。机电安装可采用节电型机械设备，如逆变式电焊机和能耗低、效率高的手持电动工具等，以利节电。机械设备宜使用节能型油料添加剂，在可能的情况下，考虑回收利用，节约油量。

（3）节水与水资源利用

1）实行用水计量管理，严格控制施工阶段的用水量。施工用水必须装设水表，办公区与施工区分别计量。及时收集施工现场的用水资料，建立用水节水统计台账，并进行分析、对比，提高节水率。

2）施工现场生产、生活用水使用节水型生活用水器具，在水源处设置明显的节约用水标识。卫生间采用节水型水龙头、低水量冲洗便器或缓闭冲洗阀等。

3）施工工艺采取节水措施。混凝土养护采用覆盖保水养护，独立柱混凝土采用包裹塑料布养护，墙体采用混凝土养护剂或喷水养护，节约施工用水。

4）本工程主体结构将采用雨水收集回收利用及临时消防合用系统。利用地面雨水在自然重力作用下汇集到工地现场环状雨水沟至三级沉淀池，经沉淀池前端设置的过滤网进行初级过滤沉淀处理。然后雨水经初级沉淀后，通过 DN100 管道引至消防水池储水容积为 486 立方米，再经过消毒、吸附、净化等处理，得到比较干净清澈的雨水。由水泵房变频泵通过加压后，分别向室内和室外两回路消防管网供水。室内回路由两根 DN100 立管分两路供至楼层消火栓箱，在每层消火栓箱处均设置有临时施工用水点为楼层消防立管供给楼层消防、施工养护、喷雾降尘管网用水；室外回路为沿施工现场临时围墙安装，室外环网设置 7 个消火栓箱，在每个消火栓箱旁边设置一个供室外施工用水点，室外消防环网供给消防、绿化、道路清洗、现场降尘、厕所冲洗、车辆冲洗用水。为防止旱季雨水过少导致临时用水供应不足，将室外环网与市政给水管相连，雨水充足时关闭市政管网与环网连接管的阀门，由地下室消防水池收集的雨水供应临时用水，当雨水供应不足时打开市政给水管阀门供应施工现场临时用水。

（4）节材与材料资源利用

1）选用绿色材料，积极推广新材料、新工艺，促进材料的合理使用，节省实际施工材料消耗量。

2）施工现场实行限额领料，统计分析实际施工材料消耗量与预算材料的消耗量，有针对性地制定并实施关键点控制措施，提高节材率；钢筋损耗率不宜高于预算量的2.5%，混凝土实际使用量不宜高于图纸预算量。

3）根据施工进度、材料周转时间、库存情况等制定采购计划，并合理计划采购数量。避免采购过多，造成积压或浪费。

4）施工现场应建立可回收再利用物资清单，制定并实施可回收废料的回收管理办法。

5）材料运输工具适宜，装卸方法得当，防止损坏。根据现场平面布置情况就近卸载，避免和减少二次搬运。

6）贴面类材料在施工前，应进行总体排版策划，减少非整块材的数量。

7）防水卷材、壁纸、油漆及各类涂料基层必须符合要求，避免起皮、脱落。各类油漆及黏结剂应随用随开启，不用时及时封闭。

8）对周转材料进行保养维护，维护其质量状态，延长其使用寿命。按照材料存放要求进行材料装卸和临时保管，避免因现场存放条件不合理而导致浪费。

9）优先选用制作、安装、拆除一体化的专业队伍进行模板工程施工。模板应以节约自然资源为原则。

10）在非传统水源和现场循环再利用水的使用过程中，应制定有效的水质检测与卫生保障措施，确保避免对人体健康、工程质量以及周围环境产生不良影响。

项目部针对节材将采取下列几项措施：

①利用废旧模板制作灭火器箱40个，用于现场消防布置。

②现场栓柱墙护角均应采用废旧模板制作。

③消防器材展示柜使用废旧模板制作。

④茶水亭顶棚及文化墙装裱、安全通道围挡均应使用废旧模板制作。

⑤利用废旧模板制作安全讲评台背景框及楼层平面布置展示台。

⑥利用废旧模板制作绿化围栏。

⑦设计采用可折叠式电箱防护棚，减少资源浪费使得资源重复利用。一个项目部结束后拆卸打包送往下一个项目部，减少下一个项目部购买或制作电箱防护棚的费用。可折叠式电箱防护棚不仅便于安装、拆卸还利于运输，从而减少其所占空间又便于保存。

⑧所有楼梯扶手采用定型化装配，采用一个 DN50×DN40 的异径弯头和2个

DN50 的短丝连接，既美观又节材还可重复利用，从而为后期施工节省人工耗时。

⑨采用木方拼接技术，提高木方回收利用率。

⑩办公室打印用纸均要求采用双面打印，并设置废纸回收箱进行回收利用。

工程钢筋连接，直径 20mm 以上均采用直螺纹连接，减少钢筋搭接浪费。其次，设置钢筋废料回收池，专人定期对废料进行分类整理，对可利用钢材进行二次加工制作现场钢筋绑扎使用的马凳、墙柱及二结构导墙定位钢筋等。

工程混凝土采用商品混凝土，混凝土养护采取薄膜包裹覆盖等技术手段，杜绝无措施浇水养护。对余料进行收集并回收到现场专门设置的余料收集斗中，利用余料制作现场使用的混凝土垫块和预制构件，预制构件采用余料制作时应明确余料的强度标号后经技术施工人员同意方能使用。利用砼余料进行场地硬化，在施工过程中，如果当初余料较多，根据施工现场平面布置场地硬化要求，利用余料进行场地硬化。砼施工完毕，人员离场后应及时关闭施工照明，杜绝用电浪费。

6. 环境保护

（1）扬尘污染控制

1）施工现场主要道路应根据用途进行硬化处理，一般采用 C20 细石混凝土硬化 20cm 厚。裸露的场地采用绿化、铺碎石。

2）从事土方、渣土的运输必须使用密闭式运输车辆，现场出入口处设置冲洗车辆设施。出场时必须将车辆清理干净，不得将泥沙带出现场。

3）施工现场易飞扬、细颗粒散体材料，如水泥，应密闭存放。

4）遇有四级以上大风天气，不得进行土方回填、转运以及其他可能产生扬尘污染的施工。

5）施工现场材料存放区、加工区及大模板存放场地应平整坚实（C20 混凝土地面）。

6）建筑拆除工程施工时应采取有效的降尘措施。

7）施工现场进行机械剔凿作业时，作业面局部应遮挡、掩盖或采取水淋等降尘措施。无齿锯砂轮切割时前方放置挡尘板聚集粉尘，防止扩散。

8）施工现场应建立封闭式池。建筑物内施工垃圾的清运，必须采用相应容器或管道运输，严禁凌空抛掷。

9）办公区垃圾箱要求：施工现场可统一购买垃圾桶，垃圾箱每三个为一组。施工现场办公区设置一组，垃圾箱由专人负责管理每天清运。垃圾箱上粘贴可回收、不可回收标志，进行分类回收处理。

10）洒水设施。依据现场场地情况适量配置洒水车。现场在外架、绿化用地中设置喷雾式出水阀，定时定人进行洒水降尘。

11）各施工阶段要求。土方施工阶段：

①各单位要与承包土方运输的单位提出环保要求，要求其遵守法律法规及其他要求。

②出入施工现场的车辆必须在现场出入口处冲洗车轮以防车轮带泥土上路。

③基础开挖时土方要及时清运,四级风以上不得进行土方作业。现场需存土时,应采取喷洒固化剂或种植植物等方法。

结构施工阶段:

①施工现场要制定清扫、洒水制度,配备设备,指定专人负责。

②施工垃圾在分拣后要日产日清。

③水泥、外加剂、白灰和其他易飞扬细颗粒材料必须入库存放。临时在库外存放时应进行牢固遮的盖。现场存放的松散材料必须加以严密遮盖。运输和装卸细颗粒材料时应轻拿轻放并盖严密,防止遗撒、扬尘。

④木工加工房内的锯末随时装袋存放防止扬尘,钢筋加工的铁屑及时清理。

⑤回填土施工时,掺拌白灰时禁止抛洒,避免产生扬尘。及时清扫散落在地面上的回填土。

⑥清除建筑物内施工垃圾时必须采用袋装或容器吊运,严禁利用电梯井或从楼内向地面抛洒施工垃圾。

⑦施工现场的材料存放区、大模板存放区等场地必须平整坚实。

⑧使用预拌混凝土、禁止现场搅拌砂浆。

⑨针对扬尘项目部将实施以下措施:

A. 喷雾降尘措施

喷雾降尘系统原理为将收集的雨水,通过管道及相关设备沿建筑物四周形成约 6 米宽雾化带,并与空气中尘埃迅速接触,形成一种潮湿雾状体,加速尘埃降沉,抑制楼层内尘埃扩散到室外,并对四周场地湿润,起到降尘作用,减少环境污染,有效控制灰尘的产生与扩散。系统造价低,运行维护成本低、经济实用,控制系统可实现无人自动控制。系统主要包括喷头、管道、阀门及变频泵等。喷雾主管采用管径为 DN32 的 PVC 管,沿建筑物四周将其固定在外脚手架大横杆上(高度约 25 米处)。DNI5 雾化喷头设置间距为 7~8 米,在建筑外脚手架外围形成喷雾降尘环网。环网与 DN100 消防立管相连,构成喷雾降尘系统。系统水源由位于地下室的雨水收集系统的变频泵供给(压力约 0.5~0.6MPa)。

B. 绿化灌溉措施

绿化喷水系统采用摇臂喷头,该摇臂喷头具有换向机构,可 360 度或任意角度扇形(角度可调)喷洒;喷水流量为 1.3~1.8m/h,副喷头弥补近处水量分布;接口尺寸为 3/4 英寸、工作压力为 4kg。射程为 10~15 米。绿化喷水系统分为南、北两段。南段施工流程:从南段室外消防环网上安装一个 DN32 的 PVC 阀门作为喷水系统主控制阀门,引至离围墙 7 米位置处,平行于围墙敷设一条 DN32 的 PVC 给水管作为喷水系统主管。PVC 主管埋地敷设,中间间隔 12 米设置一个 DN32×DN20 三通作为喷头安装接口。摇臂喷头安装高度为30cm，丝扣连接，供给12个喷头。北段施工流程：从北段室外消防环网上安装一个DN32的PVC阀门作为喷水系统主控制阀门，引至离围墙5.5米位置处绿化带内，平行于围墙敷设一条DN32的PVC给水管作为喷水系统主管。北段绿化带分为2个区域，2个区域内PVC管敷设在排水沟内，其他部位的PVC主管埋地敷设，中间间隔12米设置一个DN32X DN20三通作为喷头安装接口，摇臂喷头安装高度为30cm，丝扣连接，共计6个喷头。不仅为现场绿化提供必要水分，还能防止临时道路尘土飞扬。绿化喷水措施系统流程。

装修阶段：

①装修工程每道工序完成后要及时清理现场，垃圾装袋清运。工程全部完工清理房间前应洒水后进行清扫。

②脚手架在拆除前，必须先将水平网内、脚手板上的垃圾清理干净，避免扬尘。

③对抹灰工程、涂料工程的基层处理、打磨工序等采取淋水降尘，饰面板（砖）、轻质隔墙等切割应采取封闭措施，避免造成扬尘。

④根据施工面积的大小成立4人的洒水小组。

12）扬尘监测方法

测点的确定。沿现场围墙及扬尘重点部位设置。

测量方法：

①采用目测的方法。

②测量的次数：每月1次。

13）扬尘控制限值

①土方作业阶段：作业区目测扬尘高度小于1.5米。

②结构、安装、装修阶段：作业区目测扬尘高度小于0.5米。

（2）有害气体排放控制

1）施工现场严禁焚烧各类废弃物。

2）施工车辆、机械设备等应定期维护保养，使其保持良好的运行状态。采取有效措施减少车辆尾气中有害物质成分的含量（如：选用清洁燃油、代用燃料或安装尾气净化装置和高效燃料添加剂）。施工车辆、机械设备的尾气排放应符合国家和地方规定的排放标准。

3）装饰装修材料应选择经过法定检测单位检测合格的建筑材料，并应按照相关规定要求，进行有害物质评定检验。

4）根据民用建筑工程室内装修严禁采用沥青、煤焦油类防腐、防潮处理剂。

5）点焊烟气的排放应符合现行国家标准的规定。

（3）水土污染控制

1）施工现场搅拌机前台、混凝土输送泵及运输车辆清洗处应当设置沉淀池。废水不得直接排入市政污水管网。可经二次沉淀后循环使用或用于洒水降尘。

2）施工现场存放的油料和化学溶剂等物品应设有专门的库房，地面应做防渗漏处理。废弃的油料和化学溶剂应集中处理，不得随意倾倒。

3）施工现场设置的临时厕所化粪池应做抗渗处理。

4）盥洗室、淋浴间的下水管线应设置过滤网，并应与市政污水管线连接，保证排水畅通。

（4）噪声污染控制

一般噪声源：

1）土方阶段：挖掘机、装载机、推土机、运输车辆、破碎钻等。

2）结构阶段：地泵、汽车泵、振捣器、混凝土罐车、空压机、支拆模板与修理、支拆脚手架、钢筋加工、电刨、电锯、人为喊叫、哨工吹哨、搅拌机、钢结构工程安装、水电加工等。

3）装修阶段：拆除脚手架、石材切割机、砂浆搅拌机、空压机、电锯、电刨、电钻、磨光机等。

施工时间应安排在 6：00~22：00 进行，因生产工艺上要求必须连续施工或特殊需要夜间施工的，必须在施工前到工程所在地的区、县建设行政主管部门提出申请。经批准后，并在环保部门备案后方可施工。项目部要协助建设单位做好周边居民工作。

施工场地的强噪声设备宜设置在远离居民区的一侧。尽量选用环保型低噪声振捣器，振捣器使用完毕后及时清理与保养。振捣混凝土时禁止接触模板与钢筋，并做到快插慢拔，应配备相应人员控制电源线的开关，防止振捣器空转。

人为噪声的控制措施：

①提倡文明施工，加强人为噪声的管理，进行进场培训，减少人为的大声喧哗，增强全体施工生产人员防噪扰民的自觉意识。

②合理安排施工生产时间，使产生噪声大的工序尽量在白天进行。

③清理维修模板时禁止猛烈敲打。

④脚手架支拆、搬运、修理等必须轻拿轻放，上下左右有人传递，减少人为噪声。

⑤夜间施工时尽量采用隔音布、低噪声振捣棒等方法最大限度减少施工噪声；材料运输车辆进入现场严禁鸣笛，装卸材料必须轻拿轻放。

⑥流动混凝土泵必须用隔音布等材料进行临时封闭。

⑦强噪声机械设备用房

要求：施工现场凡产生强噪声的机械设备（电锯、大型空压机）必须封闭使用。电锯房门窗要做降噪封闭。

⑧噪声监测方法

测点的确定：

A. 主要以离现场边界最近对其影响最大的敏感区域为主要测点方位，并应在测量记录表中画出测点示意图。

B. 当噪声敏感区离现场边界的距离在 50 米之内时，应沿现场边界每 50 米为一测点，当距离在 50~100 米时，应沿现场边界每 70 米为一测点；大于 100 米时将现场边界线离敏感区最近点设为测点。

⑨测量条件

测量仪器：噪声监控仪。

气象条件：应选在无风、无雨的气候时进行。当风力为 3 级，测量时要加防风罩；风力为 5 级时，停止测量。

测量时间：8：00~12：00；14：00~18：00；

测量施工条件：以产生噪声大的生产工序为主。机械噪声、混凝土振捣、模板的支拆与清理等。

⑩测量方法

测量时仪器应距地面 1.2 米，距围墙 1 米。测量的次数：每周一次。

声级计使用要求

公司所属项目部应配备声级计，并由专人保管使用。声级计为强检器具，必须进行周期检测，检测报告由计量员留存。

（5）光污染的控制

1）夜间施工，要合理布置现场照明，应合理调整灯光照射方向。照明灯必须有定型灯罩，能有效地控制灯光方向和范围，并尽量选用节能型灯具。在保证施工现场施工作业面有足够光照的条件下，减少对周围居民生活的干扰。

2）在进行电焊作业时应采取遮挡措施，避免电弧光外泄。从预热开始就搭设完成遮光棚，高处焊接时遮光棚封闭严密。控制灯罩角度，使光线照射范围在工地内。

（6）施工固体废弃物控制

1）主要废弃物清单

危险固体废弃物

①施工现场危险固体废弃物（包括废化工材料及其包装物、电焊条、废玻璃丝布、废铝箔纸、夹芯板废料、工业棉布、油手套、含油棉纱棉布、油漆刷、废沥青路面、废旧测温计等）；

②清洗工具废渣、机械维修保养液废渣；

③办公区废复写纸、复印机废墨盒、打印机废墨盒、废硒鼓、废色带、废电池、废磁盘、废计算机、废日光灯管、废涂改液。

2）一般固体废物（可回收、不可回收）

①可回收

办公垃圾：废报纸、废纸张、废包装箱、木箱。

建筑垃圾：废金属、包装箱、空材料桶、碎玻璃、钢筋头、焊条头。

②不可回收

施工垃圾：瓦砾、混凝土、砼试块、废石膏制品、沉淀物生活垃圾、食物加工废料。

3）固体废弃物应分类堆放，并有明显的标识（如有毒有害、可回收、不可回收等）。

4）危险固体废弃物必须分类收集，封闭存放。积攒一定数量后，由各单位委托当地有资质的环卫部门统一处理并留存委托书。

5）对油漆、稀料、胶、脱模剂、油等包装物可由厂家回收的尽量由厂家收回。

6）对打印机墨盒、复印机墨盒、硒鼓、色带、电池、涂改液等办公用品应实现以旧换新，以便于废弃物的回收，并尽可能由厂家回收处理，应建立保持回收处置记录。

7）可回收再利用的一般废弃物须分类收集，并交给废品回收单位。如能重复使用的尽量重复使用（如双面使用废旧纸张、钢筋头再利用等）。对钻头、刀片、焊条头等一些五金工具应实现以旧换新，同时保留回收记录。

8）加强建筑垃圾的回收利用，对于碎石、土方类建筑垃圾可采用地基填埋、铺路等方式提高再利用率。施工垃圾按指定地点堆放，不得露天存放。应及时收集、清理，采用袋装、灰斗或其他容器集中后进行运输，严禁从建筑物上向地面直接抛洒垃圾。生活垃圾应及时清理，垃圾清运过程中，易产生扬尘的垃圾，应先适量洒水后再清运。

9）固体废弃物清运单位必须有准运证，并让其提供废弃物收购、接纳单位资质证明和经营许可证。

（7）地下设施、文物和资源保护

1）施工前应调查清楚地下各种设施，做好保护计划，保证施工场地周边的各类管道、管线、建筑物、构筑物的安全运行。

2）施工过程中一旦发现文物，应立即停止施工，保护现场并通报文物部门并协助做好工作。

3）避让、保护施工场区及周边的古树名木。

第三节　绿色建筑的室内外环境技术

随着对舒适、自然、环保观念的认识不断加深，人们越来越关注建筑与周围环境的关系。通过分析建筑室外环境，保护环境、利用环境，合理调节与处理建筑室外物理（声、光、热）、化学（污染物）、生物（动物、植物、微生物）环境，使局部环境朝着有利于人体舒适健康的方向转化，提高建筑室内环境的质量。本节对绿色建筑的室内外环境技术进行分析。

一、绿色建筑的室内环境技术

（一）室内声环境

随着城市化进程的进一步加快，噪声已成为现代化生活中不可避免的副产品。建筑声环境质量保障的主要措施是对振动和噪声的控制，以创造一个良好的室内外声环境。

1.环境噪声的控制

确定噪声控制方案的基本步骤具体如下。首先，对噪声现状进行调查，以确定噪声的声压级，同时了解噪声产生的原因及周围的环境情况。其次，结合噪声现状与相关的噪声允许标准，确定所需降低的噪声声压级数值。最后，结合具体的需要和可能，采取综合的降噪措施。

2.建筑群及建筑单体噪声的控制

（1）优化总体规划设计

在规划及设计中采用缓和交通噪声的设计和技术方法，首先从声源入手，标本兼治，主要治本。在居住区的外围不可避免地会有交通，可以通过控制车流量来减少交通噪声。对于居住区的建设，在确定其用地前应从声环境的角度论证其可行性。要把噪声控制作为居住区建设项目可行性研究的一个方面，列为必要的基建程序。

在住宅建成后，环境噪声是否达到标准，应作为验收的一个项目。组团一般以小区主干道为分界线，组团内道路一般不通行机动车，须从技术上处理区内的人车分流，同时加强交通管理。

（2）临街布置对噪声不敏感的建筑

临街配置对噪声不敏感的建筑作为"屏障"，可以降低噪声对其后居住区的影响。对噪声不敏感的建筑物是指本身无防噪要求的建筑物（如商业建筑），以及虽有防噪要求但外围护结构有较好的防噪能力的建筑物（如有空调设备的宾馆）。结合噪声的传播特点，在设计居住区时，将对噪声限制要求不高的公共建筑布置在临街靠近噪声源的一侧，对区内的住宅能起到较好的隔声效果。

（3）在住宅平面设计与构造设计中提高防噪能力

如果缓和噪声措施未能达到规范所规定的噪声标准，这时用住宅围护阻隔的方法减弱噪声是一种行之有效的方法。在建筑设计前，应对建筑物防噪间距、朝向选择及平面布置等进行综合考虑。在防噪的平面设计中优先保证卧室安宁，即沿街单元式住宅，力求将主要卧室布置在背向街道一侧，住宅靠街的那一面布置住宅中的辅助用房，如楼梯间、储藏室、厨房、浴室等。若上述条件难以满足，可利用临街的公共走廊或阳台，采取隔声减噪处理措施。

（4）建筑内部的隔声

建筑内部的噪声主要是通过墙体传声和楼板传声传播的，可以借助提高建筑物内部构件（墙体和楼板）的隔声能力来解决。

（二）室内光环境

充足的天然采光有利于降低人工照明能耗，有利于降低生活成本，同时还有利于居住者的生理和心理健康。采光中需要注意很多问题，主要涉及以下方面。

1. 采光的数量

在室内光环境设计时，能否取得适宜数量的太阳光需要精确的估算。采光系数指的是：在全阴天空下，太阳光在室内给定平面上某点产生的照度与同一时间、同一地点和同样的太阳光状态下在室外无遮挡水平面上产生的照度之比，太阳光在室内给定平面上某点产生的照度会直接影响室内采光。照度由三部分光产生，即天空漫射光、通过周围建筑或遮挡物的太阳反射光和光线通过窗户经室内各个表面反射落在给定平面上的光。这三部分的光都可以用简单的图表进行计算。我国根据视觉作业不同，分成 5 个采光等级，并辅以相应的采光系数。每个等级又规定了不同功能或类型的建筑采用不同采光方式时的采光系数。目前，我国的极大部分的建筑采光方式为侧面采光、顶部采光和两者均有的混合采光。窗地面积比是窗洞口面积与地面面积之比。在特定的采光条件下，建筑师可以用不同采光形式的窗地面积比对建筑设计的采光系数进行初步估算。

2. 采光的质量

采光的质量是健康光环境重要的基本条件。采光的质量包括采光均匀度和窗眩光的控制。采光均匀度是假定工作面上的最小采光系数和平均采光系数之比。我国建筑采光标准只规定顶部采光均匀度不小于 0.7，对侧面采光不做规定，因为侧面采光取的采光系数为最小值。如果通过最小值来估算采光均匀度，一般情况下均能超过有些国家规定的侧面采光均匀度不小于 0.3 的要求。采光引起的眩光主要来自太阳的直射眩光和从抛光表面来的反射眩光。窗的眩光是影响健康光环境的主要眩光源。目前，对采光引起的眩光还没有一种有效的限定指标。但是，对于健康的室内光环境，避免人的视野中出现强烈的亮度对比由此产生的眩光，可遵守一些常用的原则，即被视的目标（物体）和相邻表面的亮度比应不小于 1∶3，而这一目标与远表面的亮度比不小于现代采光材料的使用，如玻璃幕墙、棱镜玻璃、特殊镀膜玻璃等对改善采光质量有一定作用，有时因光反射引起的光污染也是非常严重。尤其在商业中心和居住区，处在路边的玻璃幕墙上的太阳映象经反射会在道路上或行人中形成强烈的眩光刺激。要克服这种眩光，可以通过简单的几何作图来实现。

4. 采光形式

目前，采光形式主要有侧面采光、顶部采光和两者均有的混合采光。随着城市建筑密度不断增加，高层建筑越来越多，相互挡光比较严重，直接影响采光量。很多办公建筑和公共图书馆靠白天开灯来弥补采光不足，造成供电紧张。在建筑设计时，有时选用天井或采光井或反光镜装置等内墙采光方式，补充外墙采光的不足，同时要避免太阳的直射光和耀眼的光斑。

（三）室内热湿环境

所谓建筑热湿环境，指的是室内空气温度、相对湿度、空气流速及围护结构辐射温度等因素综合作用形成的室内环境，是建筑环境中最主要的内容。绿色建筑的热湿环境保障技术主要包括两种：主动式保障技术和被动式保障技术。

1. 主动式保障技术

所谓主动式环境保障，就是依靠机械和电气等设施，创造一种扬自然环境之长、避自然环境之短的室内环境。

（1）冷却塔供冷系统。冷却塔供冷系统是指在室外空气湿球温度较低时，利用流经冷却塔的循环水直接或间接地向空调系统供冷，而无须开启冷冻机来提供建筑物所需要的冷量，从而节约冷水机组的能耗，达到节能的目的。冷却塔供冷是近年来国外发展较快的节能技术。

（2）结合冰蓄冷的低温送风系统。蓄冷低温送风系统目前已在空调设计中有所应用。作为蓄冷系统，它虽然对用户起不到节能的作用，但却能平衡市区用电负荷，提高发电效率，对环境负荷的降低也是很有利的。

（3）去湿空调系统。去湿空调的原理很简单，室外新风先经过去湿转轮，由其中的固体去湿剂进行去湿处理，然后经过第二个转轮（热回收转轮），与室内排风进行全热或显热交换，回收排风能量。经过去湿降温的新风再与回风混合，经表冷器处理（此时表冷器处理基本上已是干冷过）后送入室内。

2. 被动式保障技术

所谓被动式环境保障，就是利用建筑自身和天然能源来保障室内环境品质，用被动式措施控制室内热湿及生态环境，主要是做好太阳辐射和自然通风工作。

（1）控制太阳辐射。控制太阳辐射所采取的具体措施包括：选用节能玻璃窗；采用能将可见光引进建筑物内区，而同时又能遮挡对周边区直射日射的遮檐；采用通风窗技术，将空调回风引入双层窗夹层空间带走由日射引起的中间层百叶温度升高的对流热量；利用建筑物中庭，将昼光引入建筑物内区；利用光导纤维将光能引入内区，而将热能摒弃在室外；设建筑外遮阳板，也可将外遮阳板与太阳能电池（即光伏电池）

相结合，降低空调负荷，为室内照明提供补充能源。

（2）利用有组织的自然通风。自然通风远不是开窗那么简单，尤其是在建筑密集的大城市中，利用自然通风要很好地分析其不利条件，应该因时、因地制宜，要权衡得失。趋利避害。在实施自然通风时应采取如下步骤：

第一，了解建筑物所在地的气候特点、主导风向和环境状况。

第二，根据建筑物功能以及通风的目的，确定所需要的通风量。

第三，设计合理的气流通道，确定入口形式（窗和门的尺寸以及开启关闭方式）、内部流道形式（中庭、走廊或室内开放空间）、排风口形式（中庭顶窗开闭方式、气楼开口面积、排风烟囱形式和尺寸等）。

第四，必要时可考虑采用自然通风结合机械通风的混合通风方式，考虑设置自然通风通道的自动控制和调节装置等设施。

（四）室内空气质量

室内空气质量是一系列因素，如室外空气质量、建筑围护结构的设计、通风系统的设计、系统的操作和维护措施、污染源及其散发强度等作用下的结果。减少室内污染物可以采取如下措施。

1. 通风换气

预防室内环境污染，首先应尽可能改善通风条件，减轻空气污染的程度，开窗通风能使室内污染物浓度显著降低。不通风是指关闭门、窗 12h ；通风指开门、窗通风时间为 2h 。

2. 选择合格的建筑材料和家具

要使室内污染从根本上得到消除，必须消除污染源。除了开发商在建造房屋时要选择合格的材料外，住户在装修房子时也要选用环保材料，找正规的装修公司装修。

3. 室内盆栽

绿色植物对居室的空气具有很好的净化作用。家具和装修所产生的 VOC 有害物质吸附和分解速度慢，作用时间长。为创造一个良好的室内环境，可以在室内摆放盆栽花木，有些绿色植物是清除装修污染的"清道夫"。如芦荟、吊兰、常春藤、无花果、月季、仙人掌等。

二、绿色建筑的室外环境技术

（一）室外热环境

热环境是指影响人体冷热感觉的环境因素，主要包括空气温度和湿度。热环境在建筑中分为室内热环境和室外热环境，这里主要介绍室外热环境。在建筑组团的规划中，除满足基本功能外，良好的建筑室外热环境的创造也必须予以考虑。建筑室外热环境是建造绿色建筑的非常重要的条件。

（二）室外热环境规划设计

根据生态气候地方主义理论，建筑设计应该遵循：气候 - 舒适 - 技术 - 建筑的过程。

1. 调研设计地段的各种气候地理数据，如温度、湿度、日照强度、风向风力、周边建筑布局、周边绿地水体分布等构成对地块环境影响的气候地理要素。

2. 评价各种气候地理要素对区域环境的影响。

3. 采用技术手段解决气候地理要素与区域环境要求的矛盾。

4. 结合特定的地段，区分各种气候要素的重要程度，采取相应的技术手段进行建筑设计，寻求最佳的设计方案。

（三）室外热环境设计技术措施

1. 室外热环境设计技术措施

（1）地面铺装。地面铺装的种类很多，按照其自身的透水性能分为透水铺装和不透水铺装。这里以不透水铺装中的水泥、沥青为例做介绍。水泥、沥青地面具有不透水性，因此没有潜热蒸发的降温效果。其吸收的太阳辐射一部分通过导热与地下进行热交换，另一部分以对流形式释放到空气中，其他部分与大气进行长波辐射交换。研究表明，其吸收的太阳辐射能需要通过一定的时间延迟才释放到空气中。同时由于沥青路面的太阳辐射吸收系数更高，因此温度更高。

（2）绿化。绿地是塑造宜居室外环境的有效途径，同时对热环境影响很大。绿化植被和水体具有降低气温、调节湿度、遮阳防晒、改善通风质量的作用。而绿化水体还可以净化水质，减弱水面热反射，从而使热环境得到改善。

2. 遮阳构件

室外遮阳形式主要包括人工构件遮阳、绿化遮阳、建筑遮阳。

下面主要介绍人工遮阳构件。

（1）遮阳伞、张拉膜、玻璃纤维织物等。遮阳伞是现代城市公共空间中最常见方便的遮阳措施。很多商家在举行室外活动时，往往利用巨大的遮阳伞来遮挡夏季强烈的阳光。

（2）百叶遮阳。百叶遮阳主要有下面的优点：百叶遮阳通风效果较好，可以降低其表面温度，改善环境舒适度；通过合理设计百叶角的角度，利用冬、夏太阳高度角的区别获得更合理利用太阳能的效果；百叶遮阳光影富有变化，韵律感很强，可以创造出丰富的光影效果。

结　语

　　绿色建筑设计是实现绿色节能建筑的重要基础。在建筑设计理念和设计策略上充分挖掘，给使用者创造一个健康、舒适、温馨而又节能的工作环境，是建筑节能设计的重要内容之一，是我国当前发展绿色建筑的方向。而新世纪以可持续发展的绿色建筑设计理念指导绿色建筑的健康发展，提高绿色建筑设计水平，推进节能与绿色建筑；通过节源节能，缓和人口与资源、生态环境的矛盾，实现建筑与自然共生、人与自然和谐。

　　建筑施工是一项复杂的工作，需要科学的建筑施工管理，而绿色建筑施工管理是未来的大势所趋；需要树立正确的管理理念，各部门协调工作，树立可持续发展意识；节约成本、保护环境、保证施工质量效率以及安全，让建筑施工能绿色有序地进行。

　　装配式建筑是近年来新兴的一种建筑，虽然它的发展时间不长，但是其发展速度非常快。预制装配式建筑是未来建筑行业发展的方向，也指出了未来建筑行业的研究方向。以我国目前社会环境的发展现状来看，预制装配式建筑有着非常巨大的发展空间。随着社会的不断发展与变革，建筑行业也在进行着求新求异的探索。预制装配式建筑作为一种新兴产物，符合建筑行业发展和环保要求的不断提升，它可以缓解经济发展、环境污染、人口住房等压力。因此，它越来越受到建筑行业的重视，并且有着良好的发展前景。

参考文献

[1] 羊英姿 .BIM 技术在装配式建筑施工中的应用 [J]. 产业与科技论坛 ,2022, 21(04):58-59.

[2] 崔凯 . 新型装配式建筑 PC 构件模板施工技术探究 [J]. 江西建材 ,2022(01):123-124+127.

[3] 马荣 , 姚健 . 绿色建筑背景下装配式建筑技术的应用 [J]. 江西建材 ,2022(01):158-159+162.

[4] 刘贝贝 . 装配式建筑预制构件施工技术探究 [J]. 江西建材 ,2022(01):160-162.

[5] 吴晨光 . 基于 BIM 技术的装配式建筑机电深化设计优化探究 [J]. 智能建筑与智慧城市 ,2022(01):96-98.

[6]Xu Ying,Tsai Sang-Bing.Application of Green Building Design Based on the Internet of Things in the Landscape Planning of Characteristic Towns[J].Advances in Civil Engineering,2021.

[7] 王伟 , 王茜 , 祝巍 , 王峰 , 陈琳 .BIM 技术在装配式建筑中的应用研究 [J]. 重庆建筑 ,2022,21(01):15-17.

[8] 卢文斌 . 基于 BIM 技术的装配式建筑建设全过程管理分析 [J]. 四川水泥 ,2022 (01):131-132.

[9] 卢瑾 . 装配式建筑施工技术及质量控制研究 [J]. 四川水泥 ,2022(01):119-120.

[10] 徐昕 .BIM 技术在装配式建筑施工中的应用价值体现 [J]. 智能城市 ,2021, 7(24):157-158.

[11] 张俊宝 , 郭新龙 . 装配式建筑幕墙施工技术 [J]. 绿色环保建材 ,2021(12):109-110.

[12] 焦健 .BIM 技术在装配式建筑中的应用 [J]. 智能建筑与智慧城市 ,2021(12):89-90.

[13] 王珏 . 装配式建筑施工阶段的 BIM 技术应用研究 [J]. 智能建筑与智慧城市 , 2021(12):105-106.

[14]Abdelaal Fatma,Guo Brian.Knowledge,attitude,and practice of green building design and assessment:New Zealand case[J].Building and Environment,2021(prepublish).

[15] 林宗楷 . 刍议高层建筑预制装配式建筑施工技术应用 [J]. 城市开发 ,2021

(24):76-77.

[16] 张敏，韩莹莹 . BIM 技术在装配式建筑施工管理中的运用探讨 [J]. 建材发展导向 ,2021,19(24):109-111.

[17] 卢文斌 . 提高装配式建筑施工质量的常用技术措施 [J]. 建材发展导向 ,2021,19(24):142-144.

[18] 周仁发 . 建筑工程中装配式建筑施工技术的应用研究 [J]. 中国建筑金属结构 ,2021(12):103-104.

[19]Jijie Hou.Practical Value and Development Prospect of Green Building Design in the New Period[J].Architecture and Design Review,2020,2(2):

[20] 黄燊 . BIM 技术在装配式建筑中的应用价值分析 [J]. 建筑工人 ,2021,42(12):6-8.

[21] 陈先军 . BIM 技术在装配式建筑中的应用 [J]. 有色金属设计 ,2021,48(04):61-63.

[22] 赵静，孙慧斌，孙晓丽，卢翠 . 绿色生态理念下被动式超低能耗装配式建筑关键技术的研究 [J]. 房地产世界 ,2021(23):13-15.

[23] 刘孝仓 . 绿色低碳环保背景下的装配式建筑技术 [J]. 工程建设与设计 ,2021(23):20-22.

[24] 李建国，吴晓明，吴海涛著 . 装配式建筑技术与绿色建筑设计研究 [M]. 成都：四川大学出版社 .2019.

[25]Benedetta Pioppi,Cristina Piselli,Chiara Crisanti,Anna Laura Pisello.Human-centric green building design:the energy saving potential of occupants' behaviour enhancement in the office environment[J].Journal of Building Performance Simulation,2020,13(6):

[26] 杨正宏主编；高峰副主编 . 装配式建筑用预制混凝土构件生产与应用技术 [M]. 上海：同济大学出版社 .2019.

[27] 有利华建筑产业化科技（深圳）有限公司编 . 香港装配式建筑技术发展 1[M]. 成都：电子科技大学出版社 .2017.

[28] 张柏青编著 . 绿色建筑设计与评价技术应用及案例分析 [M]. 武汉：武汉大学出版社 .2018.

[29] 陈建伟，苏幼坡著 . 装配式结构与建筑产业现代化 [M]. 北京：知识产权出版社 .2016.

[30] 湖南省土木建筑学会，杨承惄，陈浩主编 . 绿色建筑施工与管理 2018 版 [M]. 北京：中国建材工业出版社 .2018.

[31] 湖南省土木建筑学会 . 绿色建筑施工与管理 2017[M]. 北京：中国建材工业出版社 .2017.

[32] 上海市建筑建材业市场管理总站，华东建筑设计研究院有限公司主编 . 装配式建筑项目技术与管理 [M]. 上海：同济大学出版社 .2019.

[33] 杨正宏主编；高峰副主编 . 装配式建筑用预制混凝土构件生产与应用技术 [M]. 上海：同济大学出版社 .2019.

[34] 李秋娜，史靖源著 . 基于 BIM 技术的装配式建筑设计研究 [M]. 江南凤凰美术出版社 .2019.

[35]Information Technology-Data Mining ; New Findings Reported from Wuhan University Describe Advances in Data Mining(Establishment and Application of Fuzzy Comprehensive Evaluation of Green Building Design Based On Data Mining)[J].Information Technology Newsweekly,2020: